EARTH

地球不在乎

被气候变化毁掉的餐桌

[德] 威尔弗里德·博默特
[德] 玛丽安娜·兰策特尔
暴颖捷 译

ZHEJIANG UNIVERSITY PRESS
浙江大学出版社

Preface

前　言

有这么一些事件，它们在一夜之间改变了世界的面貌，有些甚至在一小时之内将一切都改变了，比如柏林墙的倒塌，比如 2001 年的“9 · 11”恐怖袭击，再比如，那场引发了日本福岛核反应堆泄漏的海啸。我们清楚地记着这些事发生的日子，甚至还记得，最初听到这些消息时，我们身在何地。

气候变化是一个世界性的事件，它没有一个固定的日期。就像 2016 年 8 月 30 日这一天不会被载入历史，在这一天，美国航空航天局（NASA）级别最高的气候专家加文·施密特宣称，将全球升温的幅度控制在 1.5 摄氏度以下是“绝对不可能的”，尽管这一数值是人们在 2015 年巴黎举办的联合国气候大会上经过讨论才达成一致的。“我们甚至连温室气体排放量都控制不了，全球变暖也不可能保持在 2 摄氏度以下。”[①] 仿佛是为了证明这个判断似的，科学家们宣布，2016 年成

① 引自 https://www.theguardian.com/environment/2016/aug/30/nasa-climate-change-warning-earth-temperature-warming。该引文及文中其他英文引文均由玛丽安娜 · 兰策特尔翻译。——作者注

为有气象记录以来最热的年份，而之前最热的年份是 2015 年。

普通人对于气候变化的影响最直观的感受，莫过于水循环方面的变化。一份出自世界银行的报告[①]指出，那些以前从未听说过干旱这个词的地区，将会亲身体验到水资源短缺的影响，“同时，大气降雨更加变幻莫测，难以预报，另一方面，温暖的海水则会更频繁地造成洪水及海啸灾害”。

气候变化，通过不断升高的温度及水资源的变化（过多、过少或时间不恰当的降水），深刻影响着我们的餐桌：世界上 80% 的杏仁，以及美国市场上一半的水果和蔬菜，都产自加利福尼亚。而在 2016 年，由于持续不断的干旱，加州几乎有 32000 公顷的耕地都被迫闲置。此外，不合时宜的降水淹没了大量的土地，使美国中西部地区的播种时间不得不往后推迟。在 8 月份，路易斯安那州降水过多——三天内降水量高达 700 毫米，导致大部分收获的水稻都毁在了被水淹没的仓库里。大豆和那些仍生长在农田里等待收割的水稻也被水淹没，有些甚至已经开始长芽。

同年，印度部分地区的持续干旱，慢慢演变成为该国历史上最严重的自然灾害之一。这一年春天，欧洲农业也遇到了相同的情况，天气不是过于阴冷潮湿，就是过于温暖干燥。过去上百年来，农民们通过对季节和天气周期的观察结合农业播种计划的相应规则总结得出的农谚，如今也早已失去了普遍适用性。比如，果树开花的时间与特定的某种授粉昆虫出现的时间多次不对等，而害虫及新的植物病害的病原体却因此获得了最佳的繁殖条件。

自从 2014 年起，地中海地区的橄榄与葡萄种植由于细菌引发的

---

① 世界银行：《高温与干旱：气候变化，水与经济》，2016，http://www.worldbank.org/en/topic/water/publication/high-and-dry-climate-change-water-and-the-economy。

病害而遭受到了巨大损失。特别是樱桃果实蝇，它们严重威胁着核果类水果的生长。在 2014 年温暖潮湿的天气下，这些害虫的繁殖比以往任何时候都更加活跃。在瑞士，一种不知名的锈菌和卷叶线幼虫穿越各个苹果种植园，一路向北迁徙。绵羊和牛群，也遭到一种以往只在较低纬度才出现的病害侵袭。在 2016 年以前，“蓝舌病”一般只通过一种只出现在非洲国家的蚊子进行传播，而如今，这种蚊子在德国北部也能够存活。

气候变化，伴随着各种极端与十分罕见的天气现象，使世界某些地区的某些水果和蔬菜产量十分不稳定。各种植物，由于其具有将太阳光转化成能量的独特能力，构成了地球上人类和动物生存的基础。为了这种被称作“光合作用”的过程在植物体内能够正常运转，植物需要适合的生长条件，比如，足够的光照、湿度及温度。对比最佳环境条件，即使出现一点小小的偏差，都会使植物的光合作用受到影响，妨碍其健康生长。气候变化改变了植物的生长条件，这种改变发生在全世界范围内，方式难以预测，而且各地的变化也不完全相同。世界人口不断增长，气候变化正严重威胁着世界粮食安全。

未来的日子，农民是否还能为我们的餐桌提供充足的食物？为使我们的餐盘装满，我们必须创造哪些前提条件？针对目前的问题又有哪些解决方法？为寻找答案，作者玛丽安娜·兰策特尔和威尔弗里德·博默特进行了多次考察旅行，参观了大量农场，并且与农场主们交流。这些农场主有的来自小型家庭农场，有的来自大农场，有的以自给农业为生，但无一例外，他们都有着值得我们借鉴的经验教训。此外，两位作者还与那些方法论不同的专家沟通，他们有些从科学技术的角度出发，寻求解决方案，有些人则从生物角度切入（比如从事土壤和育种研究），有些甚至从政治角度入手以期解决问题。

玛丽安娜·兰策特尔曾到印度考察，并在美国加利福尼亚州、艾奥瓦州和俄勒冈州短暂逗留过一段时间。众所周知，在农业领域，美国是世界顶尖国家之一。

在加利福尼亚州，一切问题似乎都与水资源相关：六年来，干旱的阴影始终笼罩着这片大地。曾经有几十年，中央谷地的农民一再刷新着粮食收成和收益的纪录。美国市场上销售的水果和蔬菜中的50%到80%都产自他们的农场。同样，世界上80%的杏仁也产自加利福尼亚州。在这里，农民们几乎都依靠人工灌溉劳作。而现在，持续的干旱向他们抛出了新的问题：到底哪些人有权利获取多少水资源？农场主、城市（特别是洛杉矶拥有近400万人口）和环保之间彼此都存在利益竞争。持续的升温，不仅激化了水资源分配的矛盾，而且也危害着杏仁和果树的生长存活，因为冬季气温过于温暖使植物开花所必需的休眠期缩短，甚至不再有所谓的休眠期。这在科技上是否有新的解决方法？农民们是否能够节约更多的水或者选择种植耐旱的品种，比如用橄榄代替杏仁树？是否只有资金充足的私人大农场才可以生存下去，因为它们有足够的钱可以使用那些原本为石油开采研制的工具来钻深井取水？或者这是否也意味着，中央谷地丰富的农业资源，其耗尽只是一个时间的问题？

似乎美国的一切都更重要，甚至问题矛盾也更严重一些。因此，通过观察像美国艾奥瓦州这样的一个联邦州的农业经济发展，我们似乎就能看到全球农业经济的未来。在这里，因缘际会出现的各种因素，能够完美引发一场“飓风”。中西部地区的黑土地，土壤肥沃多产，几乎完全受控于农业的工业化。在艾奥瓦州，人口仅仅320万，却饲养了2100万头家畜，这使该州远超美国其他各州成为美国最大的猪肉生产地。此外，通过种植转基因的玉米和大豆，艾奥瓦州也保持着在该领域的美国纪录。几乎没有任何一个州像艾奥瓦州一样，可以明确看到工业化农业对土壤、空气、水和人类健康的影响。艾奥瓦州首府得梅因自来水厂的负责人因此解释了，为什么他要试图通过法律途径，无论如何也要减少水源中的硝酸盐污染。现在，气候变化使问题更加尖锐，艾奥瓦州的农场主们正在经历越来越极端的降水天气和洪水。工业化农业寄希望于技术的发展，有更智能的机器及更先进的集约化经营，而一些批评家则评论道，这样只会导致更严重、更迅速的土壤流失。也有评论说，工业化农业与气候变化结合在一起，会完全摧毁我们粮食体系的根基。艾奥瓦州的情况是特别极端的，但借此，我们能够看到未来的景象。当然，在艾奥瓦州也有一些农民在尝试走新的道路，调整他们的生产方式，向有机农业转变，比如在牧场放养奶牛并养猪，或者用蔬菜替代玉米和大豆饲料。

如果说美国是拥有世界上最先进的农业技术的国家，那么印度则相去甚远，[①] 那里直到现在仍然是小型的农庄占主导地位。农民们在极小块的土地上耕作，套着犁的牛车比拖拉机更常见。但是跟美国一样，在印度也能特别清楚地感受到气候变化的影响。印度各地的农业生产，大都与季风密不可分。几百年来，人们几乎可以准确预报季风的来临，然而现在，它总是来得太晚，有时候甚至干脆不再出现，而且带来的降水不是过少，就是过多，多到会将新栽种的种子连同农田一起淹没冲走。20 多年来，玛丽安娜·兰策特尔定期造访印度，因此，她不仅有机会亲睹气候变化的影响，还可以观察人们应对气候变化的不同方法。从农民自发的种子计划到北部喜马拉雅山脉的生物有机茶园，从古吉特拉邦和奥里萨邦的小农经济到西孟加拉湾恒河河口苏达班的农

① 印度北部城市旁遮普邦是一个例外。20 世纪 60 年代初，美国著名生物学家、被称为“绿色革命之父”的诺曼·博洛格（Norman Borlaug）在旁遮普邦引入了一种由他培育的半矮秆小麦品种，在水分充足、施用化肥及杀虫剂的条件下能够大幅度提高小麦产量。然而现在小麦产量却越来越少，土壤和水资源被农业化学物质严重污染和盐化。研究报告还指出，杀虫剂（尤其是 DDT）的使用和癌症高发率之间也存在着直接的联系。

田，这些农田据说到 21 世纪中叶就会完全淹没在海底，再从南部的喀拉拉邦和泰米尔纳德邦的香料和蔬菜种植，最后到印度地理上的中心城市那格浦尔的高科技城市农场。这也许与印度领土广阔有关系，从东到西、从南到北差不多都是 3000 公里。印度的大城市，一方面几乎与美国硅谷的大城市没有区别，都建有配备空调的大型购物中心、带直升机停机坪的高楼大厦及高科技公司。而另一方面，在这些城市中，我们也能同时真切感受到印度的残酷现实：贫民窟、雾霾、严格的社会等级制度、饥荒和贫穷。媒体上几乎很少提到，印度是世界上最大的农产品净出口国之一[①]，2013 年出口量居世界第 7，已经超过了澳大利亚。

不论是自给自足的农业，还是种植园经济，气候变化都已经是一个普遍存在的问题了。印度的农场主采取过所有可供使用的方法，从技术含量低的到最新的高新技术，具有区域适应性的技术及各种技术组合，并且取得过令人震惊的成功，从很多方面来看，这对世界其他国家都具有决定性的指导意义。

而在世界上其他地方，试图适应这种持续的高温天气和干旱是几乎不可能的。威尔弗里德·博默特就在巴西、非洲和欧洲亲身体验到，气候变化是如何一步步地改变了我们的日常生活，曾经的风俗习惯和认为理所当然的事情都渐渐不复存在。在巴西，曾经生长着世界上最好的咖啡豆，还有十分香甜的橙子。如果没有了巴西塞拉多地区和中央地区热带稀树草原广阔的大豆种植面积，欧洲养殖的猪可能就会因为吃不饱而日渐消瘦。巴西曾为全世界的肉类加工业供应家畜饲料，可是现在，塞拉多地区大量的种植园都面临着天气过于炎热及在不适宜的时间过于干燥的问题。2015 年，巴西东部地区的农业歉收就表明

---

① 详见 http://www.fas.usda.gov/data/india-s-agricultural-exports-climbrecord-high。

了气候确实一直在变得恶劣。很快，欧洲的那些养殖工厂就能真切感受到这种变化。有朝一日，那些肉类柜台上摆放的廉价肉类，以及我们餐桌上的香肠和火腿拼盘可能就再也见不到了。

巴西南部的小农庄主们也在不断地与高温和干旱对抗。距离圣保罗有一天路程的米纳斯吉拉斯州，那里曾是巴西的咖啡树种植中心。如今，只要从那里经过，就能清楚地看到高温和干燥天气留下的痕迹。80% 的咖啡种植区都将成为新的极端天气的牺牲品。橙子种植园的情况也没有好到哪里去。大型种植园收获的大量橙子主要是销往欧洲市场的，种植园主们一味追求高产。可是谁能想到，在新的气候下，一种获得了最佳繁殖环境的小小果蝇，便能够使这些种植园主的期待完全落空。这种苍蝇体内携带一种细菌，这些细菌通过阻塞橙子树的水循环系统，使之慢慢失去水分，最后枯萎死亡。一场针对这种果蝇的战斗，正如火如荼地进行着，可是目前看来，这场战斗胜利的希望十分渺茫，因为它们懂得如何把自己完美地伪装和隐藏起来。

而在巴西以东约 1000 公里的大西洋对岸，欧洲的橄榄树种植也遭遇到了相似的情况。在意大利南部，一种蝉类也在传播着一种类似的细菌，它也会堵塞橄榄树内部的水分循环。上千年来，大片橄榄树林已经成为意大利普利亚大区的标志性风景，但这种细菌迫使那些最古老最高大的树木低头，使其不得不屈服于细菌巨大的破坏力。针对这种病症，欧盟给农民们开了一剂猛药，让他们把所有那些出现细菌感染症状的树木，都用斧子和电锯砍掉。可即使这样，这些害虫在这场生死之战中似乎也占据着优势地位。此外，2014 年以来，一种橄榄果蝇也一直在困扰意大利中部的农民们，橄榄的产量大幅度减少。这种果蝇会把自己的卵直接产在橄榄果实内部，使之腐坏，给农民们和榨油厂带来巨大损失。那些位于意大利托斯卡纳、翁布里亚和马尔凯大区的橄榄树种植区，区内美丽的风景可能很快就会成为过去的记忆，因为那里的橄榄种植可能很难再给小农们带来可观的收入，放弃成为唯一的退路。

此外，欧洲的葡萄种植者们也受尽了一种苍蝇的折磨，他们一直都不清楚这到底是一种什么苍蝇。唯一可以明确的是，气候变化为这种苍蝇创造了理想的繁殖环境。这种苍蝇，后来被称为樱桃果蝇，因为它们最开始是在樱桃果实中被发现的，它们会使樱桃变酸。自 2014 年以来，这种果蝇被发现也可以在葡萄藤中生存。于是在那年秋天，它们肆虐了欧洲大部分葡萄园，从意大利的托斯卡纳到南蒂罗尔，从瑞士到德国的巴登－符腾堡州，都有它们的身影。当葡萄成熟时，它们会在葡萄上刺一个小口，为那些潜伏在葡萄园各处的醋酸菌提供完美的入侵可能，慢慢地，酸味代替了原本的葡萄香气。如果这样的事情一再发生，那些种植葡萄的人也就活不下去了。

还有阿尔梅里亚地区的蔬菜种植区，那是世界上最大的蔬菜种植区，所有的一切都在塑料大棚的覆盖之下。凭借着人工灌溉系统，供应蔬菜所需的水资源，西班牙人称之为“塑料之海”（Mar del plástico）。现在，人们越来越清晰地体会到，这种人造景观只能存在一段有限的时间，无法永久地持续下去。即使它们全年 12 个月都可以为欧洲北部供应新鲜的西红柿、生菜和辣椒，可在气候变化的影响下，这片“塑料之海”未来终将不复存在：当撒哈拉沙漠有一天成功蔓延过地中海（这一点事实上是毫无疑问的），沙漠气候将会夺走“塑料之海”的生存根基，即水资源。那么在欧洲北部，荷兰可能会成为下一个最具市场潜力的国家，但是，气候的变化对这个国家的影响也不是完全有利的——不断上升的海面，可能会在未来将整个国家淹没在海平面之下。

埃及尼罗河谷的农民也面临着类似的威胁。那里是早熟土豆的种植区，一方面，海面的上涨在一点点地侵蚀着这里，另一方面，由于在整个尼罗河流域，河水对于其流经的各个国家都有着重大意义，在下游河谷地区的尼罗河段，往往会出现水量大幅度减少。水资源的短缺及土壤面积的减少，最终会使埃及早熟土豆出口量大大降低，农业发展不再繁荣。当那一天真的来临时，就是出口欧洲的早熟土豆的真正末日。

在气候变化的影响下，世界上所有的海洋都无法幸免于难。全球变暖，一方面会造成海洋温度升高；另一方面，大气中不断增高的二氧化碳浓度又会加剧海洋酸化。这两者结合在一起，将使海洋生物的生存环境大大恶化。大片海藻的消失，会打破世界海洋生物食物链的根基。那些有着钙化甲壳的动物以及牡蛎和贻贝等贝类遭受的影响最为严重。越来越多的鱼类，逃往现在还算寒冷的北部海域，试图躲过海洋不断升高的温度。未来是否会有那么一天，我们的菜单上将不会再出现海鲜菜品？这种损失可以通过人工的水产养殖加以弥补吗？

气候变化，就像摆脱束缚的阿拉丁神灯，所有的改变都不可能中途停止，最好的解决办法，是我们能够找到正确的方法，减弱和平衡它的不良影响。自然循环体系细致入微且互相协调，农业作为其中的参与者，拥有最佳生长环境的应该是“正确的”植物，而不是那些“野草”。气候变化往往伴随着难以预料的天气现象，为了更好地把握这些变化的影响，将研究目光转向植物间相辅相成的复杂生长条件是十分有意义的，在那些环境条件下，不仅仅是“正确的”植物，其他植物也可以互利共生。

我们之前已经提到过光合作用，没有植物的光合作用，一切生物都无法生存。植物在光合作用中所产生的葡萄糖，是它们维持生命进程所必需的能量，有了这些能量，它们才能生根、长出叶子和枝干、开花……简而言之，植物生长必须伴随着光合作用产生的葡萄糖才能正常进行，而为了进行光合作用及生成葡萄糖，植物还需要分别从空气及土壤中吸收二氧化碳和水分，并且需求量也随着其不断生长而上升。此外，植物生长还需要适当的温度，这个"适当"的温度范围限制十分严格。对于大部分植物来说，它们已经习惯于在一种温和的气候条件下生长，并且通常有充足的水资源可供吸收。一旦气候突然变得极其炎热和干燥，那么，光合作用率就会急剧下降，短时间内，植物就会出现不良的应激反应：为了减少水分流失，植物将大部分能量供向根部，叶子便会干枯卷起。对于那些原本就生活在炎热干燥地区的植物，它们已经适应了这种生存条件，体内已经形成了一种高效利用水资源的光合作用模式，它们会利用夜晚的凉爽和潮湿吸收水分。

"每一种植物，都会有自己所需的独特的温度曲线，从最初的萌芽到最后的成熟，不同阶段有特定温度，才能使植物的生长和发育达到最佳状态。"[①] 美国南卡罗来纳州的沃伦威尔逊学院研究可持续农业发展的劳拉·伦尼克教授在书中这样写道。

一些植物，比如冬小麦或者一些果树，在生长过程中需要一定天数的低温（但也不能过于寒冷）休眠期。这样才能在来年春天温度回升的条件下，伴随着日照时长的增加，获得一次快速生长发育的机会，迅速发芽和开花。如果冬天过于温暖，那么植物的休眠期便不能如期进行，来年春天也就不会快速生长发育，最终会导致植物无法开花或者发育不充分。对于全世界的果农来说，过于温暖的冬天都是一个越来越严峻的问题。

不仅温度的长期变化对于植物生长有着重要影响，即使短期的地区性的变化也会产生一定的负面作用。比如在夏季，小麦喜欢白天炎热、夜晚凉爽的环境，如果夜晚的气温过高，意味着小麦的生长需要承受更大的压力与挑战，那么最后小麦的产量肯定会出现明显下降。

---

① 劳拉·伦尼克（Laura Lengnick）：《弹性农业》（*Resilient Agriculture*），新社会出版社（New Society Publishers）2015 年版，第 71 页。

不仅经济作物，野草的生长也类似。农场主和果园工人利用一切可供使用的“武器”——从锄头到农药——在着力解决这些野草。气候变化的后果之一就是，那些以前只生活在低纬度较温暖地区的野草开始向高纬度蔓延。此外，害虫、细菌及真菌也是如此一路向高纬度进进。当经济作物自身还在努力适应变化了的生存环境时，还必须与外来物种竞争，因为这些外来物种在这里找到了理想的生活条件。如今，在这些野草的入侵下，世界范围内的粮食产量已经减少了 1/3 以上[①]。作为经济作物，首先必须增强自身对于新的病虫害的抵抗能力。目前，农场主们面临着大量亟待解决的全新问题。

下面，我们将话题再次转向植物的光合作用。大部分植物的 90% 都是由水组成的，它们需要充足的水分来完成光合作用。此外，对于植物来说，水还有一个极其重要的作用：它能通过根系，将土壤中的氮、磷、钾及其他矿物质和微量元素输送到体内所有其他部位。而与气候变化分不开的极端天气，往往意味着降雨时而过多，时而过少，或常在不恰当的时节降雨。土壤质量决定了植物是否有足够的水分可以吸收（很少能有植物顶得住洪水的肆虐）。直到最近几年，科学家们才集中精力研究地下的微生物世界。在地下世界，生活着无数相互影响的有机体，大量真菌与植物根系互利共生，形成菌根网络。我们现在才隐约察觉到这些菌根体系的重要作用。优质的土壤含有大量有机物质，几乎能像海绵一样完全吸收水分。全世界的农场主们——小农场主也好，大农场主也好，他们在维持土壤的质量或者提高土质方面的努力，将从根本上决定气候变化带来的后果，也决定了我们在未来是否还能够喂饱自己的肚子。

---

① 劳拉·伦尼克（Laura Lengnick）：《弹性农业》（*Resilient Agriculture*），新社会出版社（New Society Publishers）2015 年版，第 82 页。

目　录
CONTENS

二

二

1. 加利福尼亚州的气候变化

杏仁、胡萝卜和西瓜的末日？

在加利福尼亚州宽阔辽远的田野上，种着一行行排列整齐的胡萝卜，放眼望去，仿佛碧蓝的天空下荡漾着一片绿色的海洋。那是 11 月初的上午，温度计显示当前的气温是 26 摄氏度。唐·卡梅伦从土里拔出几个胡萝卜：它们现在还很小，但几周之后就会完全成熟。唐·卡梅伦拥有这家 3000 公顷的特拉诺瓦新农场，它是美国圣华金河谷（San Joaquin Valley）较大的农场之一。在这里，种植着超过 25 种蔬菜，还有杏仁、橄榄和葡萄。在这里，最重要的农产品是西红柿，每一季，都有多达 15 万吨的西红柿在农场经理唐·卡梅伦的调度下，运往一家番茄酱制造工厂及一家罐头厂。像这样的大丰收，主要归功于这里肥沃的土壤、地中海式的气候及充足的可供支配的水资源。在南加利福尼亚地区，水是一种稀有且昂贵的商品。在特拉诺瓦新农场，有 50 个接近 200 米深的水井，人们从中抽水灌溉土地。“我们的用水和灌溉方式已经发生了巨大的改变，”自 1976 年以来，一直在经营这家农场的唐·卡梅伦说道，“这里的地下水位已经下降了许多，我们清楚，我们遇到了巨大的麻烦。”在这座位于弗雷斯诺西南50公里处的农场，那里的地下水位，在过去30年间已经下降了25米左右。目前，这些水井还够深，人们还能够从中抽水取用。

不是所有地方都能这样靠水井过活，这样的状态已经持续很久了。距离弗雷斯诺东南100公里的地方，有一座小城——波特维尔。这里的风光，与加利福尼亚州的旧金山和洛杉矶等这些大城市光鲜的旅游形象毫不相同。人们沿着圣华金河谷往南走，就会靠近一片工业化生产的农业荒漠。远远望去，只有零星几个家畜棚和几根电线杆矗立在一片灰褐色之中，这种单调的景色，就是11月份那里大多数农田收割完毕之后休耕的景象。人们偶尔还能看到尘土飞扬，那是巨大的拖拉机或者农民们在用耙翻耕大部分田地，为播种越冬作物做准备。其间，还能看到一排排低矮的建筑：关着门的是养鸡场，专门培育产蛋鸡或者饲养家禽；开着门的是奶制品工厂，有的饲养着10000头、20000头，甚至30000头家畜。美国国内1/5的牛奶都是在加利福尼亚州生产的。

奶制品加工业需要大量的劳动力，而波特维尔就是典型的农场工人的定居地。这座城市的东边，在加利福尼亚州的阳光下，显得有些贫穷和荒凉。这里只有零星几家商店，门牌和广告上面都用西班牙语写着营业时间和特价商品，背街小巷的路面都不是柏油沥青的。在这里生活的几乎只有拉美裔人，他们大部分是来自墨西哥及其他中南美洲国家的合法或非法的工人，正是他们及其家人共同的艰苦劳作，使这里水果、蔬菜、奶类及蛋类的工业化生产成为可能。

在东波特维尔，每一家简易的木房子前面都立着一个巨大的塑料水箱，里面最多可以容纳10000升水，主要用于洗澡、洗衣及其他清洁活动，而民众的饮用水则是每周一次用水桶运送的。“至少现在这里的人们又有水可用了。”弗雷德·贝尔特伦这样说道。弗雷德·贝尔特伦为一个非政府组织工作，正是该组织两年前策划了第一个送水项目。2014 年 8 月，很多人突然发现，自家的水龙头只能一滴一滴往下滴水了，最后一滴水也没有。这是因为在东波特维尔，每家每户通常是从自家打的井中取水，而 2014 年是加利福尼亚地区连续遇到的第 4 个干旱年份，地下水位已经下降了非常多，以至于抽水泵能抽到的只有空气。等到市政府开始组织储水车给民众送水，已经过去了数月之久。而又等到两年多后，市政府才最终决定再打一口新的市政用井，并将东波特维尔地区纳入市政供水体系。这意味着，这里的人们至少可以期待，有一天能在自己家中用到流动的自来水。虽然相应的决议已经通过，但是资金来源及开工时间尚未确定。弗雷德·贝尔特伦说：“现在，几乎每天都有西波特维尔的住户来到我们这里，因为在西边，地下水位同样下降得很厉害，即使是那些更深的水井也难以抽出水来。而且，波特维尔根本不是个别情况，弗雷斯诺、门多塔、维塞利亚等等，几乎中央谷地的所有城镇都面临着类似的困境，因为那里的水井都不够深，人们现在完全无法正常用水。”即使市政部门打算将这些城市都纳入供水体系之中，但在现实情况下，市政干涸的管道网实在难以做到满足所有人的用水需求。对于生活在那里的人们来说，唯一的解决方法就是新打一口更深的水井，尽管这样需要支付更加高昂的费用。

“自从 2014 年以来，我们公司的订单就源源不绝，堆积如山。”亚瑟奥姆钻井公司（Arthur & Orum Well Drilling）负责人金·亚瑟这样说道。金的父亲在 1971 年创办了这家钻井公司。金还说：“当时，一口 100 米深的井就已经被认为很深很深了，而现在，我们的打井深度已经达到了 600 米。”金的哥哥史蒂夫在 3 年前想出了一个令人激动的主意，他将那些曾经用于石油勘探的设备，投入到现在的钻井之中。目前，这家公司主要有 9 个深井钻机，其中有 4 个可以钻到 600 米的深度。7 个钻井团队，一周要工作 6 天，其中一个团队甚至需要 24 小时不间断工作才行。公司的客户不是那些普通的家中无水的城市住户，而主要是那些农场主，他们有着广阔的农田和杏仁种植园需要灌溉，或者需要确保奶牛养殖有足够的水资源供应——一只奶牛仅一天的耗水量就达到 100 升甚至更多。这对于史蒂夫·亚瑟来说都不是问题："我对这个山谷非常熟悉，当有农场主打电话来，要求在什么地方打一口新井，我很快就能够根据具体的地理环境做出一个大致的成本估价。水井越深，越能够保证用水安全，但是人们必须负担得起打井费用才行。"打一口 250 米深的井，大概需要花费 20 万美元，可以在一周之内完工，360 米深的井需要工作三周，花费 35 万美元，而 600 米深的则需要 60 万美元。

如今，史蒂夫·亚瑟经常会遇到地面沉降的问题。以前含水的岩层，现在变得像干燥的海绵一样多孔易碎。不仅年代久远的水井出现塌陷，一些建筑物也不断出现裂缝，而在以前这些情况一般只有矿区的人们才会面临。因此，亚瑟奥姆钻井公司现在主要采用塑料管和手风琴式的管道钻井，以便水井能够更好地承受住来自水平和竖直等各个方向的地壳运动。

如果不采取人工灌溉的方式，人们想要在中央谷地南部的圣华金河谷发展农业，几乎是不可能的。2016 年是加利福尼亚州连续第六年遭遇旱灾，但是这并不是该地区钻井热的根本原因。水资源短缺、水权分配问题、气候变化和农业经济发展是彼此紧密交织在一起的，我们不能将它们分解开来，只单独分析其中任意一个方面的影响。各个方面在当地地理环境的影响下共同作用，最终造成了钻井热这一结果。加利福尼亚州的雨季，一般是从 10 月底到第二年 3 月，在这几个月内，来自太平洋的潮湿气流一再到达这里，为这里狭长的沿海地带和水平走向的海岸山脉地区带来丰沛的降水。这条海岸山脉，就是美国中央谷地西面的分界线。地势平坦的中央谷地，南北长 700 公里，东西最宽处有 100 公里，山谷东面是白雪皑皑的内华达山脉。此外，中央谷地还被一个巨大的三角洲（即萨克拉门托河—圣华金河三角洲）分为南北两部分，萨克拉门托河和圣华金河在这里交汇，最终流入旧金山湾并入海，将中央谷地分为北部的萨克拉门托山谷和南部的圣华金河谷。整个中央谷地是世界上最富饶的地区之一。这里种植着种类丰富的经济作物，美国市场上 50%~80% 的蔬菜及世界上 80% 的杏仁都产自这里。此外，这里还种植着其他重要作物，比如葡萄、柑橘、核果、浆果、核桃、开心果、水稻和饲料谷物等。

萨克拉门托山谷气候凉爽多雨，十分适合水稻种植。而圣华金河谷，从三角洲向南一直延伸 400 公里直到贝克斯菲尔德市，有着肥沃的土壤及理想的地中海气候。如果有了充足的水资源，这座山谷就仿佛伊甸园一般美好。20 世纪初，就有投资者看中圣华金河谷的发展潜力，在这里购置了大量的土地。但发展农业经济，首先必须有充足的水资源，因此，最初只是圣华金河沿岸的田地得到了充分开发。也正是在这个时候，洛杉矶从一座小城慢慢发展成为了世界性的大都会。当然，洛杉矶对水的需求也随之急剧增加。在洛杉矶、加利福尼亚州首府萨克拉门托及美国首都华盛顿，所有投资者和政客们都寄希望于进一步贯彻实施顶级的科技发展及引进一大批工程师。在这里，计划并建设了成百上千座大坝、水库、水电站和高架沟渠，并且，从 1933 年到 20 世纪 80 年代初，耗时 50 多年，建成了两个巨大的水资源管理网络，北水南调，将加利福尼亚州北部丰沛的水资源截流，调往水资源短缺的加州南部地区。美国政府出资建设的这项中央峡谷工程（Central Valley Project，CVP），覆盖 20 座水库和一个沟渠管道，每年的调水量达到 740 万英亩–英尺[①]，大体上能满足圣华金河谷的农业用水需求。

其中还有一小部分水资源是用于城市供水或者生态保护的，比如，湿地和鱼群保护。在加利福尼亚州，出于保护生态环境的用水是一个极具争议的话题，每每提及，人们都会谈到一种受保护的濒危鱼类——三角洲胡瓜鱼，这种鱼类十分小，只有 5 厘米长。

加利福尼亚州水利工程（State Water Project，SWP），开始于 20 世纪 60 年代，涵盖了超过 20 座大坝，有着 1000 公里长的沟渠、管道和隧道。通过这个体系运送的水资源，主要用于洛杉矶和圣地亚哥市的城市用水，只有很少一部分用于农业灌溉。[②]

11 月初的一个午后，我和马丁·昆茨博士—我的丈夫、司机、摄影师，公平贸易先驱者及政治学家——一起来到沙斯塔水库，站在水库堤坝上。这座水坝竣工于 1945 年，不仅是当时美国第二大水坝（第一是胡佛水坝），而且还完成了一次技术上的杰出突破，水库的水容量达到了 450 万英亩 – 英尺。在这座高 183 米的水坝的一侧，形成了一个巨大的湖泊，发源于克拉玛斯山脉的萨克拉门托河，其蓝绿色的寒冷河水就汇入这里。克拉玛斯山脉是加利福尼亚州和俄勒冈州的分界线，森林覆盖的陡峭山坡上，一大片深绿色的针叶林之中，偶尔夹杂着的阔叶林，装点着秋天。远远望去，积雪覆盖的山顶也在闪闪发光。170

---

① 1 英亩 – 英尺（acre–foot）：指这些水量可以灌溉面积为 1 英亩（约 4000 平方米），深度为 1 英尺（约 30.48 厘米）的土地。1 英亩 – 英尺 =1233.48 立方米。2 英亩 – 英尺，相当于一个标准奥林匹克运动会游泳池的水量。本书后续内容均保留了美国计量单位英亩 – 英尺。

② 不仅仅加利福尼亚州南部的洛杉矶等国际大都市的生存及该州工业和农业的发展严重依赖于水资源的支配，美国西部和西南部的所有州都是如此。马克·莱斯纳（Marc Reisner）在他的《卡迪拉克沙漠》（*Cadillac Desert*）一书中，详细描绘了这场关于水资源的争夺战、政治上的图谋、技术上的杰出贡献与灾难后果以及 CVP 和 SWP 水利工程的发展史。这本书，直到现在依然被视为了解美国西部水务政策的权威著作。

年前，这里还曾是加州淘金潮的中心地之一。

就像每次浴缸排完水之后，在缸壁上能看到一圈污渍一样，我们在水库的水面上方也看到了一条棕色的宽纹，这条纹路清楚地向我们展示了在通常情况下，水库水位本应有的高度。这条纹，已经比之前几年窄了许多。与 2015 年相比，2016 年 10 月，这里出现了长时间的强降水，因此，夏天时，水库用来灌溉的水量就相对减少了一些。而在水坝的另一侧，堤坝几乎是垂直下落的，仿佛深不见底，往下看去，令人头晕目眩。只在最底部，人们才能看到一层浅浅的水面。水从两座涡轮机房汩汩涌出，流向原先的河床，用于灌溉。萨克拉门托河，从这里继续沿着中央谷地的北面，奔流几百公里，最终汇入三角洲地区。

在三角洲的南侧，一些巨大的水电站不停运转，从这里抽水灌入紧密交织的加利福尼亚州的沟渠网络，即 CVP 和 SWP 水利工程。一部分水资源顺着整个圣华金河谷，最终流向洛杉矶。这是一段遥远的距离，这条 30 米宽的高架水渠有着笔直的混凝土水槽，与美国南北向高速公路——5 号公路平行，齐头并进。

大约在中央谷地的中心加利福尼亚州首府萨克拉门托与谷地最南边的贝克斯菲尔德之间，在两地接近中点的位置，有着这样一家农场——乔·德尔·博斯克农场。在中央谷地的西侧，没有任何一个地方的土壤像这里一样肥沃，在有着足够水资源的情况下，这里的作物产量远远高于平均水平。乔·德尔·博斯克于 1985 年在这里建造了这家面积为 800 公顷的农场。当时，他主要种植棉花、大麦、小麦和西红柿。“那时，我们还是直接从水渠中引水，灌溉农田。”可是一年又一年过去了，那里的水越来越少，水价也越来越高。如今，乔·德尔·博斯克农场 1/3 的农田被闲置，1/3 用来种植芦笋和西瓜，最后 1/3 种植杏仁。原来高产的西红柿，由于水价上涨的原因再也赚不到钱了，甚至种植芦笋也有些不太划算。2016 年，乔·德尔·博斯克在无奈之下，把 35 公顷的芦笋直接翻耕入土。“我们早就意识到了水资源危机的到来，”他说，“我们想尽了一切办法，为了节约用水，我们不放过一点可能性。2000 年以来，我们采用了滴灌的方式，根据种植作物的不同，将水管铺设在土壤之中，或者架在地面上。我们只在播种一些作物种子的时候，才开启喷水设备，因为这些作物的生长，要求土壤的湿润深度达到 75 厘米。”

这种深层的完全湿润是非常重要的，因为只有这样，才能将这片地区土壤中易发生的盐化现象压制在更深层的土层之中。而这对于滴灌来说，并不是那么简单的，很容易导致植物慢性盐化中毒。因此，每一块农田都装备有传感器，能够监测所有农田不同深度下的土壤湿度。乔·德尔·博斯克在一位精于灌溉的农业专家的服务帮助下，通过分析这些测量数据，为整个农场制订出了一份灌溉周计划。这份计划同时还考虑到了其他因素，比如一种作物在不同生长阶段的不同需水量、土质及实时温度要求。“我们真的已经用尽了所有办法，过去在 1985 年的时候，我们灌溉农田需要消耗 2.3 英亩－英尺的水量，如今，我们只需要 1.5 英亩－英尺水量。虽然耗水量更少，但我们现在每年却能出产 1000 箱西瓜，而过去只能出产 700 箱。我们的用水量减少了 35%，产量却提高了 30% ~35%。目前，想要节约更多的水已经难以做到了，我们只能寄希望于开发新的品种，在保证更加高产的同时，质量也一如既往地好。”

与圣华金河谷东部地区的农场不同，西部像乔·德尔·博斯克一样的农场主无法通过钻深井取水，因为那里的地下水含盐量过高，无法用于灌溉。因此，他们只能指望联邦政府的 CVP 或加州政府的 SWP 水利工程进行调水与再分配。

这两项大型的水利基础设施建设工程，对于农业、城市发展及生态保护都有着十分有益的作用。但是，长期以来，调水工程带来的水资源已经不再像以前一样能满足所有人的需要了。在加利福尼亚州南部城市及地区，如洛杉矶、圣地亚哥和硅谷，不断增长的人口、持续的干旱及三角洲胡瓜鱼的保护之间，展开了一场关于水资源异常激烈的政治与法律争夺战。一方是如乔·德尔·博斯克一样的圣华金河谷的农场主们，由于灌溉用水的缺乏，他们不得不放弃一部分耕地；另一方是渔民协会和环境保护者，对于渔民来说，他们以捕鱼为生，必须要保护鲑鱼在萨克拉门托河及其他河流的产卵地。对于环保主义者来说，他们要确保三角洲胡瓜鱼的生存环境及三角洲整体的生态环境不被破坏。因此，这场夺水之战，在大量生态和环境专家的意见指导下，由法院做出了最后的裁决——从 2008 年起，那些大型水电站，只有在不威胁到任何鱼类生存的情况下，才能从三角洲地区抽水进入高架沟渠之中。此外在夏季时，沙斯塔水库也必须排放出大量的水，保证萨克拉门托河的水位和温度保持在一个合适的水平，利于鲑鱼迁徙产卵。每年，由于这样的原因而进行的开闸放水，有数兆升水资源会直接流进旧金山湾和太平洋之中，完全无法用于任何有效的农业耕作。

而且，令这些中央谷地的农场主们格外气愤的是，尽管采取了这样的措施，而鱼群的数量也并没有恢复如初。彼得·莫伊尔（Peter Moyle），加州大学戴维斯分校的生物学家，可以说是最了解这片三角洲的人物之一了。莫伊尔[①]说，在 20 世纪 70 年代时，人们一网可以捕捉上百条三角洲胡瓜鱼，但现在，他认为这种胡瓜鱼有可能在几年之内灭绝。农业部门的相关代表强调说，水资源并不是影响这种濒危鱼类生存的唯一因素，外来物种的入侵也有着重要影响，比如条纹鲈鱼和一种来自亚洲的螃蟹，它们使胡瓜鱼的食物大大减少。另外，大

① 引自彼得·莫伊尔的采访，海湾自然杂志，2016 年 1 月 25 日，http://baynature.org/article/a-backup-plan-for-the-delta-smelt/。

量的城市废水未经处理就排入三角洲水域，再加上坐落于三角洲上的一些岛屿的农业生产，也使得该地区的硝酸盐负荷增加。彼得·莫伊尔认为，所有这些因素的共同作用，对于三角洲的生态环境有着重要影响。三角洲是一个极其复杂的生态系统，不仅自身不断发生变化，也易受到人类的影响而改变。比如，水电站泵机的强大吸力，甚至会导致水流方向倒转，使那些习惯于洋流方向的鱼类不知所措。为了那些受法律保护的濒危鱼类，有关部门不得不每周关闭这些泵机一次，可即便如此，依然无法拯救这些胡瓜鱼的命运[①]。可以说，在三角洲地区，环保主义者和农场主的利益完全相反，甚至是对立的。

据乔·德尔·博斯克回忆，这场关于生态用水的争论开始于 20 世纪 90 年代。那个时候，美国垦务局（Bureau of Reclamation）——一个负责调控 CVP 工程水资源分配的华盛顿官方机构，就已经开始减少农业用水的规定份额。“2007 年，是我们这个地区最后一次获得配给水量。”按照当年年初公布的分配水量，农场主们每英亩－英尺用水需要花费 130 美元。而从 2008 年以来，西圣华金河谷的分配水量一直是 0。没有水，土地上就什么都不长，这些农场主必须想办法，从地区主管的水务局购水。如果买不起水，就只能让部分耕地闲置，甚至干脆放弃农业生产。乔·德尔·博斯克说：“目前，我们每英亩－英尺用水需要支付 1000~1300 美元。事实上，1300 美元的价格几乎没有人能够付得起，即使是每英亩－英尺 1000 美元，长期下来也同样难以承受。”现在，乔·德尔·博斯克每天能做的，只剩下计算自己的资金还能再买多少水及要闲置多少耕地。杏仁种植园是他不能放弃的，因为一旦不

① 引自彼得·莫伊尔的采访《水深情》（Water Deeply，一个独立的数字媒体项目，主要报道加利福尼亚地区水资源危机问题），2016 年 6 月 1 号，https://www.newsdeeply.com/water/articles/2016/06/01/how-do-we-sustainably-manage-the-deltas-fish。

去灌溉这些杏仁树，等待它们的只有渐渐枯萎。

在乔·德尔·博斯克的农场，水资源首先用于保证杏仁树的生存所需，剩下的部分，才用来浇灌那些能够带来最大收益的农作物，比如，他现在种的就是一种哈密瓜。“虽然从播种到收获，种植一个哈密瓜需要消耗几乎 230 升水，但是这种瓜能够很好地抵御高温天气，并且种植这种经过生物有机认证的水果，我们能够获得价格补助，因此，目前还算是有利可图的。”收获期从 6 月份一直持续到 9 月底，每次只有完全成熟的且大小适中的果实被工人采摘下来，有机超市是不接收太大或太小的哈密瓜的，而由于高昂的人工和包装成本，剩下的这些哈密瓜，甚至无法作为次品出售。在连续干旱的 6 年，乔·德尔·博斯克不得不将 35% ~ 40% 的完全成熟的经过有机认证的哈密瓜直接翻耕入土，只因为它们不符合包装纸箱要求的理想大小。

2016 年是加利福尼亚州连续干旱的第六年，过少的降雨，使山顶的积雪几乎都已经完全融化。乔·德尔·博斯克认为，这里复杂的水权分配进一步加剧了加利福尼亚州的用水危机。2014 年 2 月，当他在报纸上读到时任美国总统奥巴马先生将要访问附近的弗雷斯诺的消息时，他通过推特（Twitter）邀请总统前来他的农场参观，出人意料的是，奥巴马总统接受了这份邀请。在乔·德尔·博斯克办公室的墙上贴着大量的照片，记录了总统的这次短暂逗留，其中一张照片甚至捕捉到了他 6 个女儿中的一位情不自禁扑上去拥抱总统的那一刻。

“当时我对他说：‘总统先生，我们这里种的，都是第一夫人想要我们所有人吃的食物。’”无可争议，圣华金河谷是蔬菜、水果和坚果的理想种植区。奥巴马总统在农场的简短讲话中提到：“在我们之中任何一个人出生之前，干旱已经是西部人们生活的一部分了。……但是科学证明，气候变化使干旱灾害造成的严重后果进一步尖锐化。科学家们一再争论，到底是某一次暴风雨还是某一次干旱才是气候变化的后果。但有一点是确凿无疑的：不断升高的温度，至少从三个方面对干旱有影响。第一，降水多以骤雨的形式出现，导致雨水大多直接从土壤表面流走，难以储存利用。第二，山顶的大气活动，降水多以雨水形式出现，而不是降雪。因此，来年春天时，没有雪水融化，河流就会经常出现断流的情况。第三，一整年过去，高温造成土壤水分和水库大量蒸发……我们所有人必须坐下来，共同商议，确保农业、城市、工业和环境用水合理分配。这是一项巨大的工程，但我肯定，我们能够做到。"①

乔·德尔·博斯克眼中的未来又是怎样的呢？"我们能否生存下去，取决于人们是否愿意吃我们种植的东西。在未来的圣华金河谷，我们的耕地会越来越少，大量农田被荒废，但是我们一定可以活下去。"他还希望，2016年会是干旱的最后一年，冬季的降雨量能够增加，并且CVP水利工程可以分配给农场主们应得的水量。

直到现在，跟乔·德尔·博斯克一样的农场主们都十分依赖于像莎拉·克拉克·伍尔夫这样手段老练圆滑的人物。莎拉·克拉克·伍尔夫出自一个农民家庭，并嫁给了一位农场主，现在是韦斯特兰水区（Westland Water District）理事会成员。水区是主管农业用水分配与供应的行政单位。在圣华金河谷共有28个水区，其中韦斯特兰水区有着250000公顷的农业耕地面积，是美国最大的水资源管理区之一。"我们负责700多家农场的水资源供应，"莎拉·伍尔夫解释道，"通过中央谷地供水项目CVP，我们每年本应该得到119万英亩—英尺的水，大概每英亩②土地可以获得2.5英亩－英尺的水。而我们这里种植的作物则需要消耗3~6英亩－英尺水。其中，需水量最大的就是那些杏仁树。即使我们能够获得最多的分配水量，也完全不够。"而在2014年

① 引自2014年2月，奥巴马总统访问乔·德尔·博斯克农场的政府官方视频资料。
② 1英亩（acre）约等于0.4公顷。

和 2015 年，韦斯特兰水区甚至完全没有被分配一丁点水量，2016 年据说有 5% 的配给水量，但是这仅仅是在 2016 年 11 月的商谈中取得的一份意向书而已。莎拉无奈地说：“我们这里分配的水，只是一纸空文，因此有着各种水资源的贸易。”这一年，韦斯特兰水区为农场主们购买了 150000 英亩－英尺水，均价在 800 美元 / 英亩－英尺，但是“我们还有一些身处困境的杏仁种植园园主，不得不花费每英亩－英尺 2500 美元的高价购水，只是为了他们的杏仁树能够安然度过这个夏天”。

加利福尼亚州的水权问题，已经不仅仅是“复杂”这个词能简单概括的了，甚至连最初协议的规则条款都可以说十分混乱。这份协议可以追溯到 19 世纪，农场主不得不同时研究分析各种不同的价格结构、水源利用和分配问题。比如，圣华金河谷有 4 个水区获得了“永久的”水权，以牺牲剩余 24 个水区用水（那里同样也有农民生产生活）为代价来保证这 4 个水区的满额供应，而这些剩下的 24 个水区不得不自行购买用水。

那么，人们在哪里能买到水呢？比如在珊迪·德恩那里就可以。她和她的丈夫一起经营着一家名叫雪雁（Snow Goose）的农场。他们的农场位于威洛斯，地处多雨的萨克拉门托山谷（中央谷地北部），加利福尼亚州首府萨克门拉托北部。22 年来，珊迪·德恩还是蒂黑马科卢萨水区的副主席，该区的水权可以追溯到 1860 年。这个水区有 1200 家农场，大部分都种植水稻，因此，他们已经习惯于完全浇灌透他们的田地。“我们时常会收到来自圣华金河谷其他水区的询问，希望我们能够转售一些水给他们。接着，我们就会问我们的农场主们，有没有人不打算种地，愿意出售自己的水量份额。每英亩－英尺水，他们可以得到 400~600 美元。此外，您还要算上管理费用和能源成本——因为从水渠管道中抽水是很贵的，最后，圣华金河谷的农场主们至少要花费 1000 美元才能买得到水。”或者就像乔·德尔·博斯克所说的那样：“北方的农场主们，不需要辛苦耕作，就能从我们这里换取同等价值的农田‘收成’。通过卖水，他们不用动一根手指头，就能跟以前耕作赚一样多的钱。”

当珊迪·德恩所在水区的农场主们，还在凭经验和大致估算的耗水量种植农作物时，圣华金河谷其他地区的每一位农场主都已经有属于自己的水资源账户了。这本账户，就像银行账户一样受到严格控制。莎拉·伍尔夫说：“在我们这里，绝不会有人透支用水。水源，首先流经中央谷地水利工程的畅通渠道，每隔一英里分流往不同的管道，并进一步往下分配。每位农场主都在农田边有单独的取水点，并且装备有相应的水表。如果用水量超过警戒线，即将超过他们水源账户中的余量时，系统就会通过电脑自动向他们的手机上发送一则警告信息。如果有人真的出现了用水超量的情况，他必须在几个小时之内，找到另外一个人可以把自己账户里多余的水源借给他。”莎拉·伍尔夫还讲到，很多农场主用水都十分节约，不会完全耗光配给的水量，但是，即使采取最高效的节水方案，也改变不了水资源短缺的现实。“在韦斯特兰水区，由于缺水，几乎一半的耕地都荒废了。而为了保证另一半农田的正常耕作，农场主们不得不想办法开发利用地下水储备。”

亚瑟奥姆钻井公司的老板，十分骄傲地向我展示了他们的石油钻探设备，公司员工利用该设备可以钻 600 米深的水井。虽然目前一个月已经可以完成 10 口新井的深钻工程，但是新客户们依然必须排着长队等待，尽管亚瑟奥姆钻井公司不是圣华金河谷唯一的一家钻井公司。干旱，是这些钻井设备不停轰隆作响的原因之一，另外一个就是杏仁树的巨大耗水量。

“仅为了结出一颗杏仁，就需要一加仑的水（大约 4 升）。在旱灾的肆虐下，种植这种完全不耐旱的喜水树木，在这场对冲基金刺激下的市场竞赛中，甚至连最疯狂的事实都不算。”农业新闻记者汤姆·菲尔伯特曾在2014年11月的美国左翼自由派杂志《琼斯母亲》（*Mother Jones*）[①]的一篇文章中这样写道。菲尔伯特在文章中还提到了美国教师退休基金会（TIAA），该基金会在加利福尼亚拥有1500公顷的耕地，是世界上第五大杏仁生产商。在20世纪90年代末的加利福尼亚州，该公司每年仅可以出产2.7亿千克的杏仁，但在2012年——即使气候如此干旱——依然达到了18亿千克的高产[②]。

在2800万美元的高昂广告攻势之下，杏仁成了新的“超级食物”。作为健康食品，杏仁富含有益的不饱和脂肪酸、维生素E和植物纤维，含糖量低，不含麸质，非常适合纯素食主义者食用……杏仁奶油可以做早餐，咖啡中也可以加杏仁乳，杏仁还可以随身携带，放在手提包中或者公文包内。杏仁的市场销量居高不下，一路走高。2005年，中央谷地有240000公顷的农田都种了杏仁树，2015年更是增加到360000公顷，比2014年增加了8000公顷[③]。根据利益共同体——加州大杏仁商会[④]的数据，那里大概有6000家杏仁种植园，每家每年需要消耗300万英亩-英尺水来灌溉杏仁园，以满足世界上80%及美国市场99%的杏仁需求。

2015年，杏仁的售价几乎达到每公斤10美元，创历史最高纪录。

---

① 汤姆·菲尔伯特：《加利福尼亚疯了》，《琼斯母亲》，2014年11月/12月刊，第26–28页。

② 塔拉·罗韩（Tara Lohan）：《严重短缺，看干旱如何影响水利投资市场》，2016年10月20日，https://www.newsdeeply.com/water/articles/2016/10/20/the-big-shortage-how-drought-is-impacting-water-investment-markets。

③ 戴尔·卡斯勒（Dale Kasler）、菲利普·里斯（Phillip Reese）、瑞安·沙巴洛（Ryan Sabalow）：《加州大杏仁价格严重下跌，一部分原因在于水资源短缺》，《萨克拉门托蜜蜂报》，2016年1月30日，http://www.sacbee.com/news/state/california/water-and-drought/article57432423.html。

④ 由加州杏仁商会（Almond Board California）投资，该商会是加利福尼亚州杏仁种植园主和加工者联合的营销组织。

而在2016年，价格出现了明显回落，但考虑到杏仁树的生命周期，大部分农场主依然制订了一个长达25~30年的种植计划，进一步扩大自己的种植园，使那里不断焕发新的生机。投资者，同那些对冲基金一样，首先考虑的一定是潜在的利益，而不会去思考，灌溉这些杏仁园所需要的水从哪里来。当地日报——《萨克拉门托蜜蜂报》——曾引用旧金山食品安全中心（Center for Food Safety）的水资源研究专家亚当·济慈[①]的观点："对于身处这片土地的农场主们来说，这里其实已经没有一滴水可供他们合法地使用了。他们现在灌溉杏仁树所用的水资源，都是他们从该州（加利福尼亚州）其他地区偷来的。"只有依赖更深的新水井和地下水资源，杏仁树的补种才能成为可能。

在马德拉县东边一条狭窄笔直的马路上，我们在阴冷潮湿的浓雾中寻找前往汤姆和丹·罗杰斯杏仁种植园的岔道口。我们只能勉强看清前面两排树的枝干，剩下的一切都仿佛消失在一片白茫茫的虚空之中。这种近地的低雾，被称为吐尔雾（Tule fog），易发生在圣华金河谷冬季的雨后。当我们终于到达目的农场时，浓雾已经在加利福尼亚11月份依然刺眼的阳光的高温照射下散去了。我们走进农场，映入眼帘的是一座暂时充当杏仁仓库的大谷仓，一间简易机器棚和一间办公室。汤姆，一位肩膀宽阔的高大男人，刚刚给我们找到两把轻便的折叠椅，我们看到他的弟弟丹开着电动高尔夫球车过来了，车后座上还坐着耳朵尖尖的扎克——一条苏格兰牧羊串种犬。

1981年以来，兄弟两个一直共同经营着这家70公顷大的农场，那时，他们的父亲在大约20公顷的土地上种了第一批杏仁树。这座

---

① 戴尔·卡斯勒（Dale Kasler）、菲利普·里斯（Phillip Reese）、瑞安·沙巴洛（Ryan Sabalow）：《加州大杏仁价格严重下跌，一部分原因在于水资源短缺》，《萨克拉门托蜜蜂报》，2016年1月30日，http://www.sacbee.com/news/state/california/water-and-drought/article57432423.html。

农场不仅见证了他们家族的发展，更是美国历史转折的缩影。他们的祖父母来自意大利，在埃利斯岛的移民管理局入境美国。汤姆和丹的父亲出生于德克萨斯，在黑色风暴时期[①]离开父母的农场，满怀希冀，想要在加利福尼亚州富饶的土地上重新开始生活。最初，他在这里种植谷物，在草地上饲养奶牛，后来又改种棉花、苜蓿和小麦。在 20 世纪 70 年代的干旱期，他还养过牛，直到最后，他决定种植杏仁，他断定，杏仁一定会成为加利福尼亚州未来热销的产品。汤姆说："我们的父亲是非常积极进步的，很有远见。他总是愿意学习新知识，尝试新事物，把事情做到更好。我们也是这样。"丹接着补充道："我们想要尽我们所能，成为最好的农民，赚足够的钱养家。因此，我们也在不断地学习，现在，我们已经完全颠覆了 5 年前的那些常规做法。这是一个令人激动的时代。"

水、气候变化及气候变化对用水的影响，这些对于汤姆和丹来说，都是巨大的挑战。他们的农场位于圣华金河谷的东部。灌溉这里的农田，不是通过地下管道，而是通过地表水及沟渠水道网来实现的。水源主要来自附近的内华达山脉，那里的冬季时常降雪，覆盖着山体表面，在更高的山峰处，还会形成厚厚的积雪层。在春暖花开的时节，积雪慢慢融化，为农场耕作提供充足的水源。在加利福尼亚州，山峰积雪和冰层的厚度像气温和风力一样，是可以定期精准测量的，因为这种积雪对于东圣华金河谷来说，是天然的水资源储备库，能够满足当地 30% 的水资源需求。

自从加利福尼亚开始出现干旱以来，不仅每年冬季的降水量在不断减少，而且平均气温也越来越高，以至于山顶的雪线也明显向上推移，降雨也比降雪多。2015 年 4 月 1 日，政府官方的测量数据表明，

---

① 这个时期是指在 20 世纪 30 年代，美国大平原（北美中西部平原和河谷地区）频繁发生灾难性的沙尘暴，农田完全被破坏。

内华达山的降雪量只有往年平均值的95%。因此，温度的上升，从两个方面加倍影响着农场主的生活：当冬季山顶降水多以雨水而不是雪的形式出现时，水库中没有充足的储存容量来容纳多余的降雨，这就导致这些珍贵的水资源白白顺着河流和水道涌入三角洲地区，对于农业生产毫无贡献。而山顶的雪盖变薄甚至消失，即便那里还有一点积雪，也会由于更加温暖的气候过早地融化，以致于盛夏时分，山间已经不会再有一滴水存在。

如今，在内华达山脉也出现了极端干旱的情况，并且对那里的森林造成了严重的损害。根据政府主管部门——美国林业局[①]的数据，2016年夏季，超过3600万棵树木由于持续干旱枯萎而死。利用航拍的图像进行分析，自极端干旱期爆发以来，总计有1.02亿棵树木枯萎，其中大部分树木都生长在内华达山脉以南地区。而那些侥幸存活下来、早已伤痕累累的树木又受到树皮甲虫的威胁。此外，那些枯死的树木还提高了森林火险的等级，2016年，从年初就开始出现火情，发生森林火灾的面积也扩大了许多。

言归正传，现在让我们接着看汤姆和丹·罗杰斯的农场。在参观农场的路上，我们仔细观察了他们新安装的灌溉系统。一般情况下，他们主要利用地表水进行灌溉，可是，当地表没有足够的水资源时，他们就会从三口160米深的水井中抽水使用。农场的第一任主人，在101年前开辟这家农场时，曾把自己的房子建在了泉水边，当时那里还是一口自流井，不断有水汩汩涌出。而现在，地下水位已经降到了地下76米深了。难以想象，短短百年的时间，地下水位会出现如此大幅度的下降。现在，据这对兄弟估计，最多5年，他们就得投资打一口新井，因为现存的三口井已经不够深了。

---

① http://www.usda.gov/wps/portal/usda/usdahome?contentid=2016/11/0246.xml&contentidonly=true。

汤姆说："这几年来，我们的耗水量已经减少了 25%，我们拥有双层的滴灌设备，可以直接为树木的根系提供水分。同时，我们将灌溉管道埋在地下，还能再节约一部分水资源。而且，我们已经开始转变施肥方式，在树木之间进行绿色施肥。我们实验了多种灌溉方案，想要借此弄清楚，如果我们在 5 月和 6 月增加灌溉水量，而在水资源短缺的 7 月和 8 月减少，是否能取得积极有效的作用。"在这里，灌溉是通过电脑控制的，这是十分必要的，因为杏仁树有雌雄之分，不同性别的树木需要交错种植，且有着不同的需水量。这里种植的所有雌树都是一个品种，能够结出品质特别高的杏仁，剥壳容易，方便加工。而雄树，汤姆和丹则挑选了两个产量特别高的品种。这些雄树，平均每天需要浇两次水，每次持续一个小时左右，而雌树只需要一半的水量。

"尽管这样，我们的节水量也可能不会再次达到 25%，但是就算只有 5% 或者 10%，对我们来说也是一种成功。"汤姆和丹还雇用了一名员工，跟他们一起共同管理这家 70 公顷的农场。他们一周至少巡视两次，步行穿过整个种植园，每次都仔细检查道路两侧的两排树木。从 6 月开始，就要特别注意灌溉软管上有没有漏洞，因为那个时候，整个谷地都十分干燥，老鼠、草原狼、浣熊、兔子和松鼠会试图咬开这些软管饮水，甚至乌鸦也能啄开这些塑料管喝水。"这样的巡察，让我们保持充沛的精力与健康的状态。我们清楚地知道种植园发生的一切、每一棵树的需求，并且能够及时做出反应，比如，提高那些缺水树木的灌溉水量。我们经常在种植园内工作 8 小时以上，唯一的问题就是，有时当你一直朝着树顶望去，美丽的景色会让你忘乎所以，不记得检查脚下的灌溉管道是否存在动物咬出的漏洞。"

杏仁树都是任性的，只有在最佳的生长环境中，才会在 10 月份结出绿色果荚包裹着的形状完美的果壳，而每一个这样的果壳内，都有一粒圆滚滚的、香气扑鼻的大杏仁。杏仁树的生长周期，开始于每年的 2 月份，这个时候的它们，需要温暖干燥的天气，以使土壤回暖，为开花做准备。因此，汤姆和丹为了让杏仁树更好地成长，会喷洒一种生物叶肥，因为这个时候，杏仁树的根系还处于冬季休眠的状态，而开花所需的能量，则来自树木体内储存的糖分。也正是这个时候，他们还需要联系养蜂人，平均每公顷需要 3 个蜂群来为杏仁树开的花授粉。过去十几年，我们经常能够看到关于美国蜂群死亡的报道（蜂群崩坏综合征，Colony Collapse Disorder, CCD）。根据美国环保署的数据，有 1/3 的蜂群没有躲过这场主要由 CCD 引发的灾难。[①]

蜂群崩坏综合征到底是怎么一回事，直到现在还没有一个完整的解释，但是，杀虫剂的滥用一定是其中一个重要的原因。2011 年，租用一个蜂群为杏仁树开花授粉的“租金”只需 135 美元，而现在，“租金”已经普遍涨到了 185~200 美元。汤姆和丹与他们的养蜂人之间的合作十分紧密，因为只有蜂群足够健康强壮，才能保证它们可以为最多的花授粉，而只有授过粉的花朵才能结出杏仁。因此，在 2016 年，他们第一次摒弃了以前使用的传统杀虫剂，选择了一款由有机农业授权了的药剂，大获成功，蜜蜂一直处于非常良好的健康状态。

此外，兄弟两人在肥料的使用上也选择了新的道路。“以前，我们都是按公斤使用氮肥，而现在，我们经过严格计算，用量几乎只有以前的百万分之一。而且，当我们使用肥料时，会增加灌溉量，并且在水中添加一些对土壤有益的微生物。我们现在才慢慢明白，健康的土壤有多么重要。”每年 10 月底，汤姆和丹会在种植园的杏仁树之间播撒一些三叶草和豆类的种子。汤姆认为：“绿色施肥，是一种能够改善土壤质量的方式。我们会定期对土壤进行取样，我们希望，有一天

① https://www.epa.gov/pollinator-protection/colony-collapse-disorder。

土壤中的氮值能够提高，这样我们就能更少地使用化学肥料了。”夏天时，他们也已经大大减少杀虫剂的喷洒，取而代之的是，他们首次用了一种信息素捕虫器，而且对捕捉结果十分满意。当然，汤姆和丹这么做的根本目的，不是为了农业的可持续发展，而是为了靠杏仁赚更大的利润。但是“为了能够更好地生活，我们需要健康、高产的树木以及肥沃的土壤。在最后收获时，我们才知道产量到底提高了多少。”汤姆和丹说，一般情况下，每英亩（4000 平方米）能收获 2500~2600 磅[①] 杏仁已经很了不起了，但他们的产量可以高达每英亩 3000 磅。

加利福尼亚州大杏仁的价格，是由世界市场的需求决定的，当然投机活动也是其中不可忽视的因素。2015 年，投资者们原本预计当年的杏仁产量会降低，于是价格涨到了每磅 4.5 美元到 5 美元，而出乎意料的是，当年秋天，杏仁取得了大丰收，因而价格一度降到了 2 美元。幸好罗杰斯的农场本身并无负债，而且投入的成本一直维持在尽可能低的水平，因此，在杏仁成交价只有每磅 2.25 美元的情况下，他们的产量也勉强能够收回成本。

自从加利福尼亚州的杏仁开始走俏以来，大量对冲基金、保险公司和其他风险投资人选择投资杏仁种植园，大量的田地改种杏仁树。汤姆认为，这些种植园就像一家家工业化的工厂，“这些投资者，进出市场的速度很快。一旦供过于求，杏仁价格下降，市场崩溃，他们可以很快地收回投入资金，或者以极低的价格收购那些受到价格暴跌冲击而破产的小农场”。

尽管如此，依然无法阻止杏仁种植业的不断扩张，甚至在贝克斯菲尔德以南极端干燥的地区，也出现了新的杏仁种植园。丹说：“在那里，人们钻了大量的水井，你几乎可以直接用肉眼看到，地下水位下

① 1 磅相当于 0.453592 千克。

降得有多么厉害。”此外，这些种植园，以在最短的时间内创造最大的价值为目标，因此会大量使用化学物质。这样的发展着实令人不安。相反，汤姆和丹对于自家农场的发展十分乐观，他们希望能够以极低的投入成本，在肥沃的土壤上种植出健康的树木，凭借高产和优质的杏仁质量在市场上占有一席之地，并长期发展下去。

我们又一次站到了种植园边的草地上，在我们眼前，是一排排严格按照精确间距种植的杏仁树，最后一缕雾气早已消散，这又是 11 月份温暖的一天，深蓝色的天空万里无云。我们开心地看着扎克在草丛中玩耍，它跑来跑去，试图用爪子抓住地面上自己的影子。汤姆和丹再一次谈到了他们经营农场的基本信念——尽他们所能，成为最好的农场主，不断地学习和进步。只有这样，才能保证加利福尼亚州——他们生活的这片土地，农业发展有未来可期。

克雷格·麦克纳马拉[①]也有着同样的理念。1980 年，他建立了塞拉果园，农场占地 180 公顷，主要种植有机核桃。我们坐在克雷格漂亮的办公室内，这间办公室由一间花园小屋改建而成，透过大大的窗户，一眼就能看到清晨第一缕阳光照射下的核桃林。克雷格·麦克纳马拉不仅在他的农场研究农业发展经验、气候变化与水资源短缺之间的相互关系，从 2002 年开始，他还加入了粮食和农业委员会（State Board for Food and Agriculture），一个为加利福尼亚州政府提供咨询意见的专家团。5 年来，他一直担任委员会主席。专家委员会的任务之一，是为加利福尼亚州的农业经济拟订远期发展计划，使之可以在 2030 年前得到贯彻实施。麦克纳马拉还在他的农场成立了一个“土地基础学习

① 克雷格·麦克纳马拉是美国前国防部长罗伯特·麦克纳马拉之子。罗伯特·麦克纳马拉，曾支持美国在越南采取大规模的军事活动。而克雷格·麦克纳马拉，在学生时代曾参与游行示威，反对越南战争。1968—1981 年，罗伯特·麦克纳马拉任世界银行行长。

中心”（Center for Land-Based Learning），一个专门为年轻人，那些想要将可持续农业发展、粮食生产和环境保护结合在一起的年轻人，设立的公益培训及继续教育中心。“对于我来说，土壤的健康是重中之重，”麦克纳马拉这样说道，“好的土壤，就像一家水资源存储银行。您在我们农场看到的一切，都是健康土壤带来的成果。我们现在终于意识到，好的土壤质量有多么的重要。就像我们太晚理解肥胖带来的危害一样，我们花了太长的时间才明白，我们原来一直在自取灭亡。”

塞拉果园农场位于圣华金河谷北部，小城温特斯附近，紧挨着普塔溪。直到现在每年 10 月底，这条河流中也还有水流过。但是，“在这里，冬季的耗水量是十分巨大的，从长远的角度来看，发展农业仅靠普塔溪是不行的，”麦克纳马拉说，“以前，我们这里的井只要 15 米深，就能打到水，而现在 60 米深的井都不够。此外，我们的降水也越来越少，通常情况下，我们每年的降水量应该达到 600 毫米，而现在最多只有一半。”麦克纳马拉认为，降水量的减少，只是气候变化众多后果中的一个。另外，同样对于耕作十分重要的阴冷潮湿的秋季大雾天气，现在也越来越少出现了，再加上全年气温明显高于平均值，这些种种因素，对于水果和坚果种植园都造成了严重的不良影响。“核桃树的生长，每年大约需要 1000 小时的低温天气（5 摄氏度以下），但是目前，最多只有 750 小时，这已经是核桃树生长所需的最低线，如果再少，这些核桃树绝对难以承受，肯定无法结出任何果实了。”

不断上升的温度，不仅对克雷格·麦克纳马拉的农场有影响，对整个加利福尼亚州来说，都是极大的威胁，甚至比干旱更加严重。因为如果只是缺水，人们可以想办法节约用水，但是过于温暖的冬季，是人力无法改变的。克雷格·麦克纳马拉几乎把整个农场都换成了地下的滴灌系统，这样在夏季时，可以将耗水量降到最低。而那些安装在土壤之中的传感器，也使克雷格·麦克纳马拉可以通过一款手机应用，直接控制种植园中任意一部分土壤的潮湿度。而在冬季时，则可以利用普塔溪奔流不息的河水浇灌整个农田。此时那些难以保存在土壤中的水资源，会迅速向地下渗透成为地下水储备，或流入沟渠管道，这样至少可以有一小部分水储存下来，等到来年夏天时，可以将水从井中抽出灌溉农田。

另外，种植园一排排核桃树之间还生长着一些充当绿色肥料的植物。麦克纳马拉解释道："在收割时，如果想要使用机器，树木之间的植被必须很低矮才行，这样才能保证机器的正常通行。"今年，他第一次没有处理这些植被，而是将这项工作交给了4000只绵羊来完成。2个月的时间内，这些绵羊在核桃树的阴影下，悠闲地吃着草。不仅是他，牧羊人对此也非常满意。在麦克纳马拉的农场里，还有几个池塘，可以在冬季收集雨水，为野生动物和候鸟提供水源。此外，在他的种植园里，随处可见一座座花团锦簇的"小岛"，为蜜蜂和那些授粉昆虫提供了充足的食物。

克雷格·麦克纳马拉和他的儿子还一起研究出了一种新的有机堆肥的方法，他们收集了大量青色的、不可食用的核桃外果皮、修剪枝干时掉落的细碎树枝、树皮及砍伐老树剩下的木头，将之混合堆积在一起。在我们开车驶过隔壁农场时，麦克纳马拉伸手指了指，让我们看不远处堆得像山一样的核桃外果皮。它们就这么直接堆在去皮机旁边，等待被当作垃圾处理的命运。而在塞拉果园农场则是另外一番景象，肥料发酵堆上方仿佛笼罩着一层白纱，就像人类冬天呼气时冒出的白雾，那是发酵过程中产生的热气，在深秋寒冷的清晨中格外明显。经过将近一年时间的堆积发酵，这些树皮和枝干使土壤变得富饶肥沃，生机勃勃。"36年来，我的全身心都投入到了农场的发展建设之中。"克雷格·麦克纳马拉如此说道。但是只有解决了最初的问题，即停止在圣华金河谷不断钻深井的不理智行为，杜绝毫无顾忌地开发当地有限的地下水资源的行为，那些积极有益的措施才能取得长远的成功。

2014年，加利福尼亚州州长签署了一份关于可持续利用地下水资源的法令，即《地下水可持续管理法》（Sustainable Groundwater Management Act, SGMA）。在克雷格·麦克纳马拉看来，这无疑是加利福尼亚州最重要的法令之一，即使它很晚（2020年）才能生效。在此之前，个体农场主和那些由华尔街投资建设的工业化农场，还可以通过钻新井抽取尽可能多的水。因为现在，对于哪些人可以在哪里抽取多少地下水，还没有具体的方案，而且人们也还不清楚，从2020年开始，到底要按照哪些条例来限制地下水的消耗。

SGMA法令的实施，也遭遇到一些人的不理解和抵制。离开克雷格·麦克纳马拉的农场几天之后，我们在圣华金河谷南部地区，图莱里以西的一个名叫斯特拉特福的小城中就感受到了这种抵触情绪。查尔斯·迈耶的农场位于该地南部郊区。我第一次看到迈耶，是在一部拍摄于2016年夏季的很短的纪录片里。他站在一片尘土飞扬的农田边上，讲述着他的遭遇，由于最近几年缺水情况越来越严重，为了挽救他日渐衰败的农场，他不得不卖掉自己的土地。接着一个长镜头，视频上出现了大面积闲置的农田和一片棉花田。当我们拜访他的农场时，我问起他现在农场的面积，他回答我说，最初是1600公顷，而现在他已经卖掉了70公顷，剩下的也只有400公顷的土地上面还种着一些作物，他实在没有足够的水来浇灌更多的土地了。通常，查尔斯·迈耶会像他的父亲一样，主要种植棉花和小麦。即使棉花种植需要消耗更多的水，即使它也不单单在加州这里，而是在整个美国南部都能生长，他也不想改种其他作物。美国典型的小麦种植区更是位于落基山脉以东地区。

2016年10月，迈耶请人新打了一口400米深的井，希望在未来7年内，能有足够的水浇灌他的棉花田，7年过后，那些他在2015年种下的希望——200 公顷开心果树——将会给他带来新的收获。他不打算把所有的农田都种上开心果树，因为在他内心，他一直是一名棉花种植者。那么，他是怎样看待 SGMA 的呢？我们脚下的土地，包括土地下面的水源，都是属于我们自己的，任何人都无权干涉。”

那种认为水资源同我们呼吸的空气一样，是一种集体共有财产的观点，迈耶是无法苟同的。而且他对于这些水的来源并不感兴趣，不论它是来自河流还是地下含水层，他只知道，那口新井是他自己花钱，在自己的土地上钻挖出来的。他为什么不能考虑一下，种植一些棉花以外的作物呢？比如，高品质的葡萄或者柑橘品种，这些水果在中央谷地的特殊气候条件下，也完全能够很好地生长。迈耶指着农田另一侧的建筑群，那里存放着棉花去籽设备，几年前它们就已经停止运转了，因为干旱，这片土地已经难以收获足够多的棉花了。“我的梦想是，有一天可以把这些设备全部买下，重新修理过后，使之继续运转。那么，我就可以再次在家门口将我的棉花去籽，并将它们打包压成一捆一捆的。”

我们在驱车返回弗雷斯诺的路上，心情十分沉重。途中，我们又参观了松本家庭农场，这家农场位于弗雷斯诺东南方向几英里的德尔瑞。马斯·松本是一位日本移民的儿子，他和他的家人共同种植一种有机桃子。这种桃子深受纽约美食家和顶级厨师们的喜爱。最初，是一位名叫爱丽丝·沃特斯的美国知名厨师发现了马斯·松本。爱丽丝·沃特斯是“从农场到餐桌”（farm to table）运动的发起人，这项运动倡导在烹饪时采用本地种植的当季食材。这一趋势甚至还启发了米歇尔·奥巴马，并给予加州伯克利文化餐厅帕尼斯之家的主人新的灵感。

“1994 年的一个晚上，当时我刚来到帕尼斯之家不久，我站在厨房，突然看到一道准备端给客人的甜品。……我深吸了一口气，因为眼前的一幕太荒唐了，整个甜点盘上只有一个桃子，没有一片薄荷叶，也没有一点覆盆子酱，就是一个桃子，除此之外别无他物。”[1] 这段描述摘自丹·巴伯的畅销书。丹·巴伯是曼哈顿蓝山餐厅及石仓农场蓝山餐厅的顶尖厨师兼老板。石仓农场蓝山餐厅是一家位于纽约北部的高级餐厅，拥有自己的附属农场。丹·巴伯在书中还写道，当时帕尼斯之家的菜单上仅仅印着：“马斯·松本，朝阳桃（Sun Crest Peach）。”

我们是 11 月初来到马斯·松本的农场参观拜访的，当时早已过了桃子丰收的季节，因此，马斯·松本有时间同我们闲聊。这家经过生物有机认证的农场占地 30 公顷，其中 1/3 的土地上生长着 12 种不同品种的传统桃树和油桃树，当然也包括刚刚提到的“朝阳桃”。在大约 15 公顷的土地上，松本种了一种无核葡萄。在每年夏末时，松本会将收获的葡萄铺在纸上，晒成葡萄干。这家农场地处国王河的灌溉范围内，这也就意味着，跟圣华金河谷其他大部分地区相比，这里之前很多年都能以更加优惠的价格买到更多的水。但是从 2013 年到 2015 年，该水区也由于干旱没有获得水源配给，幸好到 2016 年，这些农场主们最终总还是拿到了 50% 的份额。

松本的农场里有两口大约 50 米深的井，为了灌溉，树木之间的垄沟被利用了起来。松本并不看好滴灌系统，“它一方面对土壤不好，因为滴灌会直接将水浇到树上，而这些水分又被直接输送往根部。这样会让树木变得懒惰，不会再为了吸收更多的水分，迫使自己的根部向更深处伸展，以形成强大的根系网”。每一排树木的灌溉管道都有自己单独的阀门进行控制，每一条垄沟都能够很快被水灌满，并一层层往下渗透，这样不仅对树木有好处，也利于进一步丰富土壤微生物。那些没有被树木和土壤吸收的水分，还会进一步往下渗透，补充地下水储备。如果可能的话，松本会尽量使用地表水，只有在完全不得已

① 丹·巴伯：《第三餐盘，明日饮食探究之旅》，利特尔 & 布朗出版社（Little, Brown），2014 年版，第 135 页。

的情况下，他才会从两口井中抽水灌溉。当 2020 年 SGMA 开始正式生效的时候，人们就能知道，到底还可以从地下抽取多少水使用。

尽管这部法令可能会让松本家的农场受到沉重打击，但跟查尔斯·迈耶的情况不同，如果没有水，迈耶至少可以让他的耕地闲置，而这些水果和坚果园定会获得一定的水资源配给，否则，这些树木都将会枯萎而死。尽管如此，马斯·松本仍然同克雷格·麦克纳马拉和杏仁种植园主汤姆和丹·罗杰斯一样，坚信这部法令是十分重要且有意义的。他们一致认为，只有通过法律手段，才能有效遏制当前无组织、无节制地开凿更多深水井的行为，限制地下水资源的过度消耗。如果没有强有力的措施对现存地下水储备加以保护，那么加利福尼亚州南部地区的农业发展将没有任何出路。马斯·松本说："气候变化已经是无可辩驳的事实了，温度不断上升，天气变化更加反复无常，未来加利福尼亚地区的水资源只会越来越少。"

跟克雷格·麦克纳马拉种植核桃树遇到的问题一样，气候变暖及低温严寒天气的减少，对于桃树来说也是一个大的威胁。特别是那些老的品种，如果冬天过于温暖，它们会变得十分脆弱。"桃树的生长，每年需要 600~1000 小时的 7 摄氏度以下的低温天气。2015—2016 年度的冬季还勉强达标，但 2014 年，足够严寒的天气只有大约 400 小时。低温就像是一个信号，告诉桃树们可以开始休眠了，如果没有足够时长的低温，桃树就会继续生长。它们虽然能勉强经受住温暖的冬季，但会极其'不舒服'。"

从寒冷的冬季到大地回暖的春天，气温的升高，对于水果和核桃树来说是一个可以开花的信号，它们的生长将进入一段非常活跃的时期。如果冬天过于温暖，这个信号就会十分微弱，树木们可能就无法开花，或者只有少量的花朵会开放。马斯·松本的女儿妮基托目前也在农场帮忙，他们寄希望于桃树自身的适应能力，希望它们可以慢慢适应不断变化的环境，当持续干旱时，可以长出更粗更长的根系，伸入到地下更深的含水层中吸收水分。马斯会在秋季的时候，在那些叶子早早就枯黄的枝干上做下标记，方便之后把它们锯掉。他向我们解释了这么做的原因："这棵树是在通过这种方式告诉我，它已经累了。我们这么做完全是在减轻它的负担。这些枝干即便留到夏天也是无法结果的，因此，将它们锯掉能够更好地帮树木顶住更加炎热干燥的夏天。"

松本希望这些树能够活得更久一些，因为适应变化是需要时间的。一棵桃树经过 3~4 年的成长，才能收获第一批果实。一个传统的种植园，通常会在 15 年之后将老的树木砍掉，补种上新的。而松本的种植园里，那些朝阳的桃树是 1968 年种下的，它们直到现在还在结果。"这才是真正的'良驹'，而那些十分高产的品种，就像赛马一样，短期内能力强，但也十分脆弱。"气候变化还意味着，顾客的想法和贸易的方式必须发生转变。"长远来看，我们有一天可能无法继续种植老品种的桃树了。一切都在改变，我们已经踏上了一片复杂的新大陆。现在的桃子跟以前的也不完全一样了，它们变得更小，更容易被压坏，因此，我们收获的果实也越来越少，但好在味道变得更加浓厚。"

松本一家尝试制定新的销售策略，比如这几年来，他们在农场里开展了一项针对艾伯塔（Alberta）品种桃树的领养计划。人们可以花费 650 美元领养一棵桃树，等到它成熟时，人们必须自己亲自来桃园采摘果实，其中大部分桃树都能结出 140~270 千克的桃子。在那时，农场还会组织采摘节，至于人们从收养的桃树上到底能摘到多少桃子，就完全凭运气了。通过这种方式，顾客们不仅跟他们的树、桃子和农场之间建立了一种新的紧密的联系，还能带来一些意想不到的商机。比如，同那些小型酿酒厂合作，利用那些压伤的或者特别小的桃子来酿一种"比利时水果啤酒"。别人家的桃子一般主要向超市供货，因此通常都是在还未成熟的时候就采摘下来了，然后在运输过程中及当地超市的仓库中慢慢放熟；而松本家的桃子，则是在树上一直长到完全成熟的那一刻，只有这样，这些桃子才能真正味美多汁，并且有着自己独特的香味。

为了确保那些生活在洛杉矶、芝加哥或者纽约的顾客也能够品尝到这种极其脆弱的桃子，松本家雇用了一批采摘工人，不仅支付给他们的工资高于平均水平，而且还会给他们一些额外奖金。他们摘桃子时，会先从树干顶端开始摘，因为越往下，桃子受到的日照时间越少，还需要再等几天才能完全成熟。因此，这项工作干起来是十分耗费时间的，而且成本更高。这种桃子，可以算作一种奢侈品了。此外，通过网络渠道进行销售，也是一种越来越受人欢迎的方式，而且大有可为。

这些措施是否能减缓气候变化带来的后果，为农场的未来赢得一丝生机？“有时候，我会非常恐慌，担心在我还活着的时候，我们现在亲手种下的桃树，就再也结不出桃子了，”马斯的女儿妮基托·松本说道，“最多 5 年之后，我们就必须考虑清楚，除了桃子和葡萄干，我们这里还能种些什么。”种植传统的无花果树和将新鲜的无花果市场化是一个选择，种植橄榄树则是另一个。事实上，第一批各种不同品种的无花果和橄榄树早已经在农场中种下了，目前基本都开始结果，妮基托希望，其中能有一些味道和香气都十分出色的品种，值得他们这些年的辛苦劳作与付出。

马斯·松本不仅仅是农场主，还是一名作家、诗人，他的女儿妮基托也是一位艺术家，他们两个将农业发展与艺术结合在一起——在英语中，表示农业的单词 agriculture[①] 中也隐藏着艺术与文化的含义。“在‘农业耕作’中，我们也必须像那些美食家、厨师和‘吃货们’学

① agriculture：英语中是指农业，前缀 agri 是耕作的意思，culture 是文化的意思。——译者注

习，借鉴他们早已开始的尝试，在农业与文化之中创造一种全新的联系，这涉及很多方面：品味、健康、科技……”将帕尼斯之家桃子甜点的美学、香气和味道与松本家农场的桃树结合在一起，让那些顾客在品尝着桃子美味的同时，也能了解松本农场的情况，了解气候变化、缺水和冬季过暖的问题。

马斯·松本出于长远发展和系统联系的考虑，尝试了各种各样不寻常的方法与道路。其中就包括垄沟灌溉，这种灌溉方式不仅能为树木和土壤微生物提供养分，还能让一部分水资源重新补充地下水储备。但是，在这个干旱肆虐和水费高昂的时代，大部分农场主首先考虑的一定是如何更好地节约用水。借助科技手段，比如土壤湿度传感器，可以精确地计算并应用滴灌的水量，使水分真正供应到树木根系或者需要浇灌的其他经济作物中。甚至还能有针对性地利用植物的特性，比如西红柿，在一段特定的生长期，给它们造成一定的缺水压力，使之结出含糖量更高的果实。制定灌溉周计划，那是专家们的工作。而且，由于干旱以来，农场主们要购买 CVP 和 SWP 调水工程向圣华金河谷运送的水，往往不得不支付原先 10 倍甚至 20 倍的价格，所以，即使一次性花费 50 万或者 75 万美元钻挖深井，对他们来说也是值得的。

“这就仿佛身处同一个大浴缸之中，每个人都紧紧抓住自己的那根救命稻草。区别仅仅在于，那根稻草的坚固程度以及吸水深度。”汤姆·维利，一位来自弗雷斯诺以北马德拉县的农场主这样说道。1980 年以来，他和他的妻子及 50 名雇佣工人一起，共同经营一家经过生物有机认证的蔬菜园，属于中央谷地的第一批有机农场主。目前，仅在圣华金河谷维利就大约有 120000 公顷经过有机认证的农田。那里温和的气候，即使在冬天也可以种植蔬菜，在维利的农场，全年都有 50~80 种不同品种的蔬菜和浆果生长成熟。长期以来，健康有机食品连锁超市——全食超市（Whole Foods）一直是他们的固定客户。可是现在，尽管他的蔬菜售价很高，但他还是打算卖掉农场。除了雇佣成本越来越高[①]以外，气候变化导致的严重后果也是一个主要因素。现在的夏季十分炎热，以至于很多授粉昆虫很少出来，或者干脆不再出来授粉，这就意味着，能结果的花朵越来越少，收获也少得可怜。那些像豆类一样需要稳定温度的蔬菜品种，不管气候过热或过冷，都会停止生长。再加上春秋两季炎热潮湿的气候，为像马铃薯霉菌这样的真菌病害提供了十分理想的传播条件。最后，还有干旱灾害，即使在水量丰沛的年份，地表水资源大多也只能满足一半农田的灌溉需要，汤姆·维利依然需要从他的两口井中抽水灌溉另外一半。而这20年里，地下水位下降了22米，2011年，汤姆·维利只好请人将其中一口井继续往下钻。汤姆·维利说："这是一场零和博弈。我们的井深只有150米，而周围那些种植杏仁树的农场，已经打了3口300米深的水井了。"

冬季气温的升高，导致内华达山脉地区的降水往往以雨水的形式出现，降雪量减少，这对于中央谷地的农场主们来说，也是一个苦涩莫名的讽刺。因为如果大量的雨水不能及时引入河流和渠道体系，就会导致洪水泛滥。这些农业生产中急需的水，农场主们却只能眼睁睁地看着它白白流向三角洲水域，最后汇入太平洋。

唐·卡梅伦，我们曾在本章开头时提到过这位农场主，当时我们见面时站在一大片萝卜地里。他想出了一个办法利用这些冬季降水。他把这些丰沛的雨水引到农场中，漫灌那些多年生作物，比如在他的

---

① 在加利福尼亚州，不仅最低工资标准很高，而且，当前农业生产中雇用的劳动力，同样享有8小时工作制之外的加班条款中所规定的工资政策，这就导致收获期的雇佣成本急剧增加。因此，加州的蔬菜种植园主，难以在蔬菜价格上同墨西哥进口的蔬菜竞争，因为那里的平均人工成本每天只有1~5美元。

特拉诺瓦新农场，就是杏仁树和葡萄树。卡梅伦是在1983年产生这个想法的，那一年，雨水极其丰沛，而且多是大暴雨。那时，他经常开车前往萨克拉门托，每次都会路过一片葡萄园，那些葡萄树连续几个月都浸在水中，尽管如此，依然能够开花结果。因此，2011年冬天，他通过特拉诺瓦新农场的灌溉沟渠，利用充足的雨水整个浇灌了120公顷的葡萄园。从2月到3月，水深一直保持着50厘米左右，当空气和土壤温度升高，导致水温上升，含氧量不足，叶子开始慢慢变黄时，卡梅伦再将水排走，一个星期之内，葡萄藤就可以重新恢复元气。"这项试验取得了惊人的成功，"唐·卡梅伦说，"就在我们将农田灌满水的这几个月时间，大概有3000英亩－英尺水重新补充到了地下含水层。"

一年之后，唐·卡梅伦在500万美元的资金支持下，开始铺设新的沟渠和灌溉水闸，以达到定期漫灌6500公顷农田项目的第三阶段目标。和加州杏仁商会一起，他试图说服更多的农场主，希望他们也能在冬季漫灌他们的农田。2015年，一项受加州水源基金会委托的研究报告指出，这种大面积漫灌项目的进一步扩大，可以很好地保证地下水资源的可持续循环使用。这份报告的作者估计，每年可以从含水层中抽取120万英亩－英尺水量。唐·卡梅伦现在会漫灌每一公顷合适的农田。"这对于多年生作物，特别是冬季需要休眠的树木来说，都有着显著作用。虽然柑橘类水果因为收获情况更加困难一些，但这一切都只是经验和时机选择的问题。"

对于唐·卡梅伦来说，可持续地下水管理法（SGMA），也是一项对于圣华金河谷的农业未来发展具有决定性意义的立法举措，它宣告了近年来愈演愈烈的地下水资源争夺战的结束，使那些无限制地钻探更深更新水井的行为得到控制。"大部分农场主完全不明白真正会发生什么。随着气候的不断变化，我们现在已经站在了命运的十字路口。

如果 SGMA 生效，他们将不再能够随意从井中抽水使用。”即使目前的漫灌项目能够使地下含水层的水量一直保持着现在的水平，甚至能够在几十年后提高地下水位，唐·卡梅伦依然认为，圣华金河谷西部地区农场主们的未来依然希望渺茫。与其他地方相比，那里有着最肥沃的土壤，却因为地下水含盐量过高，既不能打井灌溉，也无法利用内华达山脉的“冬季降水”漫灌农田。根据他的估计，特拉诺瓦新农场所处的地理位置，还是有一些希望的。“我觉得我们可以生存下来，但是10 年后，我们的农场一定会面目全非，除了多年生作物之外，我们还会种植一些一年生植物，以便在再次遭遇干旱灾害时，能够闲置一部分农田。唯一不变的，就是一切都会变。”

我们遇到过很多农场主和水利专家，他们中的绝大多数对于未来的态度都是很乐观的，区别只在于乐观的程度，比如麦克·韦德，加利福尼亚农场用水联盟（California Farm Water Coalition）常务董事，他就一点都不担心。“农业生产会导致产量降低的情况不断出现，但是，我们还是可以种植其他作物的。一直以来，每当市场反馈发生变化，或者出现某种植物病虫害侵袭时，我们都会不断调整，适应新的环境。因此我们的产业能够而且必将继续发展进步。”莎拉·伍尔夫作为一名农场主及韦斯特兰水区负责人之一，也坦白说，很多农场主常常难以接受变化革新，“我们并不能很轻易地接受新的思想，即使最后证明像滴灌这种革新是积极有效的，有时候也必须有人在后面逼我们一把”。那么，莎拉·伍尔夫又是如何看待加州南部农业的生存率的呢？“我们这里每年都产出大量的粮食作物，如果有一天，中央谷地的农业不复存在，那么，不仅对美国的粮食供应，对于全世界出口来说这都是难以想象的灾难。”

加州大学戴维斯分校教授大卫·霍威特也有着相似的观点，他提到：“与美国其他州相比，加利福尼亚州的农场主，能在更少的土地上，使用更少的水资源获得更高的产量。”但同时，霍威特也认为，圣华金河谷的农业在未来一定会发生很大的变化。与谷地西部地区相比，生活在东部地区的农场主，特别是那些小型农场，未来发展前景会更好。根据他的估计，由于缺水严重，西部地区的很多农场可能会被直接放弃。他还认为，未来种植核桃、浆果、蔬菜和那些可以加工成葡萄干的葡萄，才是有意义的选择。而奶制品行业则相反，即使最近几年它们是最大或第二大的农业生产部门，未来赚钱的机会也不大。科技的发展可能能够带来更有效率的水资源利用方式，但是霍威特教授估计，由于气候变化，降雨或降雪带来的可用水量依然会减少20%~25%。因此，水资源的买卖过程必须简单化。此外，他还提出了一项奖励制度，鼓励种植园主在冬季进行漫灌，或者采取一些改良土壤的措施。追根究底，农业的发展都离不开植物的光合作用，而就这一点来说，美国没有任何一个地方，拥有比中央谷地更加优越的生长条件。

现在，马斯·松本更加悲观一些。“中央谷地的农业生产有可能要倒退到50年前的水平。在山谷边缘地区，也将无法种植任何作物。没有好的土质，没有水，你什么都种不了。而且我觉得，杏仁种植区将会缩小，生产过剩、缺水及严重依赖出口——都不是什么好现象。”

在气候变化的影响下，克雷格·麦克纳马拉也认为，圣华金河谷水资源现状不会得到改善，但他还是希望，农业生产、城镇发展、环保主义者和渔业公司之间能互相谅解，共同寻找到一个公平分配现存水资源的方式。现在为了节约用水，农场主们都采用了新的科技和可持续的农业生产方法，但是即便如此，麦克纳马拉依然无法确定，这样是否就能够长期抵御气候变化的影响。特别是气温的不断升高对核桃、杏仁和桃树的影响，让他忧心不已。“每当我想到，如果25年后气候变化的情况依然没有得到任何改善，高山降雪依然越来越少，我就会万分忧虑，我们是否还能继续在这片土地上种核桃。我由衷地希望加利福尼亚州的农业能够一直坚持下去。我们这里是上帝恩赐的沃土，对于粮食生产来说，这里有着肥沃的土壤、最好的气候、最有天赋的人们，而且还有大量的高新科技供我们使用。但是我还是很担心，有一天，我们可能会辜负这片土地的期待。”

2017 年 2 月：

加利福尼亚遭遇特大洪水——干旱终于过去了吗？

一张张照片，让人们看到了加利福尼亚州当时令人揪心的景象：汹涌澎湃的洪水，从奥罗维尔大坝（Oroville-Damms）毁坏的泄洪道呼啸而下，不禁让人想到了尼亚加拉大瀑布。为以防万一，18 万人被紧急疏散。在圣荷西，小浪溪的河水漫过河岸，14000 人不得不离开家避难。纵贯南北的五号公路，有些地段也淹没在了水下。甚至还第一次打开了沙斯塔水坝的堰闸，以降低水库过高的水位。几周来，从太平洋方向移动而来的大气层河流（atmospheric rivers）出现在加利福尼亚州上方，云层中挟带有大量水汽，引发了该地区的强暴雨，高山地区则出现了强降雪天气。

这次降雨，对于圣华金河谷的农场主们来说，为 2017 年的种植季打下了良好的基础，给他们带来了希望——2017 年夏天，他们将有可能获得大部分的水量配给。在经历了多年零配给水量之后，有关机构承诺，这个夏天的配给量可以达到 60%。水库已经完全蓄满了，几乎都要往外溢，而且 2 月份测量到的山顶积雪厚度也明显超过平均水平。

可惜，这一切并不意味着干旱已经远离了加利福尼亚州。大部分雨水并未收集进水库之中，而是未加利用地直接流进三角洲，汇入太平洋。内华达山脉远超平均水平的积雪厚度，倒是一个好的信号，但是由于加利福尼亚州近几年来气温的不断升高，高山地区的春天和夏天都比往年来得要早，因此，积雪融化得也早了许多。可以预见，这些本该在 7 月份用来补充已经空了的水库的高山积雪，会在水库还是满溢状态的时候就开始融化，也就是说，这部分水同样会未加利用就白白流走。

说到底，最大的问题还是地下水水位的下降。多年来，为了弥补水资源的缺乏，圣华金河谷的农场主们请人钻挖的水井不仅越来越多，也越来越深。美国国家航空航天局（NASA）的报告指出，通过对比卫星照片，中央山谷地面沉降的规模已经可以每个月以厘米计了。山谷地下的含水层，已经变得十分疏松且不稳定。通过深水井在短时间内抽取大量的水，导致了地下岩层像干燥的海绵一样容易坍塌和下陷。NASA 研究报告中给出的数据是，数百平方公里的土地已经沉降了 50 厘米。此外，通过对比 2015 年春天和 2016 年秋天卫星拍摄的照片，发现沉降的面积也明显扩大，而且深度也在加深。在列王县和克恩县在短短两年内，地面沉降就达到了 38 厘米。

一些水利基础设施也有着同样的情况，比如，两项大型水利渠道工程——加利福尼亚高架渠道及中央峡谷的“水动脉”三角洲—曼德塔渠道就有部分区段沉降了超过 60 厘米，现在的沟渠管道，仅可以调运原先 80% 的水量了。“从 2014 年来 NASA 提供的沉降率来看，结果着实令人不安，而且地面沉降还没有停止的趋势。”威廉·克洛伊尔——加利福尼亚水利资源局 DWR（California Department of Water Resources）负责人在 2017 年 2 月初的新闻发布会上如此说道。

克洛伊尔说，地面沉降是加利福尼亚州某些地区早就遇到的问题了，但是现在地面沉降的速度已经严重危及到了水利工程的正常运转，并使农业发展受到了影响。有上百万居民，包括洛杉矶和圣地亚哥等大城市的居民，都是从中央峡谷的渠道工程中获取水资源的，因此，威廉·克洛伊尔认为，目前整个供水体系都处于危险之中。

事实上，即使现在降雨量增多，甚至超过以往的水平，也改变不了什么。地下水是十分古老的水资源，经过长年累月的蓄积，贮藏在含水层之中，而雨水向土壤中渗透的过程是非常缓慢的，那些干涸的含水层，几乎很难再重新储藏水资源。地质学家认为，如果未来50年，每年冬季的降水量都能达到平均水平以上，那么地下含水层能以自然的方式再次补充满。而唐·卡梅伦倡导的漫灌项目，也是人为引导地下水回灌和提高地下水水位的一种最重要的方式。此外，可持续管理地下水法，也是我们的另外一个希望，它将从2020年开始，限制无节制地抽取地下水及减少钻井数量。总之，圣华金河谷持续干旱的结局到底如何，我们还难以预料。

二

2.

咖啡再见

未来为什么没有了喝咖啡休息的约定？

“我们去喝杯咖啡吧！”像这样随口一提的约定，可能要不了多久，我们就再也无法说出口了。咖啡，正在成为一种珍稀饮品，只有潮人和有钱人才能消费得起，而且会像从前一样，只能一小杯一小杯地供人品尝。

自从2010年以来，大量咖啡树丧失元气，相继枯萎，咖啡豆产量持续下降，种植农们不停地抱怨，他们的收入已经减少了一半多。世界上主要的咖啡产区位于非洲和巴西，这两地生长着被誉为咖啡王后的阿拉比卡（Arabica）咖啡。2015年，一份来自国际农业研究磋商组织（Consultative Group for International Agricultural Research, CGIAR）的研究报告指出，那里的温度在不断上升，特别是夜晚的降温幅度越来越小。[①] 而降温，是生产优质咖啡豆最重要的前提之一。自千禧年以来，昼夜温差越来越小，夜晚的温度几乎没有任何降低，

① https://ccafs.cgiar.org/research-highlight/arabica-coffee-productionrisk-due-changing-climate#.Vg2WlM56lFV。

咖啡种植农只好把他们的咖啡园向海拔更高的地方迁移，但事实上，世界上大部分咖啡种植区，已经位于当地海拔最高的山峰了。

比如在巴西——世界上最大的咖啡生产国，人们就没有办法选择向上迁移，因为那里已经没有更高的山，既可以让咖啡逃离高温的夜晚，又可以满足这个国家所需的巨大咖啡产量了。未来短短几十年内，星巴克等咖啡公司赖以为生的咖啡生意，就会面临着原材料耗尽的威胁。国际农业研究磋商组织的研究者们一直在试图寻找其他方法，但是迄今为止，除了帮助这些咖啡种植农们继续向高处迁移之外，也别无他法。有人提出了一种有可能起作用的新型耕种管理方法——将咖啡种到森林之中，而不是种在空旷的种植园里，但是这种种植方式是否能够抵抗气候变化的影响，目前尚在讨论之中。

一次深入巴西咖啡种植中心的参观之旅，让咖啡无限畅饮的幻想照进了残酷的现实。气候变化的征兆，已经在咖啡种植园中有所显现，不论是对种植农民们、对这个国家，还是对于喜爱喝咖啡的人来说，这都不能算是什么好的预兆。在巴西的咖啡种植大区圣保罗州和米纳斯吉拉斯州，大概只需再过短短一百年，气候变化就会让曾经暴利的咖啡种植业变得无利可图。生存之战已经打响。

我们来到米纳斯吉拉斯州的拉夫拉斯这座咖啡之城进行实地考察。从圣保罗到拉夫拉斯，可以选择驾车走乡村公路，大量开往巴西中心区的货车就是在这条路上艰难行驶的，不到 400 公里的路程却需要耗费 8 个小时；或者也可以订一张飞往贝洛奥里藏特的机票，那里是米纳斯吉拉斯州的首府，距离圣保罗只有 1 个小时的航程。从飞机上往下看，你就能真切地体会到，到底是什么让这个国家变得富有。沿着山地，一座座小型的咖啡种植园互相交错，仿佛一块拼花地毯。踏在前往咖啡之城拉夫拉斯的路上，它的魅力一层层地展现在人们的眼前。幽深的山谷，陡峭的山坡，巴西最后一片原始森林就在这片山崖边。再往上，那圆形的山顶和高原，就是咖啡的生长地了，半高的咖啡树整齐地排列着。

“这个国家的历史由咖啡写就。”拉夫拉斯大学研究员塞尔吉奥·帕雷拉斯·佩雷拉如此说道。直到今天，那些小农场主们依然坚守着种植咖啡的传统，他们才是巴西咖啡真正的主人，在巴西 30 万位咖啡种植者中，80% 都是小型农场主。他们的农庄虽然小，但依然会选择在平均只有 2 公顷的面积上种植高价值的咖啡豆。因此，只有在还有其他收入来源的情况下，他们这些小农场主才能勉强生存下去。比如在米纳斯吉拉斯州，人们除了种植咖啡之外，还会种些牧草饲养奶牛，生产奶制品，相辅相成，互为补充。每年秋季，都是咖啡采摘收获的高峰期，而饲养奶牛则主要是在春季较为繁忙。此外，他们还会养一些鸡，种一些橙子、木瓜和牛油果等果树，这种温暖潮湿的气候同样也非常适合香蕉生长。只有这样，才足够养活一个像卢西奥和玛丽·瓦内诺这样的农民家庭。他们的农庄就位于群山之间，为这个家庭提供必要的生活所需。

可是从 2014 年开始，变化无常的天气打乱了他们原本风平浪静的生活。2014 年和 2015 年，降雨大幅度减少，持续的高温炎热天气使一波波热浪不断地堆积，地表温度最高会达到 45 摄氏度以上，火辣辣的太阳甚至把树叶都晒焦了，一部分咖啡也遭遇到了同样的高温冲击。之后，伴随着空气湿度的上升，不仅会出现一种可怕的真菌——咖啡驼孢锈菌，还会爆发其他病虫灾害。遇到如此紧急的情况时，咖啡树的叶子和果实会提前掉落。气候专家认为，这些症状就预示着这个地区，在未来可能会面临十分艰难的境况。气候变化给咖啡种植户的未来带来了太多的不确定性。

法布里西奥·安德拉希也是一位咖啡种植园主，他在圣安东尼奥－杜安帕鲁经营着一家名叫圣咖啡的庄园。这里种植的咖啡一眼望不到头，咖啡树之间没有其他高大树木，地面上也没有种植牧草，不见丝毫绿意。那些绿树青草，不属于法布里西奥这座面积500公顷的庄园。他的庄园是行业内比较大型的庄园，在这里机器决定了应该种植什么作物。那些可以为咖啡树提供阴凉的高大树木，在这里只会挡路，妨碍机器的操作。而事实上，他早就需要更多的保护措施来抵抗真菌孢子和病原体的侵袭了。自从温度升高以来，法布里西奥不得不更经常地使用化学药剂。即使这样，他也一点都不能放松，因为真菌病原体的数量不断增多及其耐药性越来越强，导致最近几年内，法布里西奥购买化学制剂的花销已经从每公顷50巴西雷亚尔增加到500雷亚尔了。而且使用各种新型农业化学试剂能否让他最终取得同各种真菌、细菌和病毒之间战争的胜利，还尚未可知。在上一次干旱期间，他每公顷只能收获30袋咖啡，之前一般都是40袋左右，损失达到了25%。与其他咖农相比，他的损失还算小的，因为有些咖农甚至要承担高达40%的减产，比如圣克拉拉庄园。

圣克拉拉庄园距离拉夫拉斯50公里，2014年，庄园里的三口水井全部干涸，而它们是庄园仅有的水源。于是，一部分咖啡豆还在树上时就被烤焦了，再加上咖啡驼孢锈菌对这片已然很虚弱的树林的侵袭，那一年的咖啡豆产量减少了一半。如今，庄园经理西蒙纳尔说起时还是无奈地摇摇头："没有，我们当时没有做好准备，完全没有。"即使庄园面积再大，也无法拯救他们的困局，这家有着500公顷土地的历史悠久的种植园遭受的金钱损失也是难以想象的。西蒙纳尔回忆当时的情景，如果不是圣克拉拉庄园的主人是律师，主要在城市生活且收入颇高，他们一定会破产的。

圣克拉拉庄园里的三口井，在经过一年的休养恢复之后，也只有两口井重新冒出了水。庄园经理说，现在已经到了必须要适应新气候的时候了，但是庄园主很难理解这一点。他不是唯一一个把罗梅罗·鲁伊斯的警告当作耳旁风的人。罗梅罗·鲁伊斯，作为一名气候学家，曾多次在巴西咖啡带的农民农业会议上十分急迫地建议在场的人们，一定要严肃再严肃地对待气候及其变化。

在一所由汉堡汉斯·诺依曼基金会（Hanns R. Neumann Stiftung in Hamburg）建立的位于拉夫拉斯的研究机构中，罗梅罗·鲁伊斯对咖啡种植区的未来进行了预测，结果是十分令人沮丧的：在未来，这种极端气候会成为这片区域的常态。人们紧盯着他的脸，他一脸为难，十分不忍地讲出了他的计算机得出的结论——一个如此冷酷的现实。事实上，他的研究结果与日内瓦的世界政府间气候变化专门委员会(Intergovernmental Panel on Climate Change, IPCC）的结论是一致的。他还预计了到 21 世纪末世界范围内气候变化的后果。预测结果指出，米纳斯吉拉斯州的山间温度将会升高，且降水率会明显降低。这样一来，这里种植面积最大的所谓咖啡王后——阿拉比卡咖啡，会遭受到严重打击，因为这种咖啡对于气候变化极其敏感。它们最佳的生长温度在 18 到 24 摄氏度之间，且对年降水量的需求在每平方米 1000 毫米以上。如果温度长时间超过 30 摄氏度，那么它们的生长就会停滞，树叶变黄，并且枝干上会形成肿块。①

更高的温度与更少的降雨，不仅仅出现在与米纳斯吉拉斯州相邻的圣保罗咖啡种植区，整个巴西咖啡种植中心都面临着这样相似的未来。按照罗梅罗·鲁伊斯的计算，到 21 世纪末，巴西咖啡种植的面积会缩水 80%。在拉夫拉斯的一次会议上，他向那些难以相信的咖农们解释道，只有海拔超过 1000 米的高山种植园及峡谷深处这些寒气聚

① 亚伦·戴维斯（Aaron P. Davis）、塔德塞·沃尔德马里亚姆·戈莱（Tadesse Woldemariam Gole）、苏珊娜·贝娜（Susana Baena）、贾斯汀·莫特（Justin Moat）：《气候变化对本地野生阿拉比卡咖啡的影响：未来趋势的预测与优先处理事项的探求》，*Plos One*（杂志），2012 年 11 月 7 日。

集的地方，才有可能继续种植阿拉比卡咖啡。这些咖农们不愿意相信他们会失去这么多，只剩下原来 20% 的土地。也许另外一位气候学家爱德华多·阿萨可以给他们一点安慰。爱德华多·阿萨来自坎皮纳斯巴西农业研究公司 Empraba，在他看来，未来远不会有那么严重的损失。爱德华多认为有损失是肯定的，但最多只会损失 40%。即便如此，也意味着巴西不得不放弃 2/5 的咖啡种植面积。

迄今为止，在巴西还没有任何一个咖农想要听到这首关于咖啡之死的歌曲。亚历山大·蒙泰罗——巴西最大的咖啡联合会负责人向我们解释了原因。农民们不信任科学给出的一致建议，因为他们住在山林之间，在这里，只有重复足够多次的方法及代代相传的经验能够被大家普遍接受，并继续传承下去。亚历山大将之称为“回声效应”，想要靠它唤起农民们脑中的转变意识，可能需要很长的时间。拉夫拉斯大学气候学家塞尔吉奥·帕雷拉斯·佩雷拉教授也证实了这一点。即使这与他们庄园自身适应高温和干旱的能力密切相关，这些咖农追求转变的意愿也仅仅局限在一定范围内。几乎没有人能够鼓起勇气连根拔除那些敏感脆弱的古老咖啡品种，转而种植新的更有抵抗力的咖啡树。这位教授开玩笑道：“就像让男人同自己妻子分开一样，不是那么简单的。”有一句巴西谚语也是这么说的：“谁种植咖啡，谁就嫁给了咖啡。”

现在，种植新品种的比例每年以 1% 的速度在增长，也就是说，如果这样持续下去，百年之后，种植园中的所有老品种都会被抵抗力更高的新品种替代。塞尔吉奥·帕雷拉斯·佩雷拉教授对于这种新品种抱着怀疑的态度，因为目前为止，那些能够抵抗炎热、干旱及病虫害的品种，都还只是在实验室中培育而成的，并没有真正经历现实种植园的挑战。教授继续解释道，更不要说阿拉比卡咖啡豆了，人们对这种咖啡豆口感的要求非常高，直到现在，培育的新品种都没有达到要求，而目前对于咖啡豆来说，最重要的品质就是它的口感。

此外，科学研究上还存在不足，这几乎可以说是一种真正的阻力，使人难以认真对待气候变化，并将之真正作为研究对象进行探索。佩雷拉教授在拉夫拉斯的学院同事们就分成了两个派系，一方认为2014—2015年度的干旱与持续高温只是大气异常活跃的表现，这种活跃一直以来都存在，而且隔一段时间就会出现。而另一方认为，最近几年的极端天气是一种趋势，它会一直不受控制地向更加极端的方向转变。同时，科研工作的不足及在应对巴西咖啡中心地区气候变化挑战的问题上，缺乏官方正式的解决方案。

但是幸运的是，我们还有其他的替代选择。2015年以来，来自德国汉堡的汉斯·诺依曼基金会在拉夫拉斯建立了一个研究和咨询基地，这个机构只是其世界性研究组织中的一个，用以推动“咖啡与气候”联盟的全球化发展。这个基地主要为那些可怜的咖农们提供咨询服务，他们支付不起高昂的咨询费用，只能在一定程度上听任气候变化的摆布。[①] 这个“咖啡与气候”联盟为世界咖啡种植区的农民们制订了一个长期的总体规划，这些咖农们以种植咖啡为生，他们的咖啡种植在很大程度上支撑着咖啡业的发展。巴西诺依曼基金会技术总监马克斯·奥乔亚说，这份规划是在拉夫拉斯大学收集的科学数据的基础上制订的，主要致力于帮助咖农们进行自救。纳旦·莫拉·卡尔瓦洛，也是该基金会咨询团队中的一员，他和他的家人住在一家很小的咖啡种植园中，他懂得如何与这些咖农们交流，帮助他们掌握更多的生存策略。他说，最重要的是要有耐心，不要过分强求。他寄希望于他的示范能起作用，并等待着那些咖农们能主动向他询问，要如何做才能在经历了2014年的干旱与炎热之后，更好地去保护自己的咖啡树。

纳旦说，首先要选择正确的咖啡树。现在种植园中生长的咖啡

① 其官方网站为 http://www.coffeeandclimate.org/。

树，大多数是次级品种。很多种植园主都被那些育种者欺骗，购买的幼苗往往不能保证有所收获。圣克拉拉庄园就是一个典型的例子。庄园前管理者被人忽悠着买下的植物幼苗，既不高产，咖啡豆品质也不高，而且对于气候波动没有丝毫的抵抗力。这也从另一方面解释了圣克拉拉庄园几年前遭遇巨大损失的原因。

自从新的管理者西蒙纳尔接手庄园的管理权之后，一切都开始改变。西蒙纳尔在气候预防方面采取的措施堪称典范。他的旗舰项目就从破旧庄园中那堆生锈的机器和衰败的楼房之间开始，拉开了圣克拉拉庄园新的序幕。在一个巨大的金属丝网护罩下，新一代的咖啡种子开始发芽。西蒙纳尔在超过 40000 个种植盆中，亲自培育健壮的咖啡品种幼苗。他还在上面铺了一层稻草，帮助这些幼苗更好地抵抗秋天的炎炎烈日。很快它们就能发育成熟，可以种植到庄园里替代那些老树，这些老树中有一部分甚至是 80 年前种下的，在那个时候，气候比现在平稳得多。

从这间“婴儿房”出去，就走进了一片田野，这些幼木在一片绿意盎然中茁壮成长，与大豆、豌豆、羽扇豆及大片牧草相依相伴。这些“邻居”主要负责覆盖土壤表面，防止水分蒸发。此外，它们还能为小咖啡树遮阴蔽日，缓解越来越高的温度。这样取得的效果是令人惊讶的。诺依曼基金会的顾问纳旦拿温度计测量地表温度时，设备显示有 45 摄氏度，然后又把温度计插到这层绿色的覆盖物之下，测量得到的温度只有 24 摄氏度，几乎降低了一半。这就保证了咖啡树有一个轻松舒适的生长环境，潮湿和清凉正是阿拉比卡咖啡树的根部最喜欢的，因此，咖啡果的产量得到提高，这有利于庄园的进一步发展。

“咖啡与气候”联盟网络的气候百宝箱，也被称为工具箱，能够做到的事情还有很多。在几公里外的卢西奥和玛丽农场，我们看到了更多的惊喜。在一层植物地被下方，还能清楚地看到一些黑暗潮湿的碎屑和蠕虫活动的痕迹，大量的蚯蚓在这里生活繁殖，它们疏松了土壤，使之利于其他“住户”的生长。羽扇豆和豌豆会在它们的根部形成小的结节，里面的细菌会将空气中的氮气存储在这里，以纯自然的方式为植物提供最优质的肥料。

咖啡种植，也通过这种土壤护理的方式交上了一份满意的答卷：咖啡树的枝干上挂着沉甸甸的果实。2016 年，卢西奥和玛丽农场取得了一次创纪录的大丰收，而且绝对不是最后一次。卢西奥和玛丽从气候给他们带来的惨痛教训中吸取了经验，发现那些他们种在咖啡树边缘的树木——牛油果、木瓜、柑橘和香蕉树有着重要作用。它们能够抵御大风的侵袭，还能在一定程度上作为空气净化器，防止咖农们最大的敌人——咖啡锈菌及其孢子的扩散。不仅如此，这些树木还将卢西奥的种植园与毗连的原始森林连在一起，在两个不同的群落生态之间架起了一座互融互通的桥梁。

这座桥梁已经承载了它的第一批“偷渡者”——一种猿猴。“您一定不会相信，”玛丽说道，“每当我们在忙着照料咖啡树时，这些猴子就藏在我们背后，伺机偷香蕉。有时候偷的香蕉太多，几乎比它们自己的身体还大，看着它们艰难地拖着香蕉跑，就像在看一出喜剧。”这滑稽的一幕，其实也是一种策略。咖啡树可以再次融入一个稳定的生态环境之中，这里的生物多样，益虫和害虫在这里均衡发展。这些树木构成的这座桥梁，不仅仅吸引大量猴子来到种植园，而且还为鸟类和昆虫提供保护，为它们进入种植园铺平了道路。

因此，里吉斯·佩雷拉·文图里教授认为，这些果树对于未来的咖啡种植越来越重要。文图里教授在拉夫拉斯大学技术中心从事研究工作，专业方向是农林学。他强调说，不论是果树还是咖啡树，我们都一点不陌生。而在中美洲及非洲的咖啡种植园，这些果树都是一套标准组合。在炎热的热带气候里，它们可以帮助咖啡树将温度降到一个舒适的范围。即使在巴西，它们也可以帮助抵抗炎炎烈日，毕竟在最近几年，太阳直射已经明显变得越来越难以忍受。

“2014 年以来，火辣辣的太阳总是会晒得皮肤十分不舒服，”咖农卢西奥讲道，“它会灼伤咖啡树的叶子表面。”卢西奥从外围的咖啡树上摘下一片叶子给我们看，叶子表面的绿色已经完全消失了，仿佛被别人擦去了一样。但是他希望，3 年或者 4 年之后，等那些遮阴树木长得足够高大，他就可以不必再担忧这样的伤害了。

巴西咖啡公平贸易合作社的农民度过了 2014 年和 2015 年的严酷考验，几乎毫发无伤，仅损失 5%，而那些传统咖农们的损失已然高达 50%。他们为什么能如此幸运地闯过这些难关？这对于安德烈·路易斯·雷斯来讲，并不是什么不能说的商业秘密，而只是他成功的一部分。他的合作社，其农民的土壤中积累了丰富的腐殖质，土壤更加肥沃，富有生机，因而咖啡树能够更加茁壮地生长，更好地顶住变化无常的天气。此外，他们的土壤还能多储存 30% 的水分，在炎热的夏季，表面覆盖的绿植还能将土壤温度降到 27 摄氏度。虽然他们使用的灭草剂减少了一半，但每公顷也能收获 29 袋咖啡豆，比米纳斯吉拉斯州的平均水平多了 6 袋，跟巴西的平均水平相比多了 7 袋。

但是直到今天，他也没有大肆炫耀他的成功，他说，他想要尽可能避免有太多的咖农“上门纠缠”。现在，已经有 25 位咖农在排队等待，他们的团队已经承担不了更多的人了。他们想做出一番事业，而不仅仅是一家贸易公司。他们想要作为一个团结的集体，帮助这个地区需要帮助的农民，在困难时期为他们指引正确的方向。

卢西奥和他的妻子玛丽也是支持这种想法的人，他们的生活态度，就如同安德烈·路易斯·雷斯所说的那样，尽力对这个地区的人们担负起自己的责任。卢西奥和玛丽特别关注农村年轻人的发展，他们宁愿背井离乡，也要逃离农村艰苦的劳作，却只有十分微薄的收入，他们的朋友也都离开了农村，因为这里看不到丝毫变好的希望——远离世界、没有手机、没有网络。卢西奥和玛丽想要改变这样的情况。玛丽投身于村庄公社的工作，在那里她为幼儿园的孩子们做饭，每天的午饭都选择当地种植的食材。而卢西奥则寄希望于大力发展农业经济，想让农民这份职业重新焕发光彩，使之成为一份有吸引力的工作。他的目标是，不断追求更高质量的咖啡种植，而他似乎也成功做到了。

自从去年开始，他就不再直接把所有的咖啡豆都装进一个袋子了，因为即使是同一棵咖啡树，结出果实的品质也有所差别，只有最顶端结出的咖啡果有着最好最优的品质，而这些顶级咖啡豆的价格往往是普通咖啡豆的 3 倍。自从他开始对咖啡豆进行分门别类地采摘与包装，他就一举成为这个咖啡之国最会赚钱的人之一。在他的房子里逛一圈下来，处处透露出生活的富裕，他的家里什么都不缺，厨房中甚至还有制作苏打水的设备。对于卢西奥来说，即使气候变化可能带来某些极端的变化，但是他依然认为他的职业非常有魅力，并且前途一片光明，而这正是他想向村子里的年轻人们传达的讯息。与其说卢西奥是一位公平贸易合作社的农民，不如说他是巴西咖啡经济参与者中的特例。

巴西咖啡业最具权威的机构是位于瓜苏佩的 COOXUPÉ 合作社。这家机构有着壮观的储藏仓库，充分显示了咖啡这个经济部门对于这个国家的巨大影响力。这座仓库长 500 米、宽 30 米、高 15 米，整个米纳斯吉拉斯州的财富都在这里。这里储存着 450 万袋咖啡豆，其中 60% 都是用来出口的，主要销往美国、英国、德国和日本。COOXUPÉ 合作社董事亚历山大·维埃拉·科斯塔·蒙泰罗也承认，气候变化对 COOXUPÉ 也有着明显的影响。2014 年，不仅咖啡豆产量降低了 15%，更悲剧的是咖啡豆也明显不如以前饱满，干瘪了许多。大咖啡豆的数量从原来的 40% 降到了 20% 以下，80% 都是小咖啡豆，这就很难让买家满意，因此价格也不得不一降再降。蒙泰罗也不知道以后会如何发展。他只希望，百年之后，这里依然还有人能够种植咖啡，不管以什么样的方式。

在巴西的600座城市中，有300万人以咖啡为生，他们中有些人是农民，有些是商人。“现在我们面对的形势，脱离了我们的掌控。”亚历山大这样说道，并且他认为，巴西联邦政府未来肯定会面临着经济崩溃的危机。根据“咖啡与气候”联盟顾问们的建议，转变种植方式，在短期内可以减缓气候变化的影响。但是从长远来看，这位COOXUPÉ合作社的董事认为，我们必须有能在极端环境下生存的新的咖啡品种。这些新品种的咖啡树要能够经受得起炎热和干旱的考验，他们承载着他的全部希望。

目前，巴西农业研究公司Embrapa主要负责新品种相关的研发工作。在这里，主要研究大气中温室气体浓度升高对于咖啡的影响及咖啡基因库中是否存在有其他解决出路等问题，力图挽救巴西的咖啡种植业。Embrapa公司聚集了整个巴西农业研究领域的尖端人才。在这里，我们见到了一位植物生理学家古斯塔沃·罗德里格斯，他非常乐观，刚一开始聊天，他就强调：“直到今天，也没有人知道咖啡中真正藏着什么。我们了解了巴西的咖啡基因库，但是事实上，我们这里的咖啡起源于非洲的埃塞俄比亚，在那里，我们一定能找到可以抵御严重干旱和炎热气候的品种。”

因此，古斯塔沃斯踏遍了埃塞俄比亚西南部的原始森林，寻找所有咖啡的故乡。大约1700年，巴西咖啡的祖先从这里出发，经海路先来到爪哇岛，然后途经阿姆斯特丹最终被带到了南美洲。其中，只有极少数的咖啡种子，历经艰险，成功抵达圣保罗地区。正是这些极少数的咖啡样本，构成了如今南美的咖啡基因库。古斯塔沃说，这些能够应对气候变化带来的挑战的咖啡种子，数量太过稀少，也十分受限。

要想知道埃塞俄比亚的咖啡品种到底有多么多样化，你只需要看一眼那里农民的花园。仅仅在这里，你就可以找到130种不同的咖啡品种，更不用说原始森林里那更加丰富的基因宝库了。可是直到现在，我们还没有完全掌握所有的咖啡品种，并且很少对这些珍宝进行保护，而咖啡的故乡——埃塞俄比亚的原始森林已越来越多地消失在斧子和电锯的砍伐之下。不断增长的人口，要求更多的居住和生活空间。因此，越来越多的物种惨遭灭绝，没有人知道，这些被砍掉的植物当中，是否恰好存在可以抵御气候变化的品种，或者至少是否有一些品种有着更强的抗病虫害的能力。

历史的经验教训告诉我们，热带雨林有着很好的多物种基因保护机制。当1869年斯里兰卡爆发咖啡驼孢锈菌病害时，整个地区的咖啡种植完全崩溃，自那以后，那里的人们就开始选择喝茶了。而在埃塞俄比亚情况则完全不同，尽管咖啡驼孢锈菌依旧来势汹汹，但是咖啡种植仍然坚持到了最后，就是因为那里的农民能够从相邻的原始森林中的野生咖啡基因库里，选择其他的咖啡品种。相似的情景还有很多，比如1971年非洲爆发咖啡炭疽病（Coffee Berry Disease），埃塞俄比亚的农民们通过选择新的品种而控制了疫情，再次渡过了难关，而其他国家就没有那么好的运气了，大都遭受了惨重的损失。[①]

在古斯塔沃·罗德里格斯看来，咖啡的遗传密码还远没有被人们研究透彻。Embrapa的实验室一直在尝试，在那里，基因工程不是什么禁忌。这位研究员说，Embrapa已经研发出一种转基因咖啡，未来的前景充满希望。他的同事将一种蓖麻基因植入一种大豆中，培育出

① 塔德塞·沃尔德马里亚姆·戈莱（Tadesse Woldemariam Gole）、丹尼希（M. Denich）、德梅尔·特克泰（Demel Teketay）、弗莱克（P.L.G. Vlek）：《人类活动对埃塞俄比亚阿拉比卡咖啡基因库的影响及对其进行就地保护的必要性》，植物种群遗传多样性管理国际会议记录，马来西亚吉隆坡，2000年6月12日至16日，第23章，第237页。

来的新的转基因大豆可以在更长时间的缺水状态下存活。他们对咖啡基因也做了相似的测试，但实验结果现在还尚不成熟。

这位研究员还解释说，如果不干涉遗传基因，方法会更简单一些，比如对于阿拉比卡咖啡来说，用抵抗力更强的罗布斯塔（Robusta）咖啡根系替代原本的根系，也能起到很大的作用，这样能够减轻一部分干旱和炎热带来的压力。9 月份的开花期，是咖啡生长过程中最为敏感的一段时期，如果温度过热或过冷，或者雨水减少，都会造成减产，而不合适的天气只要 10 天，就会导致这种作物完全绝收。

而他的同事爱德华多·阿萨争辩道，在没有把握的情况下，咖啡种植也必须继续向巴西南部迁移，因为那里温度更低，比如可以迁移到巴拉那州。爱德华多·阿萨主要研究大气运动模型，他说，巴拉那州曾经大面积种植过咖啡树，但是由于当时咖啡在开花期正好遇到当地严重的霜冻灾害，咖啡处于特别脆弱的状态，因而损失惨重，连续多年的产量都不理想。但是现在随着气候的变化，巴拉那州可能不会再出现霜冻天气，这对于整个巴西的咖啡种植业来说，也可以算是另一条出路。但对于目前咖啡种植区的咖农们来说，这并不是最好的选择，因为他们中的大多数根本负担不起高昂的迁移费用，他们根本没有足够的经济资本。

但是，气候变化也有其积极的一面，虽然我们现在还没有充分的研究来证明。在气候问题上，爱德华多·阿萨更加倾向于乐观派。比如说，大气中温室气体，特别是二氧化碳的浓度不断升高，也许能为我们的研究打开全新的视角。对于植物来说，这种气体至少在某种温度下，有一点类似肥料的作用。这种对于温室气体作用的研究，主要在 Embrapa 公司另一个分支机构的露天农场中进行，这个机构位于雅瓜里乌纳，离坎皮纳斯不远。在这里生长着世界上第一棵“呼吸未来”咖啡树，它现在呼吸的空气是模拟 21 世纪中期地球的大气环境设计的。

这是世界上的第一次尝试，在这个实验中，作物体验到的温室气体浓度是 2050 年才会达到的数值：550 ppm（parts per million，百万分之一）。

这个科学项目属于 Embrapa 公司的灯塔项目。从外观看起来，这个场地一点都不特别，除了有一个超过 10 米高的大箱子在一片咖啡树林中高耸入云，这就是温室气体储存器。该研究项目负责人罗德里戈·门德斯让我们不用害怕，这里面的气体跟可口可乐公司填充到饮料中的完全一样。这个温室气体储存器的主要职责在于，通过一个管道系统将模拟出来的未来大气层替换进现在的种植园之中，而将原本咖啡树林之间的空气从一圈塑料管道中飘向野外。所有的过程都是由电脑控制的，植物呼吸的空气中温室气体的目标值在 550 ppm，与 2016 年的标准相比，提高了大约 1/4。咖啡树的反应起着决定性作用，它们会把空气中二氧化碳浓度的提高当作一种刺激，开始更加快速地生长，结出更多的咖啡果。罗德里戈向我们透露，咖啡产量能因此提高 15%，甚至更多。但是，这样它们就必须吸收更多的养分，能够比其他作物从土壤中吸收更多的磷酸盐和氮。如果植物根部土壤养分不足，那么咖啡树最后很有可能就会营养不良。因此，这只能在短时间内使产量提高，长此以往还是十分危险的，甚至会导致咖啡树死亡。诊断的死因就是，高产量下缺乏营养而死，换句话说，大部分咖啡树会饥饿致死。

但是在 2016 年的今天，这一切还只是推测。这项试验中还有很多不确定的地方，比如也许等到 2050 年，高温和干旱可能不会过早地限制咖啡生长；也许圣保罗州或者米纳斯吉拉斯州的河流水量依然丰沛，可以缓解咖啡树的缺水状况；那些真菌、细菌及病毒等病虫害，在 21 世纪中期气候变化的影响下又要怎样应对？珍妮（Jaenne）是这项野外试验的工作人员，专门研究这些植物病害，但是她现在也无法回答这些问题。科学是需要时间检验的。但是天知道，现在是否还有足够的时间，也许下一次极端气候就会吞没整个世界咖啡种植的中心。

谈到这些担心时，这位坎皮纳斯大学的气候学家爱德华多·阿萨终于皱起了眉头。他必须承认，他所有的估计都是有一定条件限制的，地球温度上升不能超过 2 摄氏度，否则他的模型就完全没用了。如果地球温度上升真的超过了 2 摄氏度，巴西会变得特别炎热。如果地球平均气温超过 5.8 摄氏度，就会出现他的模型所能预测到的最糟糕的情况。[①] 事实上，今天我们就可以预测，未来一定会有一场资源争夺战——争夺土地、水及咖啡结果所需要的一切资源。

作为世界上最大的农业国家之一，巴西的咖啡种植面积正在变得十分紧缺，而与此同时，咖啡的消费需求却越来越大，全球咖啡产业也越来越依赖人们对于咖啡豆的崇拜与狂热，一天喝 4 杯以上的咖啡，已经慢慢成为趋势。此外，在那些以茶为主要饮品、通常不喝咖啡的国家，咖啡也受到越来越多中产阶级的追捧。星巴克已经开始扩展其在中国的业务，2017 年 3 月，星巴克宣布，它们目前在中国已经拥有 2600 家门店。[②] 连麦当劳等快餐连锁店都开始利用推出咖啡饮品和名贵咖啡豆的方式来提升品牌形象。这些大型连锁公司的代理商们带着极大的希望踏遍了整个巴西，试图寻找更多可靠的供货途径，以保障他们未来几年的原材料补给。

因此，在这个咖啡王国，为了种植咖啡，未来仅剩的有限土地资源很有可能被各方势力争抢。此外，巴西的水资源也会越来越紧张。现在在一些大型农场，就经常能听见那里的灌溉抽水泵在轰隆作

① 尤兰迪尔·祖洛（Jurandir Zullo）等：《气候变化对农业区划的影响评估报告》，《气象应用》，2006 年 12 月。

② 乔希·霍维茨（Josh Horwitz）：《在中国，星巴克现在每天都要新开一家门店以上，只为能更快地在这里扎根占领市场》，Quartz（新闻网站），2017 年 3 月 28 日。

响，巨大的回转设备在不断进行喷洒灌溉。咖啡树是一种不耐旱的作物，每平方米需要1500~2000毫米的水量，如果只有1000毫米，它会开始觉得有些缺水，如果只有800毫米，树干就会开始枯萎。爱德华多·阿萨确信，气温的上升将使人工降雨成为咖啡种植园的常态。

这必然会给咖啡种植带来新的挑战，即同各大城市和巴西不断增长的人口之间竞争有限的水资源。现在，已经有一些城市处于缺水的状态了。2015年，圣保罗就第一次限量供水，但是2016年，水资源短缺的情况依然没有好转。城市周边水库的水位线都处于正常水平以下。越来越炎热的天气，就意味着越来越多的灌溉用水。不仅仅是咖啡种植，整个农业领域与城市用水之间的竞争一定会越来越激烈。比如，柑橘和大豆种植园，对于巴西经济发展也有着重要意义，它们一定也会要求国家给予相应的水资源配给，那么在巴西这样一个除了政治不稳定，其他各方面都发展较好的国家，就相当于埋藏了一颗随时会爆炸的炸弹。

在这种极端不利的情况下，巴西的咖啡王国会从世界版图上消失吗？巴西在世界咖啡贸易中占比1/3，很难想象，如果有一天巴西咖啡消失了，世界的咖啡市场会出现怎样的崩溃。“他们一定可以适应的”，这几乎已经成为巴西农业研究领域领导们不变的口号。领导等级越高，就越坚信有很大概率可以适应气候变化。安东尼奥·费尔南多·格拉（Antonio Fernando Guerra），政府级别最高的咖啡专家，作为Embrapa公司的高层，他认为那些预测巴西咖啡会消失的言论过于夸张了，事实上他们还有很多育种和种植的选择，这个国家有着90所研究机构和超过1000名研究人员，他们都在为发展咖啡经济而努力，而且现在那些名贵的咖啡品种也已经证明了自己的适应能力。即使未来自然降雨不再可靠，人们也可以选择人工降雨来解决问题，这同样能够带来产量的提高，足以弥补其他地区的损失。安东尼奥·费尔南多·格拉认为，巴西在世界咖啡市场的领导地位暂时不会受到威胁。

目前，咖啡还是巴西重要的经济部门，但是随着时间的推移，它对于巴西的重要性在大大减退。1950年，它还占巴西总出口量的50%，而到了2016年，就只有2.5%了。这难道是因为咖啡在这场最紧缺资源的竞争中，也就是水资源的争夺战中失败了吗？毫无疑问是的，爱德华多·阿萨对此十分肯定。因为一旦像里约、圣保罗或者贝洛奥里藏特这些人口过百万的大城市发生暴动，后果不是现在的巴西政府能够承受的，由此可见，这个国家局势十分紧张，一碰就碎。

此外，巴西的经济也十分紧张。俗话说，巴西的历史由咖啡写就，现在看来，这里的历史明显不仅有那些成功的故事，还有一些失败的教训，就算以前没有，也许从2014年和2015年干旱期开始，就可以着手书写那些惨痛的历史了。对于世界咖啡市场来说，巴西咖啡种植遇到困难，带来的损失将会是灾难性的，因为巴西是世界最大的咖啡出口国，希望通过其他国家的咖啡供应来弥补巴西产量的大幅度下降几乎是不可能的，即使是世界第二大咖啡生产国——越南也做不到。

如今在越南，也已经明显出现气候变化的征兆了。虽然那里种植的咖啡品种跟它的名字罗布斯塔[①]一样强壮，也比阿拉比卡咖啡更耐高温，但是在收获时节大幅度的温度波动依然对它们有很大的伤害。越南属于热带气候，夏季经常会出现热带暴雨，可是最近在每年的旱季，也时常出现强降雨天气。阿姆斯特丹的一家咖啡认证机构UTZ的气候和环境专家亨里埃特·瓦尔茨认为，这对于当地来说，额外风险很高。UTZ成立于1997年，是由一家荷兰咖啡烘焙店阿霍德咖啡（Ahold Coffee）发起建立的。UTZ主要根据经济、社会及生态等标准，对农

① 罗布斯塔（Robusta）：在葡萄牙语里有强壮的、健壮的的意思。——译者注

产品进行认证。亨里埃特·瓦尔茨强调道，越南咖啡种植的环境已经明显变差。特别是当咖啡豆采摘之后摊开进行露天晾晒时，增多的降雨会导致咖啡豆发霉和腐烂。

再加上极端干旱带来的损失，比如过去3年间，受厄尔尼诺现象的影响，越南受灾严重，跟别的地区相比，越南长久以来已经在咖啡种植园内栽种了更多遮阴树木及绿植覆盖地表，但即便如此，损失也难以弥补。除此之外，越南咖啡种植区目前也同样遇到了水资源的问题。现在几乎所有的越南种植园都在使用人工灌溉设备，大量的抽水泵从地下抽水进行人工灌溉，导致地下水位下降。而这在农村地区又引发了新的矛盾冲突：农村人口的用水必须和咖啡种植园展开激烈竞争。因此，亨里埃特·瓦尔茨非常忧虑，不知这会对这个国家的咖啡种植产生怎样的打击。从长远来看，到2050年，这种竞争会造成十分巨大的损失：可能会遭受到沉重打击的咖啡种植面积高达50%。

尽管政府为这些咖农们提供庇护与支持，但是国家亟待解决的问题还有很多。比如湄公河三角洲的水稻种植，受气候变化的影响更加严重。一方面，气候变化引发了大量的海水漫灌；另一方面，在湄公河上游流域，由于干旱越发严重，到了三角洲流域，湄公河剩余的水量就很少了，难以把大量涌入的海水冲走。那么，如果未来海平面继续上升，越南将面临一个完全不同的问题、一个事关生存的考验。

各种气候模型下的最新计算结果都指向同一个方向：在世界两个最重要的咖啡种植国——巴西和越南，如果继续按照当前的方式种植咖啡，那么将没有任何光明的未来可言。其他国家的咖啡种植气候也在慢慢恶化，根据国际研究报告，未来至少一半的种植区都将不再出产咖啡豆。只有在海拔足够高的山峰及远离赤道的地区，咖啡还有一线生机。非洲东部和印度尼西亚的咖啡种植面积会扩大，但这却是以热带雨林消失为代价的，且会引发新的气候问题。不论是在亚洲还是中美洲，想要弥补已经失去了的咖啡种植面积都是很难的，因为这些地区也属于气候变化的手下败将。[1]

那么，未来世界咖啡市场会持续低迷吗？专家们都耸耸肩。不管怎样，咖啡价格一定会陷入波动，并且持续走高。我们今天就已经能隐约察觉到咖啡价格到底能有多贵，那些有钱人和追求新潮的人们，坐在纽约和旧金山的咖啡厅里，慢慢地品着他们手中昂贵的上等咖啡。如今美国市场上的一半咖啡豆，都是专门用来制作顶级饮品的，因此价格远高于平均每公斤 4.40 美元的销售价。[2] 交易商对于那些用来制作新潮咖啡的咖啡豆甚至会要价更高，达到每公斤 28 美元。据近两年的趋势来看，之后的价格还会增长 15%。但是，这还不是金字塔顶端最贵的咖啡，也门的一种咖啡售价高达每公斤 173 美元，这种咖啡不仅仅是稀有珍品，而且还流传着一个特别的故事，据说这种咖啡曾经历了当地内战的洗礼而幸免于难。

我们现在还无法说清楚，咖啡市场上的咖啡豆平均价格到底会以怎样的速度增长，但有一点是可以肯定的：咖啡市场一定会发生翻天覆地的变化，我们的生活习惯也是。在未来，只有那些依然能消费得起这种高价咖啡的人，才能随口许下“让我们喝杯咖啡吧”这种轻松的约定。对于那些普普通通挣钱养家的人来说，则要放弃这个喝咖啡休闲的爱好了。

---

① 克里斯蒂安·布恩（Christian Bunn）等：《苦涩的咖啡：全球阿拉比卡和罗布斯塔咖啡生产的气候变化概况》，《气候变化》，2015 年 3 月，第 129 卷。

② 《新式咖啡的走俏，让买方陷入矛盾的两难境地》，《金融时报》，2016 年 10 月 21 日。

二

3. 小苍蝇，大问题

害虫与葡萄酒

2016年夏天，在德国施瓦本地区的马蒂亚斯·阿尔丁格，葡萄酒厂内刺耳的警报声此起彼伏。一群可怕的班翅果蝇侵袭了他的葡萄园，并以令人心惊的速度飞快扩张开来。5年以来，这种果蝇一直是德国葡萄园的头号敌人。它们会刺穿成熟葡萄较软的果皮，将卵产在果实内部。果蝇幼虫在葡萄内取食果浆，并引发醋酸菌感染，这种细菌一般潜伏在葡萄园里，虎视眈眈地等待时机，最后，葡萄会散发出刺鼻的醋酸味。如果有人此时路过葡萄园，很远就能闻到这股与葡萄园不搭的难闻气味。

2016年，班翅果蝇的突然袭击，打得马蒂亚斯·阿尔丁格的葡萄园措手不及。与5年前不同，那时这种果蝇虽然也是突然出现的，但它们首先侵袭的是樱桃和草莓等浆果类作物。好在2016年8月德国的天气发生了很大变化，太阳终于破云而出，一时间高温炎热的天气席卷了这里的葡萄园。这种学名为“铃木氏果蝇”（Drosophila suzukii）的果蝇终于失去了它们感到最为舒适的温度环境，停下了大规模繁殖与传播的脚步。尽管如此，马蒂亚斯·阿尔丁格种植的莱姆贝格葡萄也已经受损严重，不得不提前采摘下来。对于这位葡萄农来说，这已经是不幸中的万幸了，至少可以保住剩下的大部分葡萄藤。“我们总算办到了。”[①] 可是就这么白白扔掉那些葡萄，也着实让人心里难受。

2016 年，在普法尔茨的顶级酒庄林斯，这种果蝇也留下了自己的足迹。那一年，酒庄的葡萄产量减少了 20%。但因祸得福的是，由于 8 月份持续的高温天气，这些葡萄为了减少水分蒸发，长出了很厚的果皮。“这是一种优质的单宁结构。”安德烈亚斯·林斯说道。不仅如此，这种较厚的果皮，还让那些班翅果蝇轻易不敢觊觎。[②]

在凯泽斯图尔，人们也亲身体会到了铃木氏果蝇的破坏力。那里早在 2014 年就已经出现它们的身影了。那是这种小小的果蝇第一次在阿尔卑斯山脉以北的舞台亮相，当时人们尚不清楚，这种果蝇会对葡萄有如此惊人的胃口。但是现在人们终于明白，它们是永远也喂不饱的。它不是那种偶尔出现，但很快会消退的地区性灾害，年复一年，铃木氏果蝇已经在全球侵袭了越来越多的葡萄种植区。现在，大家更加担心的问题在于，这种小小的果蝇是否会发展成为一种全球性的困扰，以及它的出现是否预示着世界大部分地区的葡萄种植及红葡萄酒产业的终结。

与这种果蝇飞过的路和造成的损失相比，它们本身是极其微小的，体长大约在 2 到 3 毫米之间。它们与大多数果蝇科的昆虫一样，喜欢吸食水果完全成熟后的果肉。但是不同之处在于：首先它们更加偏爱完好无损的水果，其次它们有着惊人的繁殖能力及对于新环境的

---

①② 曼弗雷德·克里纳（Manfred Kriener）：《2016 年葡萄丰收。迟到的夏天拯救了这一年的葡萄》，《每日镜报》，2016 年 10 月 22 日。

强大适应能力，最后它们可选择的寄主多种多样。这些都是它们的生存优势，它们懂得如何出色地利用这种进化的多样性。

即使它们看起来很小，但并非完全不引人注目。它们身上最突出的莫过于那对红色的眼睛，像两颗纽扣一样从头上突起。此外，它们体色近浅褐色，腹部有黑色条带，雄虫膜翅脉端部还有黑色斑点，而在雌虫膜翅的下方，则隐藏着它真正的力量——锯齿状的产卵器，它位于身体后部，主要用于产卵。雌虫一般会寻找成熟的、完好无损的果实进行产卵，先在果实外皮上找到完全熟透且尽可能软的一点，然后伸出自己锯齿状的硬刺，在果皮上刺出一个小洞，将卵产进果实内。与其他果蝇通常以腐败果为食不同，铃木氏果蝇的幼虫更喜欢在新鲜完好的果实内孵化，因而它们对于葡萄农来说是十分危险的。此外，这种果蝇还有着惊人的繁殖能力，短短几天之内，它们就能繁殖上千次。2009 年，当它们刚刚抵达欧洲时，它们的这种攻击性，在整个欧洲都不曾有人听说过。农民们面对自己惨遭虫害的果园，束手无策。这群果蝇在欧洲南部留下了满目疮痍，到处都是腐烂的水果和一脸惊慌的农民。

2011 年 12 月 2 日，在果蝇肆虐了 2 年之后，人们才在意大利特伦托召开了一次危机会议。超过 180 名果农、葡萄农和科学家参加了会议，带来收集的有关这种果蝇的信息并进行交流，讨论如何才能更加有效地抵御它们的进一步侵袭。然而，直到此刻，欧洲对于这种昆虫的强大破坏力还是知之甚少，人们到最后也只是在如何对这种侵害进行评级方面取得了一致看法。在这次危机会议的最后，人们已经清醒地认识到，如果不想尽一切办法进行防治，那么这种小小的果蝇就会真正发展成为一种毁灭性的灾害。[①] 但是，又有哪些方法可用呢？

① 亚历山德罗·西尼（Alessandro Cini）等：《班翅果蝇入侵欧洲的研究评述及综合病虫害的议程草案》，《昆虫学通报》，2002 年，65（I），第 149–160 页。

从过去到现在，铃木氏果蝇在欧洲都没有遇到任何天敌，而且由于临近葡萄收获期，农民们也不能使用任何常见的农药，简直可以说没有任何武器对付这些入侵者。不仅仅在欧洲，昆虫学家发现，这种果蝇长途跋涉，在很多大洲都留下了自己的卵。2009 年，它首次在欧洲的西班牙出现，而它的家乡则在几千公里之外的亚洲，有关这种果蝇的最早的官方记载是在 1916 年的日本。在 20 世纪 30 年代左右，它就传播到了韩国和中国，开始了征服世界的旅途。没有人知道，它们是如何跨越太平洋的。1980 年，在夏威夷也发现了它们的身影。2008 年 8 月，研究人员在加利福尼亚州的一个捕虫器中发现了它。接着，它们从加利福尼亚纳帕谷的果园和葡萄园出发，一路向北迁移，来到俄勒冈州和华盛顿州，跨越国境，最终成功抵达了加拿大不列颠哥伦比亚省的水果种植区。2010 年，它在佛罗里达的水果中心区也展开了它们的破坏行动，同年，还侵袭了南卡罗来纳州以及北卡罗来纳州，路易斯安那州、犹他州、密歇根州和威斯康星州等也未能幸免。在 24 个月之内，它们就征服了美国所有的葡萄和水果产区。如果有人仔细研究美国食品运输路线图，也许就会发现这种果蝇的传播途径了，那些成熟的水果是铃木氏果蝇的卵和幼虫最理想的运输容器。

至于它们是如何跨越 5000 多公里的大西洋来到欧洲的，答案现在还不明朗，也许是作为“偷渡者”，毕竟它们之前并未被列入到机场和港口的进口监管检查清单之中。它们可以自由藏身于水果进口商的运货架中，从西班牙来到法国或意大利。2011 年，瑞士植物保护部门设置的捕虫器中也发现了它的存在。[①] 另外，奥地利、比利时和德国的水果种植区也宣布了它们的到来。那里 20~25 摄氏度之间的温度及湿度正好是它们最喜欢的。这个环境对它们来说就像是一个恒温孵化器。

① 曼弗雷德·克里纳：《班翅果蝇对德国葡萄酒的威胁》，《每日镜报》，2014 年 9 月 29 日。

在适宜的天气条件下，雌虫每天最多可以产卵 16 粒，一生则可以产卵 300~400 粒。孵化出来的幼虫 2 天之后就开始吸食内部的果肉，并为醋酸菌的进入大开方便之门。8~14 天之后，幼虫破蛹而出，此时，其中新生的雌虫就可以为生产下一代做交配的准备了。班翅果蝇每年大概可以出生 15~20 代，也就是说每只班翅果蝇每年最多可以生产 8000 只后代。

2014 年，整个欧洲，特别是意大利伦巴第大区都遭遇了班翅果蝇，那里的葡萄农们目睹了当时葡萄园内的惨状。在经历了一个雨水极多的夏季之后，那里的葡萄产量损失了 1/4。对于葡萄农民协会主席马美特·普勒维斯蒂尼来说，这简直就是一场灾难："我们的葡萄农们已经做到了极致，但从 6 月到 9 月整整下了 66 天的雨！再加上可怕的班翅果蝇。"[①] 托斯卡纳的葡萄农们在 2014 年也第一次遭遇了这种果蝇。古典基安蒂[②]生产者基金会（Consortio Chianti-Classico）董事朱塞佩·李勃拉托将这一切的原因都归纳为不寻常的天气。从气象学的技术层面来看，那一年的天气与过去 40 年都完全不一样，不仅温度低于往年平均水平，降雨量也是前所未有的多。特别是在那些原本就由于天气潮湿问题而存在真菌和其他病害的地方，这种班翅果蝇根本不值一提。为了避免最糟糕的情况出现，葡萄农们在成熟了的葡萄吸引果蝇来产卵之前，提前组织了采摘，可即便如此，也难以做到完全防止果蝇灾害。在葡萄采摘结束的时候，这个地区的葡萄产量因此亏损了 17%。

从 2014 年起，在西班牙、法国、瑞士和德国，都明显有班翅果蝇活动过的迹象。在德国巴登-符腾堡州的红葡萄种植区，葡萄农们

---

① http://www.pellegrini.de/Newsletter/Ernteberich_Merum_2014.pdf，最后一次检索于 2016 年 6 月。

② 古典基安蒂（Chianti-Classico）：一款在意大利托斯卡纳生产的红葡萄酒。——译者注

虽然提前收到了警报，但依然没能阻止班翅果蝇的侵袭。该地区的顶级酿酒师莱纳·施纳特曼解释道："这种害虫太喜欢我们这里了。人们什么都还没发现，但短短 3 天之后，到处都惨遭侵袭。"① 在符腾堡州，传统葡萄品种丹菲特（Dornfelder）和托林格（Trollinger）受到的打击最为严重，但是却也没有什么好的防治方法。那些官方机构发布警告的意图是好的，可是对于侵袭者本身却没有什么实质性的伤害。巴登-符腾堡州的农民协会一直在尝试减少损失，并且警告葡萄农们，尽量不要将葡萄园安置在森林附近，因为每到夏末，这些果蝇就会在这里的一种树莓丛中做短暂停留，等到秋天一到，它们便可以很快地从那里进入葡萄园。

安德烈亚斯·迪尔格，是布赖斯高地区弗莱堡市一位十分热情的葡萄农。他不能容忍在他的葡萄园出现任何的病虫害，哪怕别人都说对此毫无办法也不行。他是这个地区第一个敢于向粉霉病——葡萄农强大的敌人——发起挑战的人。2016 年 8 月，我们在弗莱堡农业文化节的露天广场上遇到了他。这个农业文化节主要探讨的是这个地区饮食的未来，并邀请了农业探险者联盟②——一个从事可持续农业和区域经济的研究组织。他们希望在弗莱堡市民与周边郊区之间建立起互助合作的网络体系。但目前，弗莱堡人餐桌上的食物只有 1/4 是来自周边的黑森林地区、布赖斯高地区和相邻的法国阿尔萨斯地区，剩下

---

① 曼弗雷德·克里纳：《班翅果蝇对德国葡萄酒的威胁》，《每日镜报》，2014 年 9 月 29 日。

② 农业探险者联盟（Die Agronauten）：名字来源于希腊神话中寻找金羊毛的阿尔戈英雄，讲述的是伊奥科斯（Iolcos）王位合法继承人伊阿宋率领水手驾驶"阿尔戈"（Argo）号，远渡重洋寻找金羊毛，将其带回希腊恢复自己被篡夺的王位继承权。这些水手被称作 Argonauten，意为"阿尔戈水手"或"阿尔戈英雄"（希腊语中的词根 naut 意为水手，后加 en 是德语名词复数形式）。该组织的名字，巧妙地把 Argonauten 变成了 Agronauten。它的第一个词根不再是代表阿尔戈号的 Argo，而成了代表农业的 Agro。显然，Die Agronauten 可以被理解为一群在农业领域寻宝的探险者。——译者注

的都是靠从全球粮食产业链中进口的。

“因此对于当地农产品来说，这里还有相当大的发展空间。”葡萄农安德烈亚斯·迪尔格说道，他打算充分利用这一点。他为我们这些参观者准备了自酿的葡萄酒——只有一个简单黑亮的玻璃瓶子，一个软木塞封口，里面装满了葡萄酒，没有任何标签，因为这些葡萄酒并不对外出售，只供亲朋好友在家品尝。拔开软木塞，将深红色的葡萄酒缓缓倒入酒杯，安德烈亚斯·迪尔格示意大家举起酒杯，紧张地期待着。我们这些客人们品尝了一口后，纷纷点头赞赏道，这里的红葡萄酒，简直可以说是浆果与其他东西共同写就的一首歌颂幸福的诗。安德烈亚斯·迪尔格非常高兴，他一直对自己的葡萄酒及酿制方法引以为傲。迪尔格一直在有针对性地种植传统古老的葡萄品种，因为他认为，古老的葡萄品种有着人工培育出来的其他顶尖同类品种所没有的特质——强壮。迪尔格的葡萄园，就是以这样的物质预防抵御着葡萄农最难缠的敌人——粉霉病的发生。最近几年，弗莱堡周边地区的植物病害发生率越来越高，夏季越来越潮湿，气候也变得更加偏热带气候，葡萄园的压力与日俱增。

再加上两年来一直出现的班翅果蝇，葡萄农们的压力又多了一个，安德烈亚斯·迪尔格的葡萄园也是如此。可是，安德烈亚斯·迪尔格懂得主动去寻找解决办法。为了防治班翅果蝇，他用了一种非常规的办法：他在葡萄成熟时，将石粉洒在葡萄藤上。这层石粉会紧紧附着在葡萄表面，使果蝇的生存变得十分艰难。为了产卵，它们必须先穿透那层石粉。“这会使它们的锯齿变钝。”迪尔格笑着说道。

但是一旦出现暴雨，这层石粉便会被冲洗掉，这个时候，他只能希望，那些果蝇已经在之前的尝试里精疲力竭了，不再打算继续刺穿他的葡萄。迪尔格认为，最根本的在于人们必须转变培植方式，但这是需要时间的。与粉霉病不同，班翅果蝇对于葡萄藤来说完全是新的对手，它们短时间内不太可能具有很强的抵抗力。那些古老的品种更是这样，因为先前从未出现过这种果蝇，葡萄藤体内根本不可能有相应的抵抗能力。“没有人知道，这些果蝇到底怕什么。”

即使是这样，迪尔格也不会放弃希望，因为假如他无法赢得这场战争，葡萄酒可能会从此从巴登州消失。“这里的葡萄农，现在大部分都只能勉强糊口。如果再出现班翅果蝇灾害，很多人可能将放弃葡萄种植，因为已经不再值得了。”迪尔格的目光凝视着他杯中酿制成功的红葡萄酒，耸耸肩道：“也许几年后，这里就再也喝不到我的葡萄酒了。”

来自艾希斯特滕阿姆凯塞斯图尔的葡萄种植专业技术顾问亚历山大·乌尔腾斯将这次新的果蝇灾害看作是跟历史上的葡萄根瘤蚜类似的事件。那是发生在19世纪的葡萄根瘤蚜灾害，当时几乎摧毁了欧洲所有的葡萄种植园。[①] 那时，起源于北美的葡萄根瘤蚜寄生于葡萄枝条之上，成功跨越英吉利海峡，从英国来到法国。自1863年起，这种根瘤蚜在法国迅速繁殖，并蔓延开来，最终肆虐了整个欧洲葡萄种植区。特别是法国的葡萄农遭到了毁灭性的打击，因为正是他们从美国进口了这种葡萄藤，想要重新栽种在他们的葡萄园以求恢复生机——在他们的种植园在之前爆发的粉霉病肆虐之下，葡萄已经被毁得所剩无几之后。他们没有预料到的是，这种来自美洲、抗粉霉病能力更强且被寄予厚望的替代品，却给他们的国家带来了葡萄根瘤蚜——一种更具灾难性的祸患。他们遭受到了第二次沉重打击，完全不知道要怎样才能赢得这场战争的胜利。刚开始，他们喷洒化学试剂杀死这些害虫，但时间一长，这些化学药剂便没什么效果了。最后他们找到了一种抵抗力更强的品种，并将其作为法国上等葡萄树的根基嫁接种植，葡萄

① 详见 http://weinfachberater.der-ultes.de/。

根瘤蚜这才终于失去了它的寄主与破坏力，只留下了大量的毁灭性杰作，有 250 万公顷的葡萄园毁在了葡萄根瘤蚜的摧残之下。

班翅果蝇已经给葡萄和其他水果种植，比如樱桃、树莓、草莓、醋栗、李子和桃树种植，都造成了巨大损失，仅仅在美国，损失就高达大约 5 亿美元，[①] 而且还有不断增加的趋势。班翅果蝇跟葡萄根瘤蚜一样，也是一种外来物种，但跟葡萄根瘤蚜不同的是，人们这一次无法直接通过嫁接替换受感染的根部来解决虫灾，因为班翅果蝇可寄生的寄生种类太多了，这些寄主都能保证班翅果蝇的生存与繁殖，特别是树莓。“我们已经证实，树莓是班翅果蝇最喜欢的植物。”来自莱茵法尔茨农村地区服务中心的乌韦·哈策尔如此强调。

此外，其他水果作物，比如李子、杏、米拉别里李子、蓝莓、鹅莓、覆盆子、草莓、醋栗、樱桃及山茱萸、接骨木、花楸、紫杉、火棘、野蔷薇果、女贞子、沙棘、黑刺李、美洲花楸、山楂，甚至常春藤的果实等等，都可以充当它们的寄主。[②] 而葡萄，可以说是班翅果蝇猎物链中最后的选择。作为这个成熟食物链的最后一环，葡萄是这些果蝇的最后一次机会，让它们可以为来年留下尽可能多的种群数量。这种仿佛最后一刻的极度恐慌，似乎就可以解释它们为什么会如此大量地出现在葡萄园中了。[③]

德国的葡萄种植，自 2014 年 4 月开始，就被允许使用一种名为“SpinTor”的杀虫剂，以防治果蝇灾害。[③] 这种杀虫剂会阻塞昆虫的神经系统，令其在几小时之内死亡。可是，这种杀虫剂并没有取得根本

---

① 亚历山德罗·西尼等：《班翅果蝇入侵欧洲的研究评述及综合病虫害的议程草案》，《昆虫学通报》，2012，65（I），第 149–160 页。

② 《亚洲果蝇毁了农民的收获》，明镜在线，2014 年 8 月 7 日，http://www.spiegel.de/wissenschaft/natur/fruchtfliegenart-aus-asien-macht-bauern-sorge-a-985028.html。

③④ http://www.lbv-bw.de/Achtung-Kirschessigfliegen-Tipps-fuer-die-Bekaempfung, QUlEPTQ0MzU4MjEmTUlEPTU1NzEw.html。

性的成功，反而增加了额外的风险。为了起作用，它必须喷洒在已经成熟的作物之上，那么这就很难保证果皮和汁液中没有一点化学残留物。

在一项有关如何有效控制果蝇传播的研究报告中，研究者们得出了这样一个结论，即目前所谓的“综合农药管理”方法已经不再起作用了。换句话说，科学目前暂时是黔驴技穷、无计可施了。现在只有新的研究和新的方法才能够帮助我们克服眼前的困难。[①] 例如，有关植物精油的研究就给人们带来了新的希望，特别是薄荷油和百里香油似乎对班翅果蝇有着不小的影响，甚至可以在一定程度上杀死它们。[②] 人们在 2016 年才认识到这一点，因此，将它作为成熟的药剂应用到实践之中或许还需要很久的时间。

根据目前的科学水平，寒冷的冬季是唯一能够沉重打击“铃木氏果蝇”的武器。至少 2015 年以前的科学研究是这么认为的，那时人们普遍认为，当温度低于 3 摄氏度时，这种果蝇就无法存活了。可是现在，它们似乎已经适应了这种低温。比如，在意大利就有科学家发现，有些果蝇甚至在 1 摄氏度时也能生存。[③] 这就为果蝇创造了继续向北方迁移的可能，那里的水果和葡萄种植区以前还从未遭受过果蝇的侵袭。德国北部的汉堡附近的阿尔特兰地区的水果园、梅克伦堡和吕根岛的新葡萄种植农、英国南部的水果和葡萄园及斯堪的纳维亚半岛，都将成为“铃木氏果蝇”新的目的地。

班翅果蝇极强的适应能力似乎是没有极限的。它们懂得如何才能

① 马克·阿斯普伦（Mark K. Asplen）等：《班翅果蝇的入侵生物学研究：全球视角及未来工作重点》，《害虫学》，2015 年 9 月，第 88 卷，第 469–494 页。

② 贾斯汀·雷可玛（Justin M. Renkema）等：《班翅果蝇的克星——植物精油和焦亚硫酸钾》，《科学报告》，2016 年，第 6 卷，文章号：21432。

③ 彼得·希勒（Peter W. Shearer）等：《季节性因素导致班翅果蝇的表型可塑性以提高其越冬成活率》，生物医学中心杂志，网络出版，2016 年 3 月 22 日。

更好地越冬，它们会机智地藏身于树叶之下或者松散的树皮下面。如果冬季未能按时到来，就更有利于它们的存活。第二年春季，当气温高于 10 摄氏度时，它们就会苏醒，再次开始它们的繁殖周期，这一回，它们朝着北方的目标又迈进了一步。欧洲植物保护组织（European and Mediterranean Plant Protection Organization, EPPO）在其 2012 年的风险评估报告中指出，铃木氏果蝇已经进一步蔓延到了欧洲大部分地区，想要彻底消灭它们似乎是不可能的。[①] 至少气候变化不会成为它们肆意掳掠道路上的阻碍。恰恰相反，根据世界气候委员会（IPCC）的预测，气候的变化完全是站在班翅果蝇一边的。随着气候变化而不断升高的温度，为它们进一步征服世界葡萄和水果种植区提供了最佳的出征条件。

① 亚历山德罗·西尼等：《班翅果蝇入侵欧洲的研究评述及综合病虫害的议程草案》，《昆虫学通报》，2002，65（I），第 149–160 页。

二

4. 当农田被冲走

艾奥瓦州的土壤流失

“据说一百年前，就我们现在站的地方，水深还几乎能到臀部这里。”艾奥瓦州东北部新汉普顿附近的一家有机农业农场主汤姆·弗兰岑向我们说道。像美国中西部所有州一样，艾奥瓦州也是一块“飞越之地”（flyover country），那里的风景，甚至很多美国人也只是在往返东西海岸之间的飞机上看到过。

艾奥瓦州位于密苏里河与密西西比河之间，北接明尼苏达州，再往北便是美国与加拿大的边界。如果人们开车从艾奥瓦州首府德梅因出发，沿着55号州际公路一路向南行驶1000英里，途经密苏里州、阿肯色州及路易斯安那州，最终会到达新奥尔良市。从飞机上看，这里就像一块不规则的棋盘，色彩随着季节不断变换，从夏天深浅不一的绿，到秋天的黄、红褐与米色，再到11月和12月份的深棕与煤黑色，还有些隐藏在一片厚厚的纯白积雪之下。

汤姆·弗兰岑讲述道，大约在1850年，第一批拓荒者来到这里，开始着手开垦这片沼泽般泥泞的草原。刚开始，他们尝试在这里种植小麦，可惜失败了。接着又在较干燥的草地上试着养殖奶牛、猪及种植饲料谷物，这次他们幸运了许多。这些拓荒者中就有汤姆的曾祖父，他是在1840年左右从爱尔兰移民到美国的，并且在10年后选择搬到了艾奥瓦州。大约从1915年起，第二代人开始用铲子和铁锹继续开垦这片土地，将曾经的泥泞之地变成了肥沃高产的农田，使艾奥瓦州一跃成为除加利福尼亚州之外美国主要的农业大州。这里的农民们还自己动手挖出了数百公里的沟渠，主要用于铺设排水管道。这些陶土制作的多孔管道被铺设在地下1~1.2米深的地方，直到现在仍然能继续使用，因此，它们目前还并没有被替换成那些弹性更大且更坚固的塑料管道。那些不能被土壤吸收的水分，通过狭缝型的孔隙进入管道，并被引流进最近的排水渠之中。而这些沟渠中的水则会再次汇入附近的小溪或者河流，直到某个时候随着密苏里河和密西西比河一起抵达终点站——墨西哥湾。“从我出生到现在，这片土地一直以令人难以想象的方式发生着翻天覆地的变化，”汤姆·弗兰岑说道，“正是这些排水管道，使这里的大豆和玉米种植成为可能，直到今天，艾奥瓦州任何一个地方的农场，离排水管的距离都不会超过10米。”事实上，这里的农田匀称分布，一眼完全望不到边，所以真的很难想象在这片土地下面，铺设着怎样紧密交织的管道网——平均每平方英里的土地下铺设着120英里的管道。

用如此简单的工具，将成百上千公顷的沼泽地变成了富饶的农田，这乍一听，仿佛是一个伟大的成功故事，唯一遗憾的是，那些从土壤中经由排水管道流向墨西哥湾的水中含有不少硝酸盐和磷。硝酸盐不仅是化肥中的重要组成部分，而且有些豆类植物，比如大豆在生长过程中也会形成硝酸盐，再加上猪、鸡和牛等家畜的粪便中也含有硝酸盐，因此，一个地区农业生产的规模和产品种类决定了到底会有多少硝酸盐进入地下水之中，而在美国，没有任何一个地方有着像艾奥瓦州一样的集约型农业生产方式。虽然艾奥瓦州的面积只有55875平方英里（约145000平方公里），在美国不算面积很大的州，但是，这里85%的土地都被用于农业生产。其中，530万公顷的土地被用来种植玉米（这里的玉米主要是当作饲料和乙醇制作的原料），大约400万公顷的土地上生长着大豆。在美国，艾奥瓦州不仅是主要的玉米和大豆种植区，还是猪肉和鸡蛋的主要产地。艾奥瓦州的人口大约是300万人，却有2100万头猪及6000万只鸡。①

既然我们刚刚已经列举了一系列数字，北卡罗来纳大学的博士马克·索布塞还计算出，一头发育完全的猪跟一个成年人相比，其排泄的粪便量是人的10倍。在艾奥瓦州，大部分猪都是集约饲养的，以便在尽可能短的时间内喂肥它们，达到可以出栏屠宰的重量。在艾奥瓦州各地，人们总可以看到一大片长而无窗的建筑，通过建筑物的大小和散发的气味，人们就可以知道这里是养鸡场还是养猪场。而这些饲养场积累下来的大量排泄物，都会被浇灌进农田之中，即便艾奥瓦州这里有着广阔的农业种植面积，也难以消化所有的粪水。

具体什么时间浇灌多少粪水，这是有着具体规定的，但现在缺乏足够的资金和人力进行统筹安排，据评论家们判断，关键是缺乏政治上的意愿来规划这些动物的排泄。猪群们大多数时候都待在一个有着所谓“漏缝地板”的猪栏之中，这种地板便于尿液和粪便直接向下流入“粪沟”，之后再进行收集。由于那里粪水聚集容易形成有毒气体，猪圈必须全天24小时用鼓风机进行通风。那些动物权益保护者对于这样不合理的饲养条件所提出的有理有据的批判，是一个需要单独讨论的

---

① http://www.iowapoultry.com/get-the-facts/。

问题，我们在这里暂且不提，仅谈谈关于粪水的问题。大量的粪水通过地板裂缝源源不断地流进粪沟，清理不及时便会从粪沟中往外溢出，因此为了避免粪沟大量溢出，人们会非法将其浇灌进农田。

这样的做法可能会引发一系列的环境灾害。在艾奥瓦州，如果这种行为最终导致鱼群大面积死亡，原则上是要承担法律责任的——至少同我交谈过的那些农民是如此推测的。不论大量的硝酸盐是如何进入墨西哥湾水域之中的——是通过裂缝和粪沟也好，是阵雨过后从农田直接流走的地表水也好，还是通过地下上百万的排水管进入的也好——结果都是一样的。我们现在通过卫星照片从宇宙中就可以明显看到这些硝酸盐流入水域区的结果：2016 年，密西西比河河口地区"死亡地带"的面积已经超过 15000 平方公里了。[①] 这些硝酸盐为海藻和其他微生物带来了充足的肥料，使之疯狂地进行繁殖，而这种爆炸式的生长导致海水中氧气不足，鱼类和其他海洋生物难以生存。

可这与气候变化又有什么关系呢？气候变化对于一些地区来说，包括艾奥瓦州在内，意味着更多更猛烈的降雨。美国国家环保局在报告中客观地指出："不断变化的气候，很可能会给艾奥瓦州带来更多的洪涝灾害。在过去 5 年间，中西部地区年平均降水量已经提高了 5%~10%。而在一年之中降水最多的 4 天，其降水量甚至增加了 35%。在每年最严重的洪涝灾害期间，大部分河流的水量也比以前上涨了 20%。以此推断，在下一个百年间，春季降雨的次数及年平均降水量都会继续增长，并且暴雨的强度还会进一步加大。这些因素中的任何一个都会增加发生洪涝灾害的风险。"[②]

① 引自美国国家海洋和大气管理局的报告数据，http://www.noaa.gov/media-release/average-deadzone-for-gulf-of-mexico-predicted。

② https://www3.epa.gov/climatechange/Downloads/impacts-adaptation/climate-change-IA.pdf。

环保局研究的主要是整个中西部的平均值，但是在 2016 年 10 月，艾奥瓦州东北部的现实情况就已经发生变化了。“我们的一部分农田在今年已经遭受了 6 次洪水，我人生中第一次在凌晨 4 点开着拖拉机出门，只是为了看一眼我们的牛群是否全部都被运到了地势较高的草场，查看它们是否有溺水的危险。在一些地方，水几乎已经淹到了发动机的位置。到处都是漆黑一片，说实话，我真的十分害怕。”汤姆·弗兰岑向我们讲道，并指着自己的腰部，给我们比了一下那个夜晚的水到底有多深——几乎齐腰。他说，艾奥瓦州这里确实雨水很多，但是现在 4 月到 7 月的降雨简直多到难以置信，而且强度也在提高：在个别地区，仅仅一个晚上就能达到 35 毫米的降水量。汤姆·弗兰岑也曾测量过，在他的农场，2 个小时之内的降雨量就能达到 15 毫米，而这在以前是一个月的总降水量。

如果有人认为这种特大暴雨只会引发因天气原因而出现的一小部分土壤流失，那么他对于现实情况的了解，特别是对于传统耕作农田的认识，还不太充分。降雨带来的湍急水流会形成一道道很深的沟渠，仿佛将地面撕裂了一个又一个口子，植物幼苗也会因此受到很大的伤害。有时候，玉米和大豆必须进行多次补种，甚至全部重新播种才行。而过多的降雨也意味着更多的硝酸盐侵蚀，在特大暴雨带来的洪涝灾害中，那些集约型家畜饲养基地的粪池会不断地往外溢出。另外，为了弥补土壤流失中损失的硝酸盐，种植大豆和玉米的农场主通常会额外地喷洒更多的化学肥料。

水中硝酸盐含量过高，不仅会造成环境污染，而且饮用含有过量的硝酸盐的水，对人体健康也有着极大的危害，特别是对于新生儿来说，会极大地限制人体血液的含氧量及供氧功能，易使其患上一种威胁生命安全的新陈代谢疾病，英语中把这种情况称为“蓝色婴儿症”（blue baby syndrome）。2016 年 9 月，艾奥瓦环境咨询委员会出版了一份研究报告，其标题就是“饮用水中硝酸盐过量：关注所有艾奥瓦州居民的公共健康问题”。[①]

早在1962年，美国环保局就明确规定，每升饮用水中硝酸盐的含量不能超过10毫克，而艾奥瓦环境咨询委员会的调研报告也指出，新生儿出生缺陷、癌症、甲状腺疾病及其他疾病与饮用水中的硝酸盐含量过高有着密不可分的关系。很多科学研究都认为，对于饮用水来说，10毫克这个限值其实还是太高了。因为硝酸盐会在人体中自行转化为亚硝酸盐，而即使是很少量的亚硝酸盐都对人体有着极大的危害。此外，亚硝酸盐在人体中还能转化为一种致癌物质——亚硝胺。因此，艾奥瓦环境咨询委员会总结道：“艾奥瓦州的居民，都面临着来自硝酸盐的特殊潜在健康威胁，不论是河水还是地下水，这里都属于美国硝酸盐含量最高的地区之一。”

气候变化，进一步加剧了硝酸盐的污染状况。降雨越来越频繁且强度越来越大，使地下水位上升，因而排水管中更多含有硝酸盐的水溢出，流进江河之中。“去年一整年中有177天，我们都必须开着我们的硝酸盐过滤设备进行过滤，单单设备的运转成本就高达150万美元。而在10年前，我们一年只需要开动20天就足够了。”身高体阔、头发花白的比尔·斯托有着高大壮硕的外表，内心也十分强大。这位德梅因自来水厂的负责人下定决心要通过法律手段防治硝酸盐污染。这个决定，不仅惹恼了农业部门的相关利益团体，甚至还有人对他进行死亡威胁。“我们要为50万人供应饮用水，干净清洁的水资源是每一个人最基本的生存健康权利，跟干净的空气一样重要。”水厂工程师兼律师比尔·斯托说，自来水厂是公共健康的守护者。“之前为了避免在法庭上同这个国家的权力部门进行争辩，我没有接受这份工作，但结果是

① 引自 http: //www. iaenvironment. org/news-resources/publications/water-and-land-publications。

灾难性的，我们不得不忍受更大的痛苦。事实上，诉诸法律从经济角度考虑，也是一个十分有意义的决定。德梅因自来水厂有着世界上最大的硝酸盐过滤设备，但现在，它已经无法满足正常的过滤需求了，而购置一台新的机器则需要花费 1 亿美元。因此，我就说，干脆就让我们花 200 万美元进行诉讼，如果成功了，至少可以节约 1 亿美元的购买新设备的费用。”

2015 年 3 月，德梅因自来水厂对三个县区提起了诉讼。德梅因水厂主要从两条河流汲取并净化生活用水，而这三个县就恰好位于这两条河流的上游区域，地处如此重要的地理位置，当地相关部门却没有采取必要措施来有效控制水中硝酸盐的含量。虽然农田下面铺设的排水管道原则上是属于农场主自己的，可是其中流的水却会被引进公共的沟渠、下水道和管道之中，这些同其他所有公共水路和河流一样，隶属于统一的监管机构之下。

不仅仅是加利福尼亚州，整个美国的水权问题都是十分复杂的。城市和乡镇地区禁止未经净化处理就直接将雨水引进公共水路，对于农业地区却没有相应的规定。因此比尔·斯托提出自己的观点，认为这些错综复杂的排水管是“一点一滴的”环境污染的源头所在。“农业活动本身对此是不负有任何责任的，需要负责的其实是其他工业化分支。浣熊河[①]对于农业发展来说就是一条天然开放的排水管道。”自来水厂的诉讼中争论的焦点主要围绕司法管辖权展开，更具爆炸性的事实是，根据媒体报道，农业相关团体已经拿出了数百万美元想要打赢这场于 2017 年开始的诉讼。

这场诉讼将会持续数月之久，且不论结果如何，都会有极大可能遭到驳回。至于政治方面，各党派阵线看法如何，已经是十分清晰

① 浣熊河（Racoon River）：德梅因自来水厂的主要汲水来源就是浣熊河和德梅因河。

的了。“德梅因是在向整个农业大州艾奥瓦宣战。”[①] 艾奥瓦州州长特里·布兰斯塔德[②] 在一次接受《德梅因纪事报》的采访时如此说道，当时德梅因水厂还没有提出诉讼。对此，比尔·斯托相当冷静地陈述道：“在艾奥瓦这样的农业大州，占优势的肯定是艾奥瓦农业局[③]。至于州长布兰斯塔德说了什么，完全不重要。他对于保护艾奥瓦州居民的健康没有任何贡献，与之相反，为了维护农业团体的利益，他把环境污染的代价转嫁到了消费者身上。他的所作所为就像一个国王，好在我们这里并不是封建君主国家。”

州长布兰斯塔德固执地认为，农场主自愿自发的措施就足以解决硝酸盐含量过高的问题。但是鉴于越来越严重的污染现状——2016 年的硝酸盐含量比以往都要更高，比尔·斯托认为这根本解决不了问题：“我们的这种做法，就仿佛我们自愿地采取一些措施，便能得到我们想要的，这是十分可笑的。开导农场主，并鼓励他们转换经营方式，就好像鼓励民众去自愿缴纳税款一样不现实。为了保障公民健康，我们必须有相关的法律规定才行。”

对于斯托来说，这还是一个有关社会经济方面的问题。由于使用硝酸盐过滤设备的成本较高，2016 年自来水厂不得不将水价提高了 10%。而这对于生活在德梅因的很多人来说，是个不小的负担。在市区内上学的所有中小学生及大学生中将近 3/4 的学生都有权享受政府补助的学校配餐，因为他们的家庭收入明显处于贫困线之下。对于比

① http://www.desmoinesregister.com/story/news/politics/2015/01/13/branstad-nitrates-war-rural-iowa/21722629/。

② 特里·布兰斯塔德，曾于 2016 年 12 月被当时选举成功的美国总统唐纳德·特朗普提名为美国驻华大使。

③ 艾奥瓦农业局，是美国农业局联合会（American Farm Bureau Association，AFBA）的组成部分，可以说是美国最具权势的农业政治团体之一，通常和农业化学公司一起，共同致力于反对每一个在环境法倡议下进行的限制或者禁止传统的工业化农业的行为。

尔·斯托来说，这场即将开庭的诉讼与政府基本政策决策有关。“问题的关键在于，我们在农业经济发展方面已经给予了如此强有力的支持，农场主们必须承担起自己应尽的责任。我们现在已经站在了命运的十字路口，我们究竟想要给艾奥瓦州一个怎样的未来？我们艾奥瓦州，美国最伟大的两条河流——密苏里河和密西西比河都从这里流过，难道这里只能成为一个以玉米和猪肉为生的工业化家畜饲养基地吗？”

对于推动工业化农业的中心人物来说，艾奥瓦州是一片理想之地，他们只追求利润最大化，即使这种利润最大化需要以更多的奶牛、猪、环境的恶化或者农民的健康为代价。凭借转基因大豆、转基因玉米及工厂化集约饲养猪和鸡等家畜，艾奥瓦州已经成了美国农业的领头羊，而其所要付出的代价就是单一种植下土质和水质恶化及大量化学肥料、除草剂及杀虫剂的滥用。对这种情况，德梅因自来水厂负责人总结道：“农业不受任何条件的约束，在这里人们只会高唱颂歌《我们喂饱了全世界》。”可是工业化农业在这曲《我们喂饱了全世界》的赞歌中似乎忘记了提及一点，那就是他们种植的玉米和大豆中大部分都没有或者只是间接地进入人类之口。美国种植的玉米 40% 被用作家畜饲料，30% 被加工处理成乙醇，12% 用于出口——通常还是用作饲料，还有大约 6% 是用于制作果糖、葡萄糖、糖浆及其他甜味剂。[①] 大豆的情况也没什么不同，世界自然基金会（World Wildlife Fund, WWF）[②] 指出，世界上 75% 的大豆都被用于制作饲料喂养家畜。

与工业化农业不同，目前仍有一些有机农场主坚信，农业发展必须顺应自然规律，不能与之相违背。气候变化及其负面影响，即降雨量增多，对于土质的影响，已经使一些传统农场主开始思考并尝试着

① 引自美国国家玉米种植者协会（National Corn Growers Association），http://www.worldofcorn.com/#-corn-usage-by-segment。

② http://wwf.panda.org/what_we_do/footprint/agriculture/soy/facts/。

进行改变，其中就有乔·贝克豪斯。

在10月一个温暖的周一清晨，我们没有坐在那座十分漂亮且是木质结构的老农舍的阳台上（这间古老的农舍是乔的高祖父于1880年成立这座农场时就建造的），而是坐在临近的一间现代化的、布置雅致的平层小别墅内，平时乔的父母就居住在这里。这家占地280公顷的农场，现在名义上主要是由乔独立进行正式管理的，他的父亲巴赫·贝克豪斯从旁协助，主要提供一些建议和经验。这样的共同合作其实并不容易，因为乔和巴赫在农场经营问题上常常有着完全不同的看法。这家农场，就是艾奥瓦州众多农场的典型代表，其主要收入来源就是种植转基因的玉米和大豆。此外，还有一片牧场用于喂养25头母牛及其小牛犊和饲养其他牛类。而现在，乔重新开始种植传统的玉米，放弃了转基因品种，甚至打算让他的农田里再也看不到任何转基因植物。转基因种子事实上更贵，而且不论转基因还是普通传统品种，都是要使用化肥和杀虫剂的。因此，乔问自己："对于我来说，转基因到底能给我带来什么好处？传统的品种只不过劳动强度更高了一点，但是人们必须学会超前思考。"

更高的成本只是一个方面，乔对于工业化农业的经营方法还有着更深层的质疑。在农场各项工作中，他十分厌恶的一项就是喷洒农药或杀虫剂。"我每次都在想，这可能不会有什么好处。你可以在包装上读到那些警告的字眼，你也能够亲眼看到那层喷洒的雾气，你喷洒农药，只是为了消灭某些东西。但是我觉得，有那么一些必须要做的事情，比帮助供养全世界还更加高尚。"从他开始完全转变思维方式的那一刻起，到现在已经过去了3年。当时他的儿子安德森只有3岁，想要玩农场院子里摆放着的将要播种的大豆种子。当时为了给予这些幼苗最理想的成长环境，这些豆种表面其实都裹了一层化学肥料，再加上为了防治害虫，还喷洒了一层农药。"我当时立马朝安德森喊道：

‘千万不要拿手碰它们！’可是他却说道：‘爸爸，这难道不是我们平时吃的东西吗？’”乔说，这之后他就开始阅读有关可持续农业发展的书籍资料，特别是关于绿色化肥的内容。此外，他还开始考虑土壤的状况。“我们也许还可以继续在这片土地上播种50年，但这已经是极限了，绝不可能再久了。腐殖质层将在50年后彻底消失，我们可能完全无法再继续从事基本的农业耕作。请关注并保护我们的耕地，否则我们即使喂饱了全世界，也会毁掉我们赖以生存的环境。”

“我们艾奥瓦州有着无与伦比的土地，我们当然希望这里会一直如此富饶。”乔的妈妈趁机插话道。乔自己则是越说越生气：“我们简直是在糟蹋土地，糟蹋土壤中的有机物。我了解汽车导航，熟悉转基因种子，精通期货交易，但却对土壤健康一无所知。我们只会让那些表层土随风飘到相邻的农场，或者随着雨水流进河水之中。”

一直安静地认真倾听的巴赫·贝克豪斯告诉我们，他现在也不确定，重操旧业——种植非转基因玉米和大豆——是否是个好主意了。“当年我开始经营农场时，我们真的不知道应该如何控制野草丛生。我们喷洒过每一种能弄到手的除草剂，而且很多时候我们会将好几种除草剂混合在一起使用，那才是真正的女巫的毒药。然后我们会带着旋转耙来到农田进行翻草作业，以便能在播种前将所有杂草消灭干净。当你从拖拉机里爬出来时，绝对是灰头土脸的，因为到处都是尘土飞扬。接着农达（Roundup）[①]横空出世，我们突然就有了一种十分高效的除草剂。只需沿着农田喷洒一遍，就搞定了一切。但由于太多农场主没有使用足够高的剂量，我们现在不得不面临超级杂草的问题。”

除此之外，乔也不想回到农达出现之前的时代。很明显，乔和他

① 农达是孟山都（Monsanto）公司开发生产的一种除草剂，主要活性成分是草甘膦。孟山都公司的转基因玉米和大豆品种都对草甘膦有很强的抵抗力，也就是说，在玉米和大豆生长过程中也可以用农达除草剂清除杂草，而不会产生不良影响。

的父亲已经不是第一次讨论这个问题了，尽管有着各种顾虑，巴赫还是让他的儿子乔想办法走出一条新的道路。2010 年，乔进行了第一次尝试，用绿色化肥改善土质，同时尽力遏制消除那些在春天发芽的杂草，但是很可惜失败了。

“整个农田完全变成了一片泥滩，”乔自己回忆道，“绿色化肥必须在冬季到来之前完成施肥，而这在我们的气候条件下，有时候是十分困难的。我们试验了各种不同的化肥混合物，但是在去年黑麦依然长到了 2 米多高。”因此在春天播种玉米和大豆之前，乔还是喷洒了草甘膦除草，但是值得高兴的是，土壤质量确实得到了改善，他可以将化肥剂量减少一半。来自北达科他州的农场主加布·布朗，是一位在施用绿色化肥领域堪称导师级的人物，乔亲自观察了他的农场耕作方法，在那里人们在播种玉米或者大豆之前，完全不用草甘膦除草，而是选择用轧辊机耕种作物并覆盖地膜植被保护土壤。乔希望，他也可以尽快地采用这种技术进行耕作。

贝克豪斯家族的农场位于艾奥瓦州西南部，即尼沙博特纳流域的范围之内。乔说道：“这里的大部分河流都会测量硝酸盐和磷[①]的含量，测出的数值已经完全无法单纯地用好与坏来衡量。特别是附近两个地方——格里斯沃尔德和莫尔文的井水中，硝酸盐含量严重超标，以至于那里的人们必须从其他水源地取水，再混合进当地的水中，否则这里的水是完全不能饮用的。在冬季施用绿色化肥，是我们目前能够采取的保护水资源的最好的措施。如果人们要从事农业生产，那么就必须负起相应的责任。”“可这无法改变这样一个事实，即没有绿色化肥，玉米和大豆的收成会更好，”巴赫插话道，“我完全能想到，这里的农场主们在一起喝咖啡时，会如何吹嘘自己。”

---

① 磷，同硝酸盐一样，是化肥的重要组成部分，当它进入江河湖海后，也会导致藻类大规模繁殖。

邻居们的想法是十分重要的，因为在这样一个人口不断减少的农村小镇，大家都互相认识，而且这里的人们除了自家的收成也没什么值得骄傲和自豪的事了。在20世纪80年代农场危机爆发之前，艾奥瓦州有20万家农场，如今只剩下不到9万家，而且越来越多的年轻人选择离开这里，到别的地方寻找工作。在距离贝克豪斯家农场最近的海斯廷斯，那里曾经有很多家商店，甚至于连生活在60公里外的邻州内布拉斯加州奥马哈的人们都来到这里购物。但是现在，海斯廷斯只剩下了一个十字路口，人们连开车经过时，都必须十分小心，以免碾压到那些在那里啄食吃的小鸡。

每当像乔·贝克豪斯一样的农场主开始思考并尝试改善土壤质量和进行替代性农业的实践时，总是马上会受到来自邻居们的批评。乔告诉我们："每次我进行新的尝试时，都会选择一块尽可能远离街道的农田，以便其他人在经过我的农场时不会看到我的试验。"朝着可持续农业发展方式转变的过程是十分复杂的，就像乔第一次尝试绿色化肥时所经历的那样，失败是难以避免的。巴赫·贝克豪斯回忆起他年轻的时候，也曾打算做些不一样的事情。他说，他的儿子也应该有选择新道路的自由，因此，他对乔的所有决定一直都抱有善意的怀疑。

对于那些受到农业化学公司鼓动和资助的邻居们，自然是无法指望他们能够伸出援手的。他们即使有所质疑，也宁愿使用更多的化学肥料和新的杀虫剂组合，因为他们期盼着玉米和大豆的价格最终能够再次超过种植的成本。乔很幸运，他的一位老同学史蒂夫也在附近经营着一家农场，在他那里能清楚地看到一架巨大的风力涡轮机，目前可以满足农场的一部分能源需求。乔和史蒂夫彼此互相支持，并且都是艾奥瓦实践农场主（Practical Farmers of Iowa, PFI）组织的成员。该组织成立于1985年，主要为农场主提供继续教育、研究及信息资讯方面的支持。

PFI组织，对于像乔和史蒂夫这样对发展可持续农业感兴趣的农场主来说，是一个极有帮助的团体，他们通常是在咖啡店里找到这些传统农场主并给予支持的。目前，这个拥有3500名成员的庞大组织的主要目标是，在艾姆斯艾奥瓦州立大学科学家们的分析指导、协调下，由农场主们进行具体实际的研究试验。这种方式给双方都带来了可观的利益：一方面，科学家们可以在实际条件下，着手进行一系列长时间且大面积的试验；另一方面，参与的农场主们可以尝试解决那些令他们棘手的问题，从大学获得更具专业性的支持。试验得出的中期报告和结论也不仅仅供PFI成员使用，各种经验教训、想法和主意都会在成员大会、培训教育及实地参观农场中进行交流，甚至农场主们可以结成友好农场，互相帮助。

目前，乔·贝克豪斯正好在实施一项为期3年的试验。该试验主要用来比较种植哪一种作物——早熟还是晚熟大豆——可以使绿肥生长得更加繁茂。这项试验可以解决乔之前遇到的问题，即如何避免在冬季来临前种植绿肥而导致农田一片泥泞的情况。跟以往不同，这次的试验田就位于街道旁边，以便那些邻居可以清楚地看到，哪些可持续的耕作方法是成功的，哪些是失败的。这样一来，也许乔的耕作方式不仅可以在咖啡馆的农场主圈子之间，也可以在培训学校中得到推广。

罗恩·罗斯曼也是艾奥瓦实践农场主联合创始人之一。罗斯曼的农场位于哈伦，面积约280公顷，就在贝克豪斯家农场以北，相距大概一个半小时的车程。这里的地理环境，与艾奥瓦西南地区起伏的丘陵相比，更加宽广辽阔。在很多地方，人们一眼就能看出来这里的居民来自何处，比如在威斯特法利亚130个核心乡镇，街道名称和标牌都是用德语写的。罗恩·罗斯曼的先祖，大概在1883年左右来到艾奥瓦州，在这里养猪和奶牛，并种植饲料作物，用现在的话说，这家农场曾一直是十分“多样化的”。1980年，罗恩·罗斯曼在父亲去世之后开始接管这家当时经营方式还十分传统的农场。罗恩讲道，向生物有机农业转变是一个长期的过程。跟乔·贝克豪斯一样，他十分厌恶喷洒杀虫剂：“人们不能戴着橡皮手套将喷雾器的喷嘴清洗干净，我每一次都警告自己，迟早有一天我会因此患上癌症。”20世纪70年代的石油危机使罗斯曼更加确信，建立在化学肥料和杀虫剂基础之上的农业，也就是建立在石油的基础之上（化肥和杀虫剂的原料中都有石油）的，这样的农业，长期下去是没有任何未来可言的。因此，他尝试尽可能地大量使用有机肥。有机肥堆积成山，用一种挖土机进行搬移施肥，因此获得的腐殖质层对于增强土壤肥沃起着至关重要的作用。从1983年起，他就不再使用任何杀虫剂了，1994年，他的农场通过了生物有机认证。现在，他也开始饲养一些猪和牛。如今，在罗斯曼家庭农场几乎什么都能找到：50公顷的天然牧场，40公顷土地种植草料和绿色饲料，玉米和大豆种植各占70公顷左右，最后还有40公顷土地种着小麦、饲料豌豆、萝卜、大麦和燕麦等。

罗恩·罗斯曼种植了40多种不同的作物。具体什么时间在哪块土地上种植什么品种，是由天气状况、土壤性质和上一年出现的病虫害共同决定的。“我认为，防治病虫害的最好方法就是轮流耕作。”罗恩这样说道。不同的作物从土壤中吸收不同的营养成分，每一年轮换播种不同的作物，可以使土壤得到更好的休养，而且病害的爆发周期也会被打断。而单一种植则恰恰相反，病虫害会像野火一般迅速蔓延开来。2000年以前，一种特定的真菌病害还只出现在1%的玉米作物中，而现在已经蔓延到40%了。对于罗恩·罗斯曼来说，工业化农业是一种“焦土农业”，严重缺乏生物多样性，在他看来，这种大面积的玉米和大豆单一种植，会给土质和水资源带来灾难性的后果。可惜，这样的观点完全无法同农业政团、农民协会和农业化学公司的代表们沟通分享。

气候变化，进一步加剧了水资源问题。跟很多农场主一样，罗恩·罗斯曼也测量了自家农场的降雨量。根据他的监测结果，现在的降雨量比以往多年的平均值增加了25%。为了避免强暴雨之后大量的雨水直接通过排水管道流入周围的溪流之中，罗斯曼沿着他的农田种植了一圈永久的“绿色植被带”，可以像海绵一样保存一部分水资源。在10月里一个温暖明媚的日子，我们参观了罗恩·罗斯曼的农场，我们在齐腰高的草地中艰难行走，这片草地经过多年的生长，已经形成了一片紧密交织、深入地下的根系网。我们每走一步，都会惊起一群蝴蝶和其他昆虫。罗恩告诉我们，就在他的这片迷你草原中，现在已经有超过50种不同的动物了。在这片草原中间，就是他的长期牧场了，他在牧场边还种了一圈树，给小牛群们遮风挡雨，带来阴凉。

罗斯曼不仅种了各种针叶树，还种了很多榛子树和果树。他梦想着，有一天能扩大他的水果种植面积。此外，他还想开辟几个池塘，在其中种上芦苇，使这里成为水鸟们的栖息地，但最重要的是使之作为过滤器，过滤那些从地势较高的传统农场中排出的被污染的地表水。罗恩开着他的皮卡，带着我们游览了一圈他的农场，给我们展示了工业化农业的后果。他家附近一家小型养牛场的主人就经常将未净化处理的粪水直接排入木桶溪。这条小溪，也从罗斯曼的农场边蜿蜒而过。那里有一条废水管不断往小溪中排污水，褐色的脏水泛起层层泡沫，臭味熏天。那些种在小溪河堤边的植物，都已经变黄干枯。跟其他很多农场主一样，这位农场主也没有在他的田边留下任何空地，而是直接将玉米种到了溪边河堤。那些化学物质虽不会对转基因玉米产生任何损害，但对溪边的植被却不然。

站在一个小山坡上，罗恩让我们看向另一个邻居的养牛场。那里饲养着6000头牛，每一头都被圈在极其窄小的围栏之内，从未进入过开阔的牧场。牛圈下方的粪池已经多次往外溢出了。那里的农场主把这些恶臭的粪便同水混合在一起，直接运往几块比较远的田地，在那里通过一个灌溉设备喷洒到农田之上，仿佛下了一场褐色的细雨。罗恩·罗斯曼估计，在艾奥瓦州有40%~60%的硝酸盐以化学肥料或者粪水的形式排入农田中，又经过大量的降雨冲刷，最终流入河流之中。多年来，罗恩的一位堂兄弟会定期抽取水样测量其中的硝酸盐含量，并将那些严重超标的结果寄往相关的监督负责机构，但直到现在这些机构都没有人出面回应此事。

现在，罗恩·罗斯曼虽然已经为环境和物种保护做出了很多的努力，但是他还有更多的计划和想法。他希望不管在哪里，人们都能够进一步改善土壤，采取可持续的耕作方式，更好地应对气候变化带来的强降雨和高温天气。种植多年生作物是很重要的，而且还要多种树木和保留牧场。罗恩·罗斯曼还说，在农场中，家畜饲养和作物种植是相辅相成的。一方面，家畜的粪便是作物最好的肥料；另一方面，饲养的115头红安格斯牛也可以在业已收割完毕的农田上吃草，也算是一种“复收”了，毕竟联合收割机不是万能的，总会有所遗漏。此外，罗恩·罗斯曼还想要尝试“大规模成群放牧”（mob grazing），他曾经参观过几个农场，在那里空旷的自然牧区，成群的水牛一个挨一个围在一起吃草，这样可以从侧面促进牧草的生长，牧场土地的质量也因此得到明显改善。“大规模成群放牧”，其实是在仿效羊群效应：每次放牧时，都让牲畜们集中在一小块土地上，尽全力吃掉这片所有的牧草，每天至少有一次将它们赶到一块新的放牧地去。

罗恩的儿子大卫还重新开始养鸡，目前在农场里养着200只产蛋鸡和200只肉鸡。由于鸡舍的可移动性，这些小鸡也可以来到牧场啄食，吃一些“大规模成群放牧”时奶牛们忽略的，或者是它们不喜欢吃的东西，比如蜗牛和其他害虫。此外，罗斯曼一家还养猪，65头母猪每头每年可产2胎幼崽[1]，除去每年送去屠宰的600头喂肥的猪，农场中大概还可以保持800~900头猪。罗恩说，在猪圈分配问题上还可以继续改进，而且人们也许可以自行饲养种猪，而不用每次都额外购买。

所有这些计划，虽然听起来都十分有意义且激动人心，但是也反映出这种多样化、可持续、环保型农业发展中存在的一个基本问题，即以这种方式生产制造高品质食品，需要极高的劳动强度，但是利润却很低，而且到最后还需要自己组织销售和进行市场营销。所以，罗斯曼一家在17年前就设计了自己的“罗斯曼家族农场”（Rosmann Family Farm）的品牌标签。尽管如此，他们还是在摸索很多年之后，才同德梅因和奥马哈两地的多家商店签订了固定的供货合同。在此期间，为了赚钱，玛利亚·罗斯曼开了一间自己的农场商店，商品品种十分齐全，从面包到有机洗涤剂应有尽有。他们的儿媳爱伦经营着一家主打“从农场到餐桌”的供货服务公司，每天和一小队司机一起，将农场的新鲜产品运往商店和餐厅。罗斯曼家还有一位家庭成员，刚刚在哈伦开办了一家小餐馆——三明治餐馆和网咖融合的餐厅，那里供应的肉食和鸡蛋自然也来自罗斯曼农场。“慢慢地，这里肯定会重新出现更多的商店，我们就可以在那里更好地售卖自己的产品了。”罗恩十分乐观地说着。

与这些相比，在广阔的农田上仅仅单一种植玉米和大豆，肯定是更容易的，而且利润也更高。如同欧洲很多农场主（还在）依靠欧盟发放的补助一样，美国政府也通过自己的法律《农业法案》（*Farm Bill*）确保了玉米和大豆种植户的收入。对于那些同罗恩·罗斯曼一样采取环保措施的农场主，比如栽树种草形成隔离带，目前能得到一些扶持款项，但金额很低，肯定要比人们在农场边缘地区种植玉米和大

---

[1] 每头母猪每年能生2胎，正常情况下一胎可以生十几只，刚产仔的母猪每胎也许会少生一点，一般在5~15头。—译者注

豆赚的钱要少得多。

来自艾奥瓦州东北部的农场主汤姆·弗兰岑，之前曾说过他在一年内遭受了6次严重洪涝灾害，他跟罗恩·罗斯曼的想法一致，都认为边缘隔离带是极其重要的。特别是当遭遇特强降雨时，就像2016年弗兰岑一家经历的那样。虽然这样的隔离地带不可能阻挡洪水的进攻，但至少可以让土壤吸收更多的水分，损失也会更小。因此，汤姆·弗兰岑从他的农场中拿出12公顷土地，用以种植树木，建立了一个迷你自然保护区。这样的环境保护措施对于农场的存续至关重要，当然如果有政府补助，他们的生活会更轻松一些。

在很多方面，汤姆·弗兰岑的做法都与罗恩·罗斯曼十分类似。在5年的轮作期内，他会依次种植玉米、大豆、燕麦（或者小麦、黑麦）、干草草料，最后在第5年，他会将农田改成牧场。此外，他的农场还饲养了猪和牛。安格斯牛通常有着很厚的皮毛，即使在冬季也可以待在室外。汤姆说："我们用自己种的干草喂牛，而这些牛又承担起施肥的任务。在夏季，这些牲畜每天都换一个地方吃草，而在秋天，它们可以到收割完的田地上找东西吃，算是一次'复收'。"而农场里的50头母猪则会在露天牧场上度过整个夏天，从11月开始到来年3月才待在猪圈内。在艾奥瓦州这一地区，冬季时，土壤会上冻，最深可能会冻到地下2米。这时，猪圈内会铺上一层橡胶垫，这层软垫与稻草相比，能够帮助母猪更好地抵御冬季的阴冷与潮湿。

汤姆和他的儿媳阿曼达一起共同照管这些猪。不久之前，他们参加了一个由著名行为科学家坦普尔·葛兰汀讲授的课程，主要学习怎样更好地饲养家畜。课程结束后，他们知道了要怎样为他们的猪"减负"，即为它们避开每一种不必要的压力。当猪对生活很满意，心情很好时，它们就会卷起尾巴，现在汤姆的猪圈内，到处都能看到尾巴打卷的猪。之后，我们同汤姆和阿曼达开车从邻居家的猪圈旁经过，那里圈养着 7500 头猪，所有的猪挤在一排排长条形的、没有窗户的建筑物内，纯粹只是为了在最短的时间内喂肥它们，达到出栏体重。“他们的这种饲养方式，出产率和利润肯定是明显要高于我们的。”汤姆评论道，可这却是以牺牲环境为代价的。

在弗兰岑家，猪的排泄物会和稻草混合在一起发酵堆肥，然而他的邻居则是直接将这些粪水倒进土里。虽然这种倾倒行为是正当合法的，可以从 10 月份收获期开始一直持续到来年 4 月份的播种季，除非遇到土地上冻。可是此时，农田里没有种植任何作物，无法吸收哪怕一丁点硝酸盐，因此如果遇到降雨，大量的粪水会和雨水一起直接通过排水管道流走。猪肉的倾销价格比较低，致使人们只会采取大规模集中饲养的模式追求高额利润。而那些环保的措施，比如用稻草养猪及用粪便制造有机肥，是需要大量时间和金钱的，这会使猪肉成本和售价提高，并不利于销售。

汤姆·弗兰岑一直秉持生物有机农业的理念，他仅靠种植有机认证的作物及生产相关产品赚取的利润，养活了这家农场。他的农产品的市场销售，主要是通过位于相邻威斯康星州的一家世界上最大的独立农民合作社之一“有机谷”（Organic Valley）来实现的。当然，弗兰岑家农场还是艾奥瓦实践农场主组织的长期成员，该组织主要为其提供专业及道德上的支持。

支持或者反对有机农业的决定，不仅仅是理念的问题，更是计算得失的过程。虽然农场主凭借这些有机产品可以获得一个更高的价格，但与之相对的是每年高昂的认证费用及长达 3 年的过渡转型期，在这 3 年内，农场产量会大幅度下降，收入减少，这些仅靠有机产品的那一部分溢价是弥补不了的。可是如果不选择有机认证，还有什么更好的办法？在我们所有的交流过程中，不论是同加利福尼亚州还是同艾奥瓦州的农场主，有一点是非常明确的，即农场主通过传统方式生产的不知名的蔬菜、水果、肉类、奶制品或者粮食谷物，如果没有一个特定的品牌，那么他们从中间商、代理商或者超市获取的利润，是难以满足他们的可持续农业发展要求的，更不要说对环境保护做出积极的贡献了。如果想要农场主转换耕作方式，以尽可能地适应气候变化，并保证未来我们还有东西可吃，那么就必须想办法给予其资金方面的奖励，这不是对其环保行为的报酬，也不是提供给农场主的某种额外的浪费，这关系到我们农业的生死存亡及粮食安全的重大问题。

“有时候，只有当人们深陷困境时，才会冒出新想法与新思路。”罗恩·马德森说道。当时我们站在他农场的一片草地上，看着一群小猪在那里嬉闹。30 多年来，罗恩·马德森管理着一家位于艾奥瓦西南部的 50 公顷大小的农场。1998 年，危机爆发，猪肉价格猛跌到每美磅（435 克）[1]8 美分。他回忆道：“那时，我们的孩子还很小，我真的完全不知道该怎么渡过这次的难关，养活我的家人。”这场危机期间，很多艾奥瓦州的养猪户都决定成为大型肉类公司下属的协议供货商。虽然建造集约饲养需要的标准化猪圈及容量足够大的粪池，使大多数人负债累累，但是像荷美尔（Hormel）食品公司这样的肉类加工企业都许诺给他们更高的价格和采购担保。

马德森说：“我们一直都是将这些猪赶到草地上放养的，虽然这样清理粪便很痛苦，不如只用饲料和水喂养来得轻松，但是想想集约化饲养猪舍里的臭气！我反正是完全受不了的，也不能指望别人愿意在那样的条件下工作。”就在马德森即将放弃农场的时候，他听到了比尔·尼曼和尼曼品牌的故事。

比尔·尼曼凭借着他在旧金山以北的大农场中出产的牛肉，在美

① 英国和美国的重量单位“磅”，一磅约等于 0.45359 千克，即 453.59 克，这里可能是作者笔误。——译者注

国西海岸可以说是家喻户晓，并因此创立了自己的“尼曼”品牌。跟加利福尼亚州桃农马斯·松本一样，尼曼的牛肉也是爱丽丝·沃特斯餐厅帕尼斯之家菜单上一道特别提及的菜品。1994 年，尼曼和艾奥瓦的一位养猪户保罗·威利斯结识，两人共同决定把威利斯农场出产的牛肉贴上“尼曼”的标签并投放市场。没想到商品十分走俏，保罗·威利斯开始在艾奥瓦州寻找其他的养猪户，只要他们做好准备，愿意在严格的标准规范下饲养家畜，并且愿意保护环境。

对于罗恩·马德森来说，尼曼品牌标签出现得十分及时。“否则，您今天在这里就一头猪也看不到了。”他的农场里大概还有 35 公顷的土地上种着玉米和大豆，主要是为他的家畜提供饲料，剩下的就全部是草地牧场了。马德森解释道：“一头猪要长到出栏体重，需要 380 千克玉米。我们会关注收成情况，并大致计算出能够喂养的牲畜数量。”7~10 头母猪和它们的幼崽共同生活在一片半公顷大的草地上，等到天气变冷时，再搬进猪圈之中。在牧场上，散布着很多三角形框架的木质小屋，它们看起来就像一条条巨大的三角巧克力，所有屋子的入口都朝向东南方，这样既可以更好地挡风，也可以享受清晨第一缕阳光洒下的温暖。母猪分娩前一周，罗恩·马德森会将它们送到牧场上新搭建的干净“产房”之中，这些“准妈妈们”会仔细观察新的环境，到处嗅嗅，直到它们放下心来产崽。就在我们到来的一周前，这里还有两头母猪刚刚生产，现在它们躺在屋子旁边晒太阳，几头幼崽费劲地爬上母亲像山一样的肚子，想要挤开自己的兄弟姐妹喝到妈妈的乳汁。在 5~6 周之后，这些幼崽就可以从母乳换成固定的食物进行喂养，幼崽们会和母亲一起在牧场上生活两个月到两个半月，之后它们就算是长大了，会分组搬进猪圈里生活。猪圈较狭窄的两边是开着的，下面还铺有厚厚的一层稻草，它们会在这里生活 3 个月，直到它们达到了出栏体重。

对于罗恩·马德森来说，他养的猪一辈子只有一天是痛苦的，那就是它们生命中的最后一天。那些小猪，每周都会得到一个巨大的稻草球，它们会满怀激动的心情把它拆开并分散在自己的猪圈里。而这些变大了的稻草垫，可以很好地吸收它们的粪便和排泄物，因此，在这里不会有那些刺鼻的氨臭味，不像传统的猪圈，远远地就能闻到这种标志性的味道。这些小猪们生活在一个温暖干燥的环境里，有时还会好奇地走到猪圈栅栏边张望。马德森说，这些稻草和粪便还可以混合在一起堆肥，20 多年来，他没有再用过化学肥料。此外，合理的轮耕方式，还可以更好地防治病虫灾害，使它们无法在一个地方长时间存活。

土壤质量正变得越来越重要，罗恩·马德森发现，现在年降水量比之前增加了 1/4，因此，为了更好地吸收雨水，就需要更好的土质。这种可持续的、环保的且爱护动物的饲养方式，在马德森看来也是有利可图的，只要他每年可以卖 1000 头以上达到屠宰标准的猪。他自己种植饲料作物，没有施肥成本，但是那些集约化饲养的母猪——即使不能到处跑，只能站着或躺着——每年的产崽量还是会比他高出 25%，并且没有稻草垫这项额外支出。

那些印有尼曼标签的农场，都有采购担保，不用担心猪肉的销路，而且售价至少能够覆盖其饲养成本。这些猪肉，在任何时候都可以追溯到其产地及生产者，而且只在高端的连锁超市中售卖，不会出现在廉价打折商店之中。罗恩·马德森说："现在很多人，一谈到吃的东西，就会有些歇斯底里。好在他们已经准备好花更多的钱买我们的猪肉。为了饲养与生产，我们必须定这样的价格。"尼曼品牌，定义了可持续的生产标准并保证遵循这些标准，使马德森的农场免于破产。"尼曼标签，使这里的很多人保住了自己的农场，养活了这些乡下小镇。"

埃利奥特是罗恩·马德森从小生活的地方。“当时那里有一家商店、三家酒馆、三家餐厅、两家加油站、两座教堂、一间粮仓、一家银行、两家化肥经销商和一间木材仓库。但是现在，这里只剩下了两座教堂、一家餐厅和一家银行——一周也只开放几个小时。我们不仅要成功养活现有的家族农场，还要吸引更多的家庭来到乡村，更需要学校、更多的餐厅和汽车修理厂等。”他希望，有一天这里可以重现乡村经济的辉煌，这也会使应对气候变化及采取必要的改变措施更加容易一些。现在新一代年轻人中也有对农业非常感兴趣的，罗恩·马德森说道：“他们是有环保意识的一代，对于他们来说，气候变化是既定的事实，不是未来的危险，而是现在已经发生的事情。为了能够吃到自己想吃的东西，他们想要成为农民，但这也需要他们在深入研究气候变化的基础上，找到相应的解决办法后才可以做到。”

在埃利奥特周边地区，已经出现这种趋势了，虽然还不是很明显。一天晚上，我们和罗恩·马德森及其妻子丹妮斯女士相约一起来到他们常去的咖啡馆——红橡木区的彩虹咖啡馆。长吧台那里有很多电视屏幕，人们可以同时观看多场大学生足球和篮球赛。罗恩和丹妮斯好不容易找到了最后一张空桌，然后拿着菜单为我们解释：“凡是不能煎炸的东西，人们都不爱吃。”

这时，服务员过来问道，我们是否要点“整个花园”（the whole garden）作为配菜，翻译过来就是：“要不要蔬菜沙拉？”我餐盘里的“整个花园”仅由一片球生菜、一片西红柿、几个洋葱圈和一块酸黄瓜组成。罗恩说：“服务员必须提前问清楚，毕竟有些人不喜欢西红柿。”我们在彩虹咖啡馆等了很久，所点的带有“尼曼”标签的肉菜和红橡木地区生长的沙拉才端上来。

心存希望并等待改变，根本不在赛斯·沃特金斯考虑范围之内。对于这位来自艾奥瓦州西南地区克拉林达[①]——距离密苏里州不远的一个小地方的养牛户来说，农村地区人口锐减、食物变差、环境污染及气候变化是一揽子不可分割的问题，是我们必须努力对抗的。在他看来，只从一个方面着手解决是不够的。沃特金斯，从 1994 年正式开始了他作为农场主的人生，那时他的农场面积只有 160 公顷，但现在已经扩大到 1000 公顷以上，还饲养了 60 头牛。在 1998 年 3 月初的一个深夜，一场可怕的破坏力极大的暴风雨袭击了艾奥瓦州。经历了这场灾难之后，沃特金斯突然意识到，农业耕作必须顺应自然，而不是与之相对抗。当时为了救那些 2 月份刚出生的小牛犊，他和一个工人一起在彻骨的严寒中奋斗了几个小时，在那个深夜，虽然没有牛犊死亡，但是他也清楚地认识到，这种过早人为干预的生产时间是多么愚蠢。一般情况下，奶牛是不会在 4 月份之前产犊的，很多农场主都人为地提前了奶牛生产时间，就为了给 4 月份即将开始的农田耕种腾出更多时间。现在在他的农场牛群中，只有西门塔尔牛还在年初生产，其他的海福特牛和安格斯奶牛都在秋天产犊了（这样的话，9 月或者 10 月份出生的小牛犊，到来年最冷的 1 月或者 2 月时已经发育成熟，能够抵御天气的变化了）。

沃特金斯说，鉴于气候变化的影响，任何品种的牛的生存条件都变得不再理想。过去几年，有时候高温天气会持续 12 天之久，连树下阴影处的温度也超过了 38 摄氏度。安格斯牛有着黑色的皮毛，在这样的高温炙烤下痛苦不堪。“我们需要的牛，不仅要能抵御严寒酷暑等极端天气，还要有着最好的肉质。”沃特金斯如此说道，他直到现在还在不断寻找着合适的公牛育种。

① 艾奥瓦边缘地区。在克拉林达的主干道，一幢幢有着修剪整齐的草坪的小别墅之间，一个带有封闭式大阳台、简单但重新装潢过的木质房子十分引人注目，这是音乐大师格伦·米勒的出生地。

他的牛群被分为 6 组，每组有 100~140 头牛。这里丘陵起伏，赛斯指给我们看的那片牧场，就坐落在一个斜坡之上，坡下与一条小溪相接，溪边还围着一圈高大的古老树木。当时虽然是 10 月底，但天气依旧十分炎热，以至于奶牛和小牛犊们都待在树荫处乘凉。这时，赛斯·沃特金斯从车上的货箱里拿出了一袋精饲料，开始不停晃动，这些牛的耳朵立马竖了起来，仅仅几秒钟，第一群已经快速朝我们跑来。赛斯说："我每次来，都会给它们带点东西。所以它们心里可能认为，我来就意味着有好事发生。"接着，他还给我们展示了他在小溪上方为这些牲畜特意准备的饮水点，这里的水特别清澈，而且硝酸盐含量仅在 2 ppm 左右，而在对周边河流进行的定期测量中，硝酸盐水平一般是在 12 ppm 及以上。

这个饮水槽中的水，是从 57 个池塘里抽取来的，这些池塘是赛斯·沃特金斯专门为天然芦苇滤水器而开辟的。其中几个池塘的岸边风景异常优美，成了一个个天然的小公园。只要喜欢，人们就可以在这里野餐、钓鱼，或者在清晨来这里遛弯看鸟。沃特金斯不仅自己培育肉牛，他还采取轮作的方式种植玉米、大豆、燕麦和紫苜蓿。在冬季，他会播种下一些大麦、高粱和紫苜蓿作为绿植肥料。因此，过去 8 年来，这里的土壤质量得到了明显的改善，他说："现在，我把土地当作金条一样宝贝，谁也别想从上面刮下来一点，也绝不可能让其随风飘向隔壁邻居的农场。"厚厚的腐殖质层可以保存大量的水资源，是艾奥瓦州农场主们在对抗气候变化带来的越来越强的暴风雨时最好的武器。

艾奥瓦州的黑土地以肥沃富饶著称，这是在遍布北美大部分的草原植被覆盖下，历经数千年的演化而形成的。直到 19 世纪，才有第一批拓荒者到达这里，开始垦荒种地。赛斯·沃特金斯又带我们去看了一块土地，那里在几年前开始重新种植草原上最初生长着的那些草类。那时，在艾奥瓦州立大学的科学家们的合作支持下，沃特金斯在他的农田开辟了一条多年生草原带——当然，沃特金斯也是艾奥瓦农场主组织成员之一。研究报告认为，在分水岭附近的丘陵状农田上，即在玉米或大豆庄稼田里种植 10%~20% 的草，可以大幅度减少对土壤腐殖质层的侵蚀，并降低硝酸盐和磷的含量。在美国农林部网站上写着："当地的草原植被有着深厚的根系和坚硬的茎干，可以减缓雨水地表径流的速度，并作为禾本科植物给予土壤更多的支撑，防治土壤流失。此外，这些草地还是野生动物合适的栖息地。那些小小的草原甚至还有着无限大的潜力，可以更好地保护农场免遭极端气候事件带来的特大暴雨及洪涝灾害的破坏。"赛斯·沃特金斯爬上山丘，指给我们看了那片草原带，在过去 5 年间，他在这里观察到的鸟类品种比以前多了 4 倍，授粉昆虫也比以前多得多。"并且这段时间，我们脚下的土壤质量得到了很大的改善。"

像赛斯·沃特金斯这样的农业耕作方式，生物有机认证似乎是其中十分简单的一步，但是他却下意识地不愿意进行这种认证。"在这个地区，每一家超市都把我们的牛肉作为'认证过的纯安格斯牛肉'出售。但是如果是真正经过有机认证的牛肉，那么同样需要健康优质食品的那些人们，比如那位平时护理我 90 多岁老母亲的女士，照顾我孩子的特殊教育老师，或者为我清洗拖拉机的那个男人，他们就有可能会支付不起其高昂的价格。健康且物美价廉的食物、洁净的水和空气，这些在我看来是所有人都平等应得的东西。"赛斯·沃特金斯和罗恩·马德森一样，两人都坚信，物种多样化的家族农场经营，不论是小型的还是他们这样中等规模的农场，都会创造很多新的工作机会，农村和农业经济也将因此而重新繁荣起来，形成良性循环。

即使是一家小型的奶制品家族农场，也可以自行为气候变化做好准备，努力盈利，并为周边地区的居民供应有机牛奶和奶酪。不得不承认，弗朗西斯·西克是一位与众不同的生物有机农场主。他出生于和艾奥瓦州北部相邻的明尼苏达州，大学学习了音乐、哲学和侧重土壤学方向的农业科学。在美国农林部工作 4 年之后，他决定将他所学的知识付诸实践，由于他的兄弟现在经营着父母的农场（一家在 1975 年就已获得有机认证的奶牛场），西克决定来到艾奥瓦东南部的费尔菲尔德定居。

在 300 公顷的农场上，除了他为那些分泌乳汁的奶牛们种植的一些饲料作物，剩下的大部分都是牧场，而这些牧场又被分成了一块块半公顷大小的区域。160 头奶牛，一天放牧 2 次，每一次都去一块新的草地，并且即使是在冬季，它们也是待在室外的。每周这些奶牛可产奶大约 7500 升，在西克的迷你奶制品厂，这么多新鲜的牛奶要么被灌装起来，要么被制作成奶酪。费尔菲尔德是马赫西管理大学的所在地，因此有机牛奶、印度奶酪[①]及其他奶酪的高销量，并不会太令人吃惊。但是在艾奥瓦州，越来越多的顾客愿意尝试本地出产的商品。“现在，我们艾奥瓦这里有着 12 家小型奶制品厂，生产的所有商品都直接出售给周边地区的居民了。”

弗朗西斯·西克偶尔还会为他的奶牛吹奏小号，当他不吹奏的时候，便常常在思考农业发展、土壤健康及气候变化的问题。2010 年，他写了一本相关主题的书籍[②]，并且参与竞选了艾奥瓦州农业部长一职（最终落败）。我们的到访打断了西克，他正在为德梅因自来水厂负责人比尔·斯托写欢迎辞，比尔·斯托晚上也要来到费尔菲尔德这里，讨论饮用水中硝酸盐含量过高的问题及当时即将开庭的诉讼。弗朗西斯·西克打算这样介绍比尔·斯托：“比尔·斯托为我们做出了非常宝贵的贡献，不仅仅是为了艾奥瓦州，更是为了全美国的发展，他开创了

---

① 一种印度的白软干酪。

② 弗朗西斯·西克：《艾奥瓦州饮食和农业的新愿景：21 世纪农业的可持续发展》，桑丘图书出版社（Mulberry Knoll Books），2010 年。

相关讨论的先河。”

对于弗朗西斯·西克来说，气候变化会明显加剧农业发展中业已出现的问题，这一点是确定无疑的。作为 PFI 组织的成员，他直接用自己农场作为积极正面的范例来说服更多的农场主。种植越冬的绿植肥料，是他改善土质及降低硝酸盐负担的第一步。“到最后，农场主们必须开始行动，他们必须克服最初的困难，从一点一滴做起，慢慢理解并掌握新的耕种方式，并加以扩大。”

为什么有这么多的农场主不愿意改变他们的农业耕作方式，而只是寄希望于新的转基因玉米和大豆品种，寄希望于它们能够经受得住越来越新、毒性越来越强的混合杀虫剂？为什么他们会寄希望于化肥所带来的高产？站在蒂姆·伯拉克位于艾奥瓦东北部阿灵顿的 1200 公顷大的农场上，我向他提出了这样的疑问。我们坐在他 3 年前新盖的房子里的办公室之中，看见农场入口处的旗杆上，美国国旗和艾奥瓦州州旗随风飘扬。宽敞的客厅里，那扇从天花板一直到地板的全景落地窗，可以让人们一眼望到那片似乎没有尽头的刚刚收割完的广阔玉米地。在其中 100 公顷的土地上，他为种子行业内某大型种子制造商提供转基因玉米种子。

蒂姆·伯拉克成为农场主的 45 年来，他农场中的田地有一半是租来的，一半是属于他自己的。他说：“气候变化完全是一件好事。”不断上升的温度，使一些之前气候偏冷地区的农业生产成为可能。“粮食生产商不用担心气候变化，我们需要的是开发新的科技。”蒂姆·伯拉克从 1996 年开始种植转基因玉米和大豆，属于从一开始就使用这种技术的那批农场主之一。对于他来说，这是一种生活方式的选择。人们不必像以前一样，从耕作一开始到最后收获都要不断地与杂草做斗争；现在，即使是在生长阶段，他也可以使用农达除草剂。“突然之间，我有了更多的时间陪伴家人和做其他的事情。”种植转基因作物的决定，是一种更好的生活选择。

当然，他也十分坦率地承认，在艾奥瓦州确实存在水资源问题，但是，他质疑这是否只是农业生产的责任，毕竟没有人能够准确说出，几百年前这里的硝酸盐含量到底有多高。他认为，比尔·斯托关于德梅因自来水厂的诉讼是有着其政治目的的。“在水资源质量和粮食生产之间必须有一个平衡。人们不能仅仅因为水源质量的问题，就对那些为世界粮食生产做出贡献的农民进行惩罚。科技总有一天会解决水资源的问题，虽然肯定还要再等 20 年。”蒂姆·伯拉克也承认，玉米和大豆不能完全算是粮食作物，它们本质上是作为饲料和乙醇萃取物的原料而存在的。“我们虽然没有喂养全世界，但是这两种作物，现在确实是我们这里最赚钱的农作物了。”

在科技发展出新的解决方法之前，他认为我们只需要以自愿的方式采取措施就足够了，比如在冬季种植绿色植被肥料。“只要不会对收成造成损失，农场主们还是愿意采取这样的新技术的。”他自己就从 6 年前开始试验，在 800 公顷的农田上种植绿肥，但这不是一件简单的事情。刚开始，他是从飞机上往下播种，但效果十分不好，因此，他现在用的是跟播种玉米时一样的机器设备。绿色肥料是他的一次尝试，想要借此防止冬季土壤流失，但是这样是否能够改善土壤质量，他还无法确定，而且成本也是很高的：每公顷要花费 75 美元用来购买种子和播种，再加上为了在春季抑制绿植肥料的生长，以便能够播种玉米和大豆，除草剂也是必不可少的。因此，这些花费，需要获得很高的产量才能收回成本。

对于蒂姆·伯拉克来说，气候变化是既定的事实，他们决定不去讨论其发生的原因。现在降雨频率明显增加，强度也更加猛烈，而冬季开始霜冻的时间却有所推迟，在 2015 年 12 月份，降雨量还有 15 毫米之多，且没有降雪。由此导致的最大问题是春季播种困难，土壤必须保持干燥，否则那些沉重的设备会陷在一片泥泞中进退不得。因此，蒂姆·伯拉克斥资购买了更大型、更快速灵活的机器，就为了在需要时，可以在更加紧张的时间内播种完他的1200公顷农田。

没过一会儿，我们就来到了同样是他新建的机器仓库，简直像飞机库一样巨大。在墙上挂着一面巨大的美国国旗，在颜色上与蒂姆·伯拉克最新购置的绿色机器——一辆巨大的拖拉机——形成了鲜明的对比。这台设备花了将近50万美元，可伯拉克却说，这是一次十分有意义的投资，至少可以继续使用三代人的时间。

整间设备仓库价值数百万美元，但是最最重要的还是那台在最远角落处放着的机器，不仅仅是因为它是靠分期付款购买的。我们走到这台老旧的、还有点生锈的类似挖土机的机器之前，跟旁边的那些相比，它看起来是如此的小巧，就像玩具一样，但是就是凭借这个管道铺设设备，蒂姆·伯拉克安装并替换了埋在他农田下面的所有排水管。

购买这些设备的债务，不仅蒂姆·伯拉克自己要还，他的儿子乔丹也需要负担一部分分期贷款。这也许也从侧面回答了，为什么那么多种植转基因玉米和大豆的农场主，不在他们的田边留下任何的缓冲地带，也不种草原绿植；也解释了，为什么他们不开辟净化水资源的芦苇池塘或者在秋天到处播种绿肥。因为如果有人不仅要支付贷款利息，还要为6000公顷[1]农田付租金，他绝对不会放过任何的可用的土地，一定会在上面尽可能地种植能带来收益的作物，即使收益只有几美分而已。[2]他盼望着下一次技术革命的到来，希望它能进一步提高作物产量。

---

① 这里应该是作者笔误，租用的农田面积应是600公顷。——译者注

② 罗斯曼家的联合收割机产自20世纪80年代，同样的面积需要重复收割3次。它在不平坦的农田上也可以进行收割操作，而且贷款也早就付清了。

乔丹·伯拉克站在仓库前，让我们看他刚刚买的无人机。有了它们，人们就可以从空中检查排水管是否存在堵塞，以及在什么位置发生了堵塞；还可以及时发现，是否有农田被淹没在水下，或者土壤是否需要施加额外的肥料。乔丹的无人机飞行范围还极为有限，他的一些邻居已经开始使用一种更为先进的型号了，光这项成本就需要 2 万美元。

气候变化将会进一步改变农业生产，艾奥瓦州也不能幸免。问题的关键在于，这种改变将从哪里开始，以及会以怎样的速度进行。罗恩·罗斯曼说："我们必须停止那些只为乙醇萃取而存在的玉米种植。对于我来说，这种行为，就像制造葡萄糖、果糖和糖浆一样，是不合理也不道德的。此外，我认为还有一些人同样有着不合理的态度，他们一味认为自己有权利按照自己的意愿，决定如何处置自己的土地。事实上，作为农民，我们应该是土地的最后守护者。"

在迈向积极转变道路上的另一个巨大障碍，是农场主从美国政府得到的以保险金形式发放的补助。谁只要种植玉米和大豆，不仅可以得到保障，不担心任何恶劣天气带来的产量损失，还能够提前签订保险协议，确保自己至少能有一份最低收入。赛斯·沃特金斯说："在这样的体系中，如果我在玉米价格下跌的情况下依然决定种植玉米的话，我会因此得到补助。"而环保措施所能给予的补助费用肯定要少得多，因此从经济效应来看，与开辟草原带相比，种植玉米显然更有意义。那么，未来等待我们的不会是可持续发展的农业，而是在追求利润最大化基础上的、对环境有着灾难性后果的实践活动，特别是对土壤和水资源质量的破坏行为。

目前，弗朗西斯·西克观察到了两种相互背离的力量：一方面，越来越多的消费者想要知道，他们的食物从何处来。大多数"千禧一代"（Millenials）是有着环境保护意识的，并且知道气候变化对他们未来的威胁。现在，很多地方都建造了新的公共设施，为那些想要购买本地产品及烹饪时令蔬菜的人们提供便利。另一方面，农业政治团体和农业化学工业站在了统一战线上，他们懂得用大量金钱在华盛顿州为他们扫平障碍，以免农业耕种方式发生某些变化，会进而影响他们的收益。

然而西克也看到，对于小型农场来说，它们没有大型农场的经济实力，因此在玉米和大豆的价格不断下降的情况下，就完全无法负担购置机器、化肥及新型抗农药的转基因种子时花费的成本。“像艾奥瓦实践农场主组织，成员数量不断增加，农场主们很容易看到隔壁农田种植绿肥后的功效，能看到越来越多的农场主选择种植其他作物，而不仅仅为乙醇和饲料种植玉米。”

此外，气候变化还为艾奥瓦州带来了一个意想不到的机遇。现在在农业大州艾奥瓦市场上出售及消耗的食品，有 90% 都不是产自艾奥瓦当地。在费尔菲尔德一家相对较大的超市中的新鲜蔬菜区，人们只能找到两种在艾奥瓦本地农田生长的蔬菜——莙荙菜和羽衣甘蓝，而剩下的所有其他蔬菜，从生菜到红萝卜和欧防风①，都是来自于 3000 多公里外的加利福尼亚州。

随着气候变化的脚步向前迈进，我们面临着一个愈发严峻的问题，即也许有一天，加利福尼亚州的农业用水成本会过于高昂，以致无法再继续种植那些在其他州也可以种植的蔬菜。当然这不是说，杏仁树可以马上在艾奥瓦州开花结果，但是“在德梅因周边 400 公里的半径范围内，我们是可以为美国其他地区种植所有的蔬菜和一部分水

① 欧防风：二年生草本植物，高 1~1.6 米，通常光滑无毛。为伞形科欧防风属的植物，分布在欧洲等地，目前已由人工引种栽培。中国民间俗称“芹菜萝卜”，当这种蔬菜第一次由欧洲引进中国的时候，农业技术人员发现它的长相与传统中草药中的“防风”非常相似，所以为其取名为“欧洲防风”，或简称“欧防风”。其根粗大、锥状、味甜而独特，通常烹调作为菜肴。——译者注

果的。”罗恩·罗斯曼如此说道。弗朗西斯·西克也跟着赞同道：“除了南方热带水果和坚果之外，这里什么都长。”一项研究已经表明，艾奥瓦州 99 个县中的任何一个，都可以满足美国中西部地区 6 个联邦州 1/4 到 1/2 的蔬菜和水果需求。

“想要养活整个艾奥瓦州，人们只需要不到 40000 公顷的土地。但问题是，我们应该如何处理这里剩下的 1000 万公顷的耕地。”赛斯·沃特金斯笑着说道，但脸色却立马严肃了起来。他经常受到一些农业组织的邀请，跟不同地方的农场主谈谈他的农场、草原带和芦苇池塘。“我们农场主总是会反应过度。我明白了我们是如何走到了现在的地步的。如果人们只把农业生产建立在有限的资源基础之上，那么这就是最后的结果。”对于赛斯·沃特金斯来说，气候变化使这种矛盾进一步尖锐化。“我们必须自己做出决定，是否还愿意作为这个星球的一部分。自然母亲是我们最伟大的同伴，但是它占据着 51% 的多数决定权，而且它比我们更睿智，所以它在这场没有硝烟的战争中取得了胜利。”

2017 年 4 月，德梅因水厂、农业政治团体和法院之间的争端再一次激化，结果如何，我们还未可知。2017 年 2 月，艾奥瓦州政府曾出人意料地向法庭提交了解散德梅因自来水厂的计划，这项法律倡议在艾奥瓦州参议院引发了巨大的抗议。在 2018 年初之前，人们都不指望会有任何相关的决定结果出现，而且主管艾奥瓦州的联邦法院也已经驳回了德梅因自来水厂提出的诉讼，并且未对农业排水管是否对“慢性”（及为法律规定的义务所决定的）环境污染负主要责任等相关问题做出任何裁决。

农业工业化确实减轻了农民的负担，但是人们也清楚，农业生产引发的水资源中硝酸盐含量过高的问题，肯定是难以改善的。在一次访谈中（《对话农业》节目，2017 年 3 月 21 日），艾奥瓦州农业部长比尔·诺西不得不承认，不排除重启诉讼程序的可能，甚至他们未来可能会面临着更多的起诉。紧张的局势一触即发。

二

5. 橄榄油破坏王

橄榄果蝇大范围蔓延

朱塞佩·贾尼尼的橄榄厂位于意大利最古老的橄榄产区之一。在翁布里亚大区及其毗邻的托斯卡纳大区，出产着意大利最好的压榨橄榄油——特级初榨橄榄油。朱塞佩在这里投入了大量的资金，所有一切都是新建的，可以说这是 21 世纪第一家现代橄榄油厂。这在一个以种植橄榄和葡萄为主的地区，象征着发展的希望。因为就在这里，作为农民的儿子，他们看不到自己未来的希望。农场太小、山坡过于倾斜、土地分隔过小、地面也过于崎岖而不利于机器操作，因此，这个地区的农业劳动几乎都是依靠手工来完成的。但是，现在在这里几乎已经没有人愿意做这些工作了，也没有农场主愿意付钱请别人来工作。随之而来的是产量降低，收入也就更少。

当朱塞佩在这里开设了他的橄榄油厂，并开始重新修整那些古老的弯弯曲曲的橄榄树林后，事情终于出现了转机，商业贸易终于繁荣起来。凭借这个地区的橄榄树出产的特级初榨橄榄油，朱塞佩赢得了大批忠实的买家。每次收获期刚一结束，橄榄油就被抢购一空，除了给特别好的朋友留存的几升橄榄油之外，完全没有一点存货。如果不是橄榄果蝇（Bactrocera oleae）的意外出现，这本应该是一个十分完美的成功故事。2014 年，果蝇第一次入侵意大利中部的橄榄树林。在以往，朱塞佩·贾尼尼会在把橄榄压榨成绿色橄榄油的工作之中，迎来新的一年。但在 2014 年，他的机器从 11 月份开始就已经停止运转了。

跟朱塞佩·贾尼尼一样，2014 年意大利大部分橄榄油制造商都遭遇了同样的灾难——橄榄果蝇彻底地毁掉了他们的收成。翁布里亚大区和托斯卡纳大区遭受的打击最为严重，因为那里生长着意大利最好的橄榄，主要是用来生产顶级的特级初榨橄榄油的。这里一旦发生歉收事件，不仅会击垮很多生产商，而且对于很多消费者来说，也是一次十分重大的打击。在那年橄榄收割完之后，朱塞佩·贾尼尼就判断："橄榄油价格肯定会上涨 60% 以上。"

越往南，情况就越严重。"这是我唯一仅有的橄榄油了，并且还是去年剩下的。"一位农业科学家及隆奇农场的负责人费德里科·莱斯兹辛斯基如此说道。[①] 他还补充说，面对这些生活在最佳环境条件下的对手，农民们其实是无能为力的。他一边跟我们说着话，一边向上托举着一瓶半空的装有浓稠绿色橄榄油的瓶子给我们看。在收成好的年份，他的 1700 棵橄榄树可以收获大概 10000 瓶品质最佳的橄榄油，每瓶 500 毫升，售价高达 8 欧元。"然而，今年我们甚至连一瓶都没装满。" 2014 年，橄榄树上结的可用果实少得可怜，完全不值得花费人力物力去收割，橄榄果蝇替我们"完成"了所有的工作。

橄榄果蝇的蔓延速度主要取决于天气状况。在炎热的夏季及寒冷

---

① 《橄榄油价格将明显上涨，苍蝇毁了意大利橄榄农的收成》，《法兰克福汇报》，2014 年 12 月 13 日。

的冬季，这种学名为橄榄果蝇的害虫通常处于严密的控制之下。2014年，橄榄果蝇的爆炸式繁殖传播其实并非偶然，那是那年夏季极端潮湿带来的后果。即使使用化学杀虫喷雾，也无法挽救惨淡的收成。天气状况令杀虫剂完全不起作用，雨水会一再把这些农药冲刷干净。在托斯卡纳、翁布里亚和马尔凯大区，橄榄产量损失高达80%。佩夏植物健康研究所的教授萨尔瓦托·迪·那波利谈到，有些地区甚至颗粒无收，损失达到了100%。生物有机农场主尼科·萨托利就是遭受到了沉重打击的农场主之一，在回顾2014年的收成时，他摇着头说："我一生中都不想再回忆起当时的场景，完全不敢相信自己居然经历了那样的灾难事件。"

事实上，很多年前专家们就曾发出过警告，如果橄榄果蝇的生存环境更加适宜，这种虫害总有一天会成为无法回避的问题。在2014年，警告成了现实。"橄榄果蝇"最喜欢生活在20到25摄氏度之间，不喜欢连续高温炎热的天气。当温度超过30摄氏度时，它们就会停止繁殖，也不会再侵袭橄榄种植园。它们生存所必需的是潮湿环境，最近几年来，意大利中部每到夏季就会有长时间降雨。这些降雨，给夏季的大地带来阵阵凉爽的同时，也满足了橄榄果蝇迅速繁殖所需的舒适气候的要求。

这种果蝇爆炸式的快速繁殖，在意大利根本不是什么新鲜事。一般情况下，它们总是生活在橄榄树林之中，时机一到便刺破那里的果实。只不过自从夏季的气候变得更适宜它们生存之后，它们入侵的兴致及繁殖力也随之变得更强。以前，它们每年最多繁殖两到三代，最近几年，它们每年最多能繁殖12代。每年7月份，橄榄果蝇便开始了入侵的征途，橄榄树专家萨尔瓦托·迪·那波利解释说这只是第一波，等到8、9月份，它们还会发出更加猛烈的一击。它们最喜欢的是薄皮橄榄，因为这种橄榄果实大都有着更饱满的果肉。而且这种橄榄表面积更大，在多雨的天气下，果皮容易变得更加疏松多孔。如此一来，果蝇可以更轻松地刺穿果皮，并将卵产在果肉之中。在那里，这些卵慢慢长成幼虫，它们以橄榄果肉为食，但不直接吃果肉，而是先用唾液将果肉溶解，使之成为液体状，最后再进行吸食。因此，这会在橄榄果内部留下极深的孔洞，使它们失去食用价值。植物健康研究所的教授萨尔瓦托·迪·那波利进一步解释道，如果再加上各种细菌的侵蚀，一切会变得更糟。这些细菌会在橄榄周围形成一圈外膜，加快内部果肉的溶解。在这些幼虫的辛勤工作下，大部分橄榄果实会直接从树上掉落，即使那些仍在树上挂着的橄榄果，也会因为内部的腐烂无法制成橄榄油了，原因在于这些橄榄果此时含有一种氧化镁，这会使果实的酸度猛涨 5 倍之多，即便制成了橄榄油也是不宜食用的。等到 10 月份，农民们拿着他们的网兜和钉耙来到自己的梯田准备收获橄榄时，才发现只有极少的一部分可以用来制作特级初榨橄榄油。

即使那些种植的橄榄不是用来榨油，而是直接食用的，在遭遇橄榄果蝇时，也依然经历了同样糟糕的意外。因为这些食用橄榄有着更加大的体积，表皮面积也更大，而且由于品种的原因，其果皮本身就很软，因而成了果蝇更容易下手的猎物。唯一能够抵抗这些果蝇侵害的是像“科拉蒂”（Coratina）这样的橄榄品种，有着很厚的果皮。专家们建议，农民们现在必须马上种上这种橄榄，因为等到这种橄榄树能够开花结果，还要 7~10 年之久。对于农民们来说，在这场有关时间的游戏之中，是很难取得胜利的，因为他们既没有前提优势，也没有经济实力的支撑。他们的困境在于，一旦这种果蝇开始侵袭他们的果园，他们银行账户内的存款只会越来越少，并且很快，这种病虫害造成的损失就会完全耗尽他们最后一分钱。在这样的形势下，没有人会去想新的投资，想怎么重新种植、重新开始。这位教授知道他所提建议的局限性，可是因为在未来橄榄果蝇会侵袭和占领更多新的地区，爆发这种虫灾的压力会不断升高。

以前，橄榄果蝇在意大利高原地区是完全无法生存的，最多只会在潮湿的夏季在这里停留一段时间，冬天一到，它们就会迁往更加温暖的沿海地区。但是现在，这种情况发生了根本的变化。萨尔瓦托·迪·那波利和他在佩夏的同事发现并强调，到了2016年冬季，这种果蝇已经在高山地区的橄榄种植区停留了整整一年了。它们藏身于地面的枯叶堆或者树木的孔洞之中度过了整个冬天，并且已经发展出了可以造成稳定大面积灾害的规模，就等着在适宜的条件下，随时随地给人们全力的一击。

然而，橄榄果蝇并不是造成橄榄种植农生存困难的唯一一个因素。还有一个就是“罗尼亚·戴尔橄榄病”（Rogna dell’Olivo），一种橄榄癌症，每年都会有新的橄榄树成为它的牺牲品。这种疾病的传播，跟种植园主的疏忽大意分不开。它会通过树木表皮上的切割口和击打伤口进行传播，传播载体是一种细菌，这种细菌可以在种植农修剪橄榄树时，从剪刀和斧子上转移到树木表面。直到收获季时，才会暴发大面积感染。这种病害的根本原因就在于种植农在对待他们的橄榄树时，动作比较粗鲁，不够细致。比如为了将树上的橄榄果收割干净，会选择大力击打树木的农民绝对不在少数；或者为了更容易地直接在地面上收集橄榄果，他们会干脆砍下那些还生机勃勃的树杈。因此，这些伤口就成了这些细菌最佳的入侵之处，树木上那些黑色的疙瘩，就很好地证明了这种疾病的侵袭，并意味着这些树迟早有一天会枯萎而死。

在这里，气候变化也发挥着重要的作用。因为“罗尼亚·戴尔橄榄病”跟橄榄果蝇一样，都喜欢潮湿温暖的环境。但好在对于这种橄榄癌症，我们是有相应的解决办法的。最有效的方式就是要更加小心谨慎地对待树木，每修剪一棵树，都要及时对电锯和剪刀进行杀菌消毒。

可是这些来自佩夏植物健康研究所的专家们自己都不敢预测他们的建议能取得怎样的效果。因为在一些小型橄榄种植园，它们的主人并不是专业的种植农，他们对待树木的方式更偏向于传统的方式，也就是更加粗鲁一些。

在防治橄榄果蝇方面，人们可以遵循“早发现早防治”的原则。借助黄色的比色图卡，人们可以在年初就监测到这种病虫害。利用激素调节制造陷阱，引诱果蝇前来，使其将卵产在一个剧毒的培养基中，无法孵出幼虫。为了更好地防治这种虫害，农业化学公司还提供了其他方法——杀虫剂。但是这种防治方式很快就遇到瓶颈。毕竟，如果在食用橄榄或者橄榄油中出现杀虫剂残留的情况，对于整个行业形象来说都是致命的。所以，农业化学的介入，只能在远不到收获的时候进行，以便能够排除所有农药残留的风险。

最近在西班牙，一项新的防治方式受到了大家普遍的关注，即通过转基因的方式，培育无生殖能力的雄性果蝇，借此终结果蝇的繁殖——至少这种雄性幼虫的英国培育商是这样向大众解释的。自2013年起，英国生物技术公司Oxitec就开始到处宣扬它的产品——名为OX3097D的无生殖能力的雄蝇。该公司声称，这是在对抗果蝇的斗争中，最理想且无任何农药残留风险的武器。但是为了能在欧洲市场站稳脚跟，这家公司必须先通过露天试验，以证明自己关于雄蝇无生殖能力及爆炸式繁殖终结的许诺可以实现，证明自己的技术确实最终会导致这种果蝇因缺少后代而灭绝。

据说出于这种目的，该公司本打算在塔拉戈纳附近，围着几十棵橄榄树建造一座露天的牢笼，并用网将其和外部世界隔开，使内部不受外部环境的影响。在这张大网的笼罩下，这些无繁殖能力的雄蝇——虽然飞不出去，但也在露天的自然环境之中——可以展示出它们是否真正有能力找到具有繁殖能力的雌蝇，并成功与之交配。可是由于与巴萨罗那政府之间在露天试验的风险问题方面存在分歧，这项试验最终没能实现。

这项试验如果通过审批，将是欧盟第一次有组织地释放转基因物种。因此，加泰罗尼亚①政府的顾虑不是那么容易就打消的，即使这项试验是在网罩下进行的，也不能确保完全做到严格复杂的隔离和控制。对此，Oxitec 公司发消息称，与之前申请试验时提交的那种转基因果蝇相比，他们已经培育出了更有希望成功的果蝇品种，有了这种新的果蝇，人们在未来也可以继续试验。所以，他们撤回了之前的申请，打算在不久的将来，重新尝试申请新的释放试验。②

在这期间，Oxitec 公司已经占领了美国一个更易受影响的市场。2016 年借着总统大选的东风，佛罗里达州的选民们投票表决了在那里释放 Oxitec 公司开发的一种名为 OX513A 的转基因蚊子。这种蚊子体内被植入一种基因，可以让其后代在幼虫阶段就死亡。采取这一措施的原因主要在于防治兹卡病毒（Zika-Virus），这种病毒会通过埃及伊蚊（Aedes aegypti）的雌蚊进行传播，在佛罗里达州的部分地区以及迈阿密–戴德县中，有超过 200 人由于蚊子叮咬而感染此病毒，这在民众中引发了巨大的不安。巴西和开曼群岛的经验给他们带来了希望——那里曾借助于这种转基因的蚊子，使这种危险性极高的病毒的载体减少了 90%。有关于是否允许 OX513A 释放实验的决议，现在还没有定论，但这种方法的成功经验使那些反对派无言以对。但在欧洲，情况是完全不同的。

虽然这项申请在 2015 年遭到了驳回，可是由此而来的顾虑却没

---

① 加泰罗尼亚，位于伊比利亚东北部，是西班牙的自治区之一，下辖赫罗纳、巴塞罗那、塔拉戈那和莱里达等 4 省。——译者注

② 《目前欧盟境内依然无任何转基因物种的野外释放尝试》，2015 年 8 月 10 日，顶级农业在线网站，https://www.topagrar.com/news/Home-top-News-Vorerst-kein-Freisetzungsversuch-mit-genmanipulierten-Tieren-in-der-EU-2317713.html。

有随之消失。海伦·华莱士，非营利组织英国基因观察（Gene Watch UK）的负责人，依然坚持着他的谨慎态度。"如果实施释放项目，将会有大量的转基因果蝇被投放在网罩之下，没有人能提前知道，这种非自然的转基因果蝇在大规模释放后，会对环境产生哪些后果。"①因此，关于在对抗橄榄果蝇的斗争中是否要使用转基因技术这一点，现在依然没有定论。也有许多人怀疑，由于果蝇除了橄榄树之外，还有很多其他寄主，它们在遭遇打击后，完全可以暂退到农民的花园、种植的常绿灌木林或者野生灌木丛之中躲避。

越来越多的农民寄希望于一种名叫"博多莱塞"（Bordolese）的植物强化剂，它是一种钙和硫酸铜的混合液，主要喷洒在树木顶端的树冠处，可以强化树叶表面，使植物细胞壁变得更加坚固，因而使橄榄本身得到强化。橄榄种植农们对这种调制的混合液寄予厚望，希望它不仅能够抵御橄榄果蝇的破坏，还能防治另一种在橄榄种植园出现的病害，即在几年前从南方入侵到意大利的"叶缘焦枯病菌"（Xylella fastidiosa）带来的病害。

叶缘焦枯病菌是难以用肉眼发现的。它是一种细菌，最先在意大利南部普利亚大区引起人们的关注。这种细菌不会损害果实，而是慢慢侵蚀树木整体。2013 年，叶缘焦枯病菌第一次出现在意大利，是由位于巴里的意大利可持续植物保护研究所的研究人员识别并最终证实的。直到现在，人们都不清楚它具体是怎么来到普利亚大区的，唯一能肯定的是它从中南美洲长途跋涉而来。

普利亚大区的莱切省遭受到了沉重的打击。这里总共生长着大约 1000 万棵橄榄树，据 2015 年的统计，其中 100 万棵都感染了这种病菌。巴里的意大利可持续植物保护研究所所长多纳托·博西亚解释道，

① 朱莉·巴特勒（Julie Butler）：《Oxitec 公司将继续在西班牙诉求进行转基因橄榄果蝇的释放试验》，《橄榄油时报》，2014 年 1 月 12 日。

我们没有最新的实时数据，而且也很难预计最终的结果。因为从树木感染到出现最初的症状，需要数月之久。几乎所有那些代表普利亚大区独特风景的非常古老的橄榄树，那些从几百年前就为这个地区带来橄榄果的树木，都遭到了病菌感染。人们想要快速得出诊断结果是十分困难的，因为只有当这些病菌开始展开它的破坏行动时，我们才能发现它的存在。

自从 2013 年以来，这种细菌就让原本生机勃勃的普利亚大区变成了一片荒野。有数百年历史的橄榄园在垂死挣扎，灰白的树冠，枯萎的叶子，大量橄榄树在意大利南部的阳光下一步步走向死亡。安东尼奥·迪·罗尔伦斯作为第 12 代橄榄树种植者，现在就站在自家的橄榄树林之中，失去了家庭收入的唯一来源，家族的未来可能要断送在他这一代人的手中。他向参观者解释道，在正常的年份，一棵橄榄树每年能结出大约 300 公斤的果实，可以压榨出大概 50 升橄榄油，而他可以因此赚得 500 欧元。但是现在，由于叶缘焦枯病菌的侵袭，什么都没有剩下，只有高大的橄榄树干能让人回想起当年它结出的累累硕果，可如今这些已不复存在了。

这些灰色的巨大树木，围绕着这个地区的街道，绵延数公里之远。被感染的树木没有被立即砍伐掉，虽然欧盟在一份针对普利亚大区的灾难计划中是做出过如此要求的，但是种植园主们还是先试图通过修剪枝干来挽救，将那些明显已被感染的枝干剪掉，只留下树木上健康的组织。但是，这种方式一直到现在也没有带来大家所希望的好转。这种叶缘焦枯病菌一旦扎根落户，就会造成树木叶脉通道的阻塞，妨碍其生命所需养分的运输，因而导致树木内部的循环系统崩溃，叶子得不到根部提供的水分，慢慢枯萎死去。

一开始，这种病害症状只会在个别枝干上出现，人们就算砍掉这些枝干，最多也只是延缓了时间，却绝不可能治愈。大多时候，个别枝干上出现危害症状时，叶缘焦枯病菌早已经深入到主干内部了，这也就意味着离橄榄树的死期已经不远了。无论这些树有多古老，即使有着 2000 年的树龄，也无法挽救它们倒在伐木公司电锯之下的命运。“这已经不仅仅是橄榄树的问题了，这更是一个地区文化的消逝。”安东尼奥·迪·罗尔伦斯的邻居文森特如此感叹。他已经因此失去了大部分橄榄树，可这种细菌却丝毫不受电锯的影响，依然在继续蔓延。

叶缘焦枯病菌可以通过一种蝉进行传播，这种蝉主要以橄榄树叶的汁液为食，它们会刺破叶子表面，从中吸食橄榄树的汁液，与此同时，在橄榄树中留下这种可怕的细菌，它们会作为偷渡客藏身在蝉的吸刺之中。从这些穿刺口，这些细菌通过叶脉网络，一点点地渗透进橄榄树的内部深处。它们一旦安定下来，就会开始锁闭叶脉通道，阻断营养成分在根部和叶片之间的流通。人们无法预言，这些细菌会在哪里停下，也不知道它阻塞叶脉的速度有多快，我们唯一清楚的是，它们一旦出现在树木循环系统之中，就没有什么可以阻止它们了。直到现在，都没有防治叶缘焦枯病菌的有效方式。

有关当局给出的方案是十分极端的——砍光伐净，包括所有生长在被感染树木周围的野草都必须用化学物质清理消灭干净，以彻底根除这种细菌的寄主和载体。可是，这一剂猛药却招致了很多人的抗议，比如那些种植园主，他们担心此举会威胁到自己的生存根基，再比如说周围生活的居民，他们担忧那些古老的人文自然景观会因此消失。在意大利南部，人们还有着这样的怀疑，担忧这种极端的砍伐行动不仅不能有效防治这种危险的瘟疫，甚至还会影响当地旅游业的经济利益。因此，这项行动遭到了各方的反对。

在普利亚大区的沿海地区，古老的橄榄树林如今已经成了当地的文化标志，在一定程度上属于保护区，因而可以免遭一些投资者的随意开发。可是现在，一些大型酒店集团对这里大面积未开发的海岸、街道、渠道和水路的兴趣一天比一天浓厚。一些橄榄种植农们推测，作为投资开发的最大障碍，那些有兴趣投资的人们肯定一直在等待橄榄树最终消失的那一天。至于这些种植园主们的推测是否属实，其中包含多少真实成分，以及这是否是有关机构实施这个冷酷无情的砍伐项目的真正理由（毕竟这与防治疾病毫无关系），这一切也许是无法解释清楚的。但是，如果一直没有找到更好的解决办法，叶缘焦枯病菌也许会完全摧毁普利亚大区数十万棵橄榄树，这一点是毋庸置疑的。

叶缘焦枯病菌不仅使意大利南部的橄榄种植农们心烦意乱，而且现在已经蔓延到了科西嘉岛和法国南部地区。欧洲当局在染病树木周围 20 公里的范围内拉起了隔离保护区，那些潜在的寄主植物，必须持有“植物护照”才可以通过。哪里出现了这种疾病，哪里就会立即发布红色预警，并同时向欧洲当局汇报。自从叶缘焦枯病菌开始在欧洲蔓延，植物医生之中就笼罩着一种异常紧张的氛围。因为他们从南北美洲的状况清楚地知道，这种病原体会引发什么样的后果。在南北美洲，从 2004 年开始，这种病原体就在葡萄园、柑橘种植园中安家落户，并一步步摧毁了那里的农作物。它不仅削减了巴西的橙子产量，也在美国佛罗里达州导致了大量柑橘种植园的破产。在意大利，同样是一种昆虫作为病原的载体，同样是通过唾液传播细菌，也同样使这里的研究员们困惑的是，这种细菌的蔓延速度为什么如此有侵略性。科学家们猜测，这里面肯定有气候变化的作用，至少变化的气候会间接地加快带菌昆虫的繁殖速度。

在过去十几年间，叶缘焦枯病菌缘何可以如此迅速地蔓延到全世界，这一点至今还未研究透彻。现在已知的这种病菌的唯一自然的传播途径是通过昆虫吸食树木汁液的方式，但在一般情况下，这些昆虫只能在不超过 100 米的小范围内飞行，所以专家们特别警告大家要注意避免染病植株的运输。叶缘焦枯病菌的入侵之路清楚地表明，它们一定是规模不断增长且未受到任何监管的国际贸易的最大受益者。还有人推测，它是随着来自中美洲的咖啡树一起抵达荷兰的，并且从那里出发，足迹遍布了整个欧洲。

叶缘焦枯病菌拥有影响不同经济作物生存的能力，目前欧盟列举的黑名单上，已经有超过 120 种植物了。这份名单，据说能够预防灾难的发生，并且现在还在不断更新之中。[①]欧洲食品安全局（EFSA）发布公告称："对于这种细菌来说，各种各样的植物都可以作为它的寄主，比如杏仁树、桃树、李子树、杏树、柑橘树、咖啡树、橄榄树及葡萄树、榆树、银杏树和向日葵等。"甚至花园里种的一些花花草草，比如迷迭香、薰衣草和夹竹桃也都可能是危险的来源，德国橡树甚至既可以是这种病原体的寄主，也是其受害者。[②]此外，当这些植物自身携带有这些细菌时，并不会出现明显的症状，这也使得防治叶缘焦枯病菌之战变得更加艰难。

叶缘焦枯病菌和橄榄果蝇是否会共同终结欧洲悠久的橄榄种植历史，现在还未可知。目前只能估计出，即使方式各异，气候变化也将会严重打击橄榄种植区。罗马卡萨西亚研究中心（Centro Ricerche Casaccia）的路易基·庞蒂和他的同事们，在目前最新的地中海地区气象预报基础上进行的预测表明，从 2030 年到 2060 年之间的年平均气温大概会提高 1.8 摄氏度。根据地理方面的不同特点，气温的升高，将会在整个地中海地区的不同地点，引发完全不同的气候效应。[③]

托斯卡纳、翁布里亚及马尔凯大区的前景十分堪忧，包括罗马以

---

① http://ec.europa.eu/food/plant/plant_health_biosecurity/legislation/emergency_measures/xylella-fastidiosa/susceptible_en.htm。

② 德国勃兰登堡州植物保护部，2016 年 1 月植物安全卫生控制条例。

③ 路易基·庞蒂等：《精密评估气候变化对地中海地区橄榄在生态及经济方面的影响，揭露了变化下的优胜劣汰》，PNAS（美国国家科学院院刊），第三卷，编号 15，5598-5603，doi：10.1073/pnas.1314437111。

南地区也会有较大的可能性出现颗粒无收的惨剧。而这一切，还只是建立在气候变暖可以维持在 1.8 摄氏度这条界限以下且不会更加严重，以及未来不会在橄榄园中发现其他病原体的基础之上。未来橄榄的产量损失到底会有多大，2050 年欧洲餐桌上的橄榄将产自何方，这些问题现在还难以回答。

佩夏植物健康研究所的萨尔瓦托·迪·那波利认为，更关键的问题在于，未来种植园主们是否还依然对他们的橄榄树有兴趣，是否还愿意继续照管它们，为它们施肥，并等待收获。农民的兴趣其实也取决于种植的成本和市场上橄榄的价格趋势将如何变化。在萨尔瓦托·迪·那波利看来，未来是一片黑暗的，因为按照现在橄榄种植的发展条件来看，大量的小型种植园主可能会后继无人。

这些小型种植园主的孩子们，从小目睹父母在田间的辛苦，而且清楚地知道，卖橄榄的收入并没有像不断提高的种植成本一样，在不断地增加。如果再出现一些其他方面的烦恼，那么小型种植园主一年的辛苦种植就会完全打水漂，一分钱也赚不到——一位来自佩夏的教授如此推测，而佩夏也是一个主要由橄榄决定当地风景特色的城市。罗马卡萨西亚研究中心的路易基·庞蒂也十分赞同他的观点："由于气候变化对橄榄种植业造成的颠覆性影响，会导致许多小型种植区因其越来越微薄的利润而被舍弃。"而这又会再次给当地的生态环境带来严重的不良后果，因为经过成百上千年的发展进化，橄榄种植已经成为地中海地区自然环境的重要组成部分。放弃这些种植区可能会大大提高森林火灾和土壤流失的风险，当地整个人文景观也会渐渐消逝。

一开始，叶缘焦枯病菌引发的细菌感染和橄榄果蝇同时爆发，只会造成橄榄短缺。2015 年，意大利农民协会 Coldiretti 的报告称，该年橄榄产量大幅度下降，造成了价格的上涨及橄榄油欺诈事件层出不穷，欺诈者以次充好，把劣质的橄榄油当成特级初榨橄榄油进行售卖，并宣称一些进口橄榄油都是原产自意大利的。事实上在 2015 年，意大利市场上来自突尼斯的橄榄油进口量增长了 681%。Coldiretti 曾严厉警告这些劣质橄榄油大量涌入意大利市场将会带来严重的后果。这些一系列不幸之中，唯一令种植园主们欣慰的应该是不断上涨的橄榄价格了。超市里的橄榄油价格也有所提高，欧洲平均售价上涨了 1/5，在像西班牙一样的橄榄油消耗大国，价格甚至增加了 27%，而且还有继续上升的趋势。

利润率如此之高，吸引了大量的资本投入橄榄市场，但是这不是在延续传统农业，而只是工业化的投资目标。事实上，橄榄种植业并没有在意大利兴起，而是在地中海的另一边初见端倪。在北非，新种植了大量的橄榄树，那里有平坦的土地、高产的品种，以及足够使用大型机器设备的场地。在那里，主要由机器负责护理和收割，不再需要大量的采摘工人和农民。有人预测，北非的橄榄产量会增加 41%。最重要的是在这样的沙漠气候中，叶缘焦枯病菌和橄榄果蝇等病虫害完全没有生存的机会。

“尽管在未来的托斯卡纳大区，依然会有橄榄树生长，但那只是在政府补助之下和热心者们的尽力之举。”橄榄专家萨尔瓦托·迪·那波利这样说道。现在，人们可以在托斯卡纳的大街上，看到越来越多这样的爱心人士。年轻人，特别是年轻女子，开着拖拉机来到古老的橄榄树林，为那些被人抛下的树木修剪枝丫，他们不希望托斯卡纳的橄榄树及其自成一派的风景就这么消失不见。他们过着一种与那些定居北非的大型生产商截然不同的生活，有着另一种理念，他们重新寄希望于本地的品种，寄希望于物种多样性和强壮品种的结合，不仅仅在种植橄榄上如此，在水果、谷物尤其是葡萄种植上也有着这种坚持。

他们重新审视这一地区古老的农业传统，重视分层梯田式的种植。数百年来，这种方式深深影响着这里的农业发展和风景特色。至于结果是否会带来橄榄产量的提高，并摆脱托斯卡纳留给世界的单纯刻板的旅游景点的印象，让我们拭目以待。

二

6. 苦涩的橙子

黄龙病进军

巴西，是橙汁的故乡，在圣保罗州有着世界上最大的橙子榨汁机。人们如果从圣保罗州一直往北走，就一定会从这个国家的柑橘类水果种植中心穿过。不高不低的山脉之间，大大小小的种植园相互交错，仿佛铺了一块打着各种补丁的地毯。通往田边的小路两边，种着一棵棵橙子树，一片深绿色之中，偶尔掺杂着点点橘红。随意将车停在路边，我们的巴西向导给我们摘了几个橙子，出乎我们意料的是，这些橙子皮大都还是青色的，他给我们解释说这完全没关系，是正常的。巴西的橙子不必等到表皮完全变色就已成熟。为了向我们证明这一点，他亲自剥开了一个橙子让我们品尝，它们真的已经完全成熟了，虽然以我们欧洲的惯常标准看来好像不是那样。这里的橙子在采收完毕后，会被送到一个巨大的榨汁机处进行处理，它们是这个国家最重要的出口产品之一——浓缩橙汁的主要原料。

世界上 80% 的浓缩橙汁都产自巴西圣保罗州及其周边地区，它们是欧洲超市货架上大多数橙汁饮品的基础组成部分。在德国，橙汁也是特别受人们喜爱的饮品，它被看作是健康的象征及首选的补充维生素的来源。如果在橙树的单一种植区没有长期喷洒化学药品，那橙汁简直可以说是完美无缺了，可惜事实上，如果没有这些化学药剂，橙树就不会如此顺利地结出累累硕果。为了反对大量使用化学喷雾，巴西工人们走上街头进行抗议，甚至来到德国代表团面前，向他们控诉喷洒化学药剂是多么草率的行为，那些采摘女工需要忍受怎样的痛苦后果。这次抗议遭到了柑橘工业链的抵制，毕竟在那些大型种植园的围栏背后，有些秘密是他们不愿意暴露于公众眼前的。

自此以后，记者们几乎再也找不到任何可以进入橙园一探究竟的机会，无法得知那里日常的工作生活到底如何，而且我们也采访不到该行业三巨头中的任何一家公司。因此，我们只能找到一些小型种植园，向那里的人们进行询问。他们告诉我们，他们完全处于那些大型种植园的压榨逼迫之下。因为那些行业巨头垄断了市场价格，决定了其他农民们可以靠着橙子赚多少钱，也决定了那些在农场工作的工人的劳动薪酬。“橙子太少了。”雷吉纳尔多·文森蒂姆——伊提亚城柑橘种植农合作社副主席向我们如此感叹道。这位年轻人站在他的橙子树之间，看着那些被一个个橙子压弯的树枝，这似乎预示着即将到来的大丰收，但是他却悲观地摇了摇头，有时候这样的收成赚到的钱甚至连种植成本都不够。如果再加上一种新的病害——我们称之为“黄龙病”（Huanglongbing, HLB），对于他来说，就意味着农药成本的持续增加及最终难以估量的采摘损失。他现在也不知道，自己能否闯过这一关。然而，一些乐观的人却有不同的看法。

黄龙病这种在橙树种植园中爆发的新瘟疫，对巴西来说并不是什么新鲜事。早在 2004 年，它就已经成功来到南美洲了。自那以后，它就开始在各个种植园中肆虐传播，却始终没有能够引起相关柑橘种植研究者的严肃对待，未能及时克服这种病害。这种病原体被称为黄龙病的病害，真的会完全击垮巴西的柑橘产业吗？事实上，在该经济产业领导人物中，乐观主义稳占上风。这里柑橘业的发展已经经历了太多的病虫灾害了，黄龙病根本不是问题。

但是，科学界的看法却与之相反。阿拉拉奎拉的巴西柑橘研究中心“柑橘联合会”（Funde Citrus）的专家莫里斯欧·柯艾略警告大家千万不要低估这种新的病害。“我经历过很多疾病——真菌病、柑橘肿瘤、整棵树突然干枯等，但是当我看到黄龙病时，才发现这绝对是我目前在橙树上见到过的最最糟糕的情况。”

这种病原体，最初生活在亚洲炎热的气候环境之中。几百年前，第一次被中国潮州周边的农民发现，而现在潮州已发展成为有百万人口的大城市。[①] 1965 年，非洲的科学家在非洲南部发现了这种疾病。两年之后，专家在菲律宾也找到了它的踪迹，而且这一次，黄龙病不单单是一个病原体了，它还有了双层保险——一架可怕的双驾马车。这次，它由一种只有 4 毫米长的木虱科昆虫——“柑橘木虱”（Diaphorina citri）和一种细菌组成，两者齐心协力，共同起作用。木虱作为“出租车”，在自己的行李箱中装有这种寄生虫一样的细菌，这种细菌会大大抑制橙树的生长。它们在树木内部的维管束中疯狂繁殖，会阻塞树木的内部循环，因而树木内部的糖分及其他有机养料在输送管中的传输会遭到遏制，并最终停滞。树叶会慢慢变黄，果实会畸形生长，无法完全成熟。

一开始，这对极具攻击力的搭档只在亚洲传播，但不久后就蔓延到了非洲。两地之间只有一点点小区别。在亚洲，这对组合中的

① 罗兰德·克诺伊尔（Roland Knauer）：《柑橘的末日即将到来？》，德国世界报网，2015 年 8 月 9 日，http://www.welt.de/wissenschaft/umwelt/article145000824/Drohtdas-Ende-der-Orangen.html?config=print。

细菌是柑橘黄龙病菌亚洲种（Candidatus Liberibacter asiaticus），而到了非洲则替换成了一种关系极近的变种——柑橘黄龙病菌非洲种（Candidatus Liberibacter africanus），这种细菌之前就专门出现在撒哈拉沙漠以南地区，对那里非常熟悉。自 2000 年以来，这对搭档又开始在南北美洲继续它们的胡作非为，2004 年在巴西、2005 年在佛罗里达州都有发现。与之前几次不同，这次的病原体是一种以前从未见过的细菌——柑橘黄龙病菌美洲种（Candidatus Liberibacter americanus）。自此以后，这对搭档就席卷了整个美洲，从佛罗里达州的柑橘种植园，途经得克萨斯州，到达加利福尼亚州，还有中美洲和巴西都没能逃过它们的侵袭。

这种病害最危险的时刻是在初春，那时橙子树才刚刚开始长出嫩芽。这种极微小的木虱飞入种植园中，落在那些娇弱的新叶之上，只需要在表面轻轻用吸喙一刺，就足以使一整棵树木感染疾病，而只要有一棵树被感染，周围数以百计的橙树就都逃不过患病的命运。对于这样一次正式像样的感染来说，木虱只需要在橙树叶子表面吸食半个小时就完全足够。

这种瘟疫会在橙树之间互相传染，当它们被感染后，会散发出水杨酸甲酯的香气，吸引大量木虱前来，使疾病进一步扩散。在这种香气的影响下，这些木虱还会改变它们的行为方式，会飞得更快更远，这样一来，这种疾病就又克服了距离上的阻碍，可以向更远的地区传播。

至于黄龙病是怎么到达美洲的，巴西柑橘研究中心柑橘联合会的科学家们还没有确切的答案。他们唯一可以肯定的是，黄龙病的传播搭档及柑橘树，都喜欢同样的气候环境，即亚热带温暖潮湿的气候。而且，作为细菌携带者的木虱，在温度升高的条件下，繁殖能力会得到大幅度提高。科代罗波利斯柑橘种植中心的昆虫学家赫尔维西奥·科莱塔·菲拉经过观察得出，在更高的温度条件下，木虱繁殖的速度可由每年繁殖4代上升到8代之多。而温度的上升，恰好就是气候变化目前给柑橘种植区带来的影响，并且根据预测，这一影响在未来还会继续加强。因此，在下一个10年，气候的变化对于黄龙病来说，还会继续改善它们的生存环境，而从另一方面来看，这也为科学研究提出了新的挑战和实践要求。

目前，对于巴西柑橘产业来说，最大的问题不是黄龙病带来的大面积歉收，而是果实变得愈发酸涩的口感。因为树木内部的维管束输送带一旦变窄或被阻，叶片内的糖分就无法充分运送到果实之中，而如果少了这些糖分，浓橙汁的口感就会下降，酸涩的果实会毁掉整个果汁的成分搭配。质量的下降对于果汁品牌形象来说，是一个致命的打击。虽然可以采取一些必要的预防措施，但是它们也是有其应用限制的。

想要彻底防止黄龙病，就必须在种植树木之前就开始干预。因此，防治需应用到那些幼苗的培育过程中，来保证其不受黄龙病的威胁。人们一般只能在一些苗圃之中做到这一点，在高度设防的温室之中，保证绝对不让一只蚊虫飞进来。在科代罗波利斯柑橘种植中心，人们就可以参观这样一间温室。首先，参观者必须进入一间隔离室，在那里更换衣物，并将鞋底用一种消毒液进行浸泡消毒，然后才能进入到高度安全区内，在那里隐藏着一间间巨大的温室。这些温室用一张极其细密的纱网跟外部世界隔绝开来，任何一种蚊虫都不可能穿过。而在这张网背后，就是长长的一排排种在盆中的幼苗，经过一段时间的重新培育之后，便可以再次种植到果园之中。完全无菌的环境，至少在种到果园中之前是这样。接下来，便是争夺空中主权的竞赛了。

一块块黄色的公告牌上，随时监控测试着，这些木虱是否已经动身。如果发现它们已经出发，那么便要开始部署化学防卫阵地。人们挖空心思做出来的一种混合杀虫剂，据说可以在木虱侵蚀叶片之前，沉重地打击这些入侵者。这听起来似乎很简单，但实际实践起来是非常复杂的。这里存在两个问题，第一是相邻的种植园是否配合，第二是抗药性的问题。这种抗药性的风险，原则上可以通过定期更换杀虫剂的主要成分来加以避免，但事实上，在越来越温暖的气候下，这种木虱的繁殖迭代速度也在不断加快，这种化学成分的更换很快就会达到极限。在柑橘研究中心，爱德华多·吉拉迪试图寻找一种替代品，即研制生物防治方法。其中一种方法是通过一种寄生虫起作用，这种寄生虫会将自己的卵产在木虱的幼虫之中，以此来阻断其生长进程。另一种更为有效的方法是采用一种真菌，它可以直接在这些幼虫之间扩散，榨取幼虫的生命力。由于这种真菌对杀虫剂完全不起反应，所以也可以和化学防治方法结合在一起使用。

这些替代方法可以控制这些木虱，但这也只是解决了其中一个难题，另一个还是在细菌身上。目前，我们既不能通过使用化学喷剂，也无法通过真菌或者寄生虫来达到消灭这种细菌的目的。这种细菌生活在树木维管束的深处，对外界一切方法武器都免疫，简直无懈可击。因此，柑橘工业要求用“烈药”医治，即直接用电锯。所有受感染的树木都应该被砍掉。这样一种砍光伐净的方式，虽然能带来暂时的缓和，但是治标不治本。爱德华多·吉拉迪认为，在防治过程中遇到的根本问题是一个社会性的问题——大型农场、小型农场及那些出于兴趣来发展农业的农场之间复杂的邻里关系。按照其经济重要性不同，黄龙病对其的危险程度也完全不一样。一些小型农场主不理解，为什么他们应该砍掉他们的树，当树叶刚开始变黄的时候，他们往往会选择视而不见，因为最初的收成并不会有大幅度的降低。于是细菌克服困难，努力扩散，等到产量发生严重缩水的情况，至少需要 3~4 年的时间。这时候收成才会大幅度下降，从原先每公顷 40~60 吨减少到不足

15吨。爱德华多·吉拉迪十分确定，如果在防治木虱方面，所有人不能齐心协力，拧成一股绳，不能同时将重心转移到化学和生物方式的共同使用上面，那么从长远看，这些措施将不会取得任何成效。

更加难以管理的是，那些在柑橘种植园居住的农场主家庭们在自家房前整理出来的一个个小花园，有着大量可供木虱生存的植株。当柑橘树被砍伐干净后，这些拥有者可以从大型生产商联合会那里获得一定的甜橙补偿。但仅仅砍光树木也没用，这根本不足以消灭黄龙病，因为它会换个地方躲藏起来，比如躲进没有任何抵御措施的地方或者防守比较薄弱的位置——私人花园的观赏灌木丛之中。爱德华多·吉拉迪抱怨道，其中一个典型的藏身之处就是备受巴西人民喜欢的柑橘茉莉。有了这样的依靠，木虱随时都可以卷土重来，而且它们还特别喜欢新栽的树木，因为那里新生的娇嫩树叶最容易刺破。

尽管巴西柑橘种植带集中在圣保罗州和米纳斯吉拉斯州，但事实上，橙树在巴西遍地开花。这个国家面积十分大，其中柑橘种植面积更是达到了75万公顷，种植园不计其数。莫里斯欧·柯艾略估计，虽然现在黄龙病的感染范围被大体控制在了总种植面积的15%左右，但是我们目前完全无法对其进行有效打击或者限制其传播。[①]

佛罗里达州的种植农们也必须从中吸取经验教训，因为这种瘟疫也给当地造成了更大的损失。在那里，黄龙病几乎席卷了整个柑橘种植区（80%）。在巴西人看来，这原本是可以被及时控制的，但是佛罗里达州的种植农们坚决拒绝像巴西人一样彻底砍光受感染的树木，对于他们来说，尽可能地守住他们的树木非常重要。因此，他们试图通过加强施肥来提高树木的抵抗力。此外，他们还采用新的科学技术，

① 罗兰德·克诺伊尔：《柑橘的末日即将到来？》，德国世界报网，2015年8月9日，http://www.welt.de/wissenschaft/umwelt/article145000824/Drohtdas-Ende-der-Orangen.html?config=print。

但可惜的是，那些被寄予厚望的技术，其真实效果却不尽如人意。在美国佛罗里达州维罗海滩的试验农场，树与树之间铺架了一层宽广的反射金属箔，人们希望借此提高温度，吓退木虱的侵袭。然而，这些并未对黄龙病造成深刻影响。

因此，佛罗里达的橙子减产情况越来越严重，2015 年 12 月，美国农业部宣布，2016 年橙子采收量预计会降低 20%，损失达 7400 万箱，而这也将跌破 50 年来的最低产量纪录。佛罗里达州农业部长亚当·普特南借机公开提出疑问，佛罗里达的这条价值 100 亿美元的产业链还能存续多久。为了弥补黄龙病造成的损失，这里每年必须补种 230 万棵橙树才可以，可是直到现在都没有人采取任何行动。①

爱德华多·吉拉迪认为，作为北美最大橙子生产地的佛罗里达州，可能很难通过补种挽救它的柑橘种植园。唯一可能起作用的方式，就是把树木彻底地砍伐干净，然后像巴西一样重新种植。但是，佛罗里达州的种植农们对此难以接受，他们现在更多地寄希望于新品种的培育。然而由于现在整个世界都没有可以抵抗黄龙病的柑橘品种，他们只能转而指望转基因技术的发展。转基因植物应该具有全新的、在自然条件下难以发展出来的抵抗力。研究发现，有一种菠菜的基因也许可以解决这个问题，但迄今为止，尚未在实践中进行任何有关基因克隆体的实验。巴西科代罗波利斯柑橘种植中心一直致力于研究这个方向，可是直到现在，甚至连进行野外实验的申请都没有获得许可。即使未来在实验室里取得成功，也要耗费数年的时间才可以真正在农场中种植这种植物。

那么，是否可以将柑橘种植园转移到其他黄龙病到不了的地区？

① 格雷格·艾伦（Greg Allen）：《佛罗里达州柑橘产业还能生存多久？》，美国国家公共广播电台，2015 年 11 月 27 日，https://www.npr.org/sections/thesalt/2015/11/27/457424528/how-long-can-floridas-citrusindustry-survive。

这种方式能否拯救巴西和佛罗里达州的柑橘产业呢？专家爱德华多·吉拉迪说："事实上，我们无路可逃。"种植区迁移到哪里，黄龙病就能跟到哪里，因为不管是橙树还是黄龙病，两者最爱的都是 12~35 摄氏度的舒适温度。此外，这场传染病早就蔓延到了整个美洲，似乎只有巴拿马还没有出现过这种病害侵袭。联合国粮食与农业组织（Food and Agriculture Organization of the United Nations, FAO）估计，目前世界范围内，黄龙病已经毁掉了超过 1 亿棵橙树了，仅仅在佛罗里达州，损失预计至少达 90 亿美元。

虽然现在欧洲的柑橘种植园还没有遭到很大伤害，但是"双驾马车"中的"一驾"已经在这里发现了踪迹。1994 年，非洲柑橘木虱（Trioza erytreae）在西班牙马德拉岛露面；2002 年，加那利群岛也报告了这种昆虫的足迹；2014 年，它最终抵达了欧洲大陆伊比利亚半岛。此后，警报声此起彼伏。这种危险的木虱在西班牙北部和葡萄牙都有发现，可直到现在，在欧洲各地都没有出现黄龙病的相关症状。也许是因为它的另一位细菌搭档还没有找到合适的渡海之路。但是伊比利亚半岛的柑橘种植农心中充满疑虑：在亚洲、非洲和美洲几乎全军覆没的情况下，为什么他们这里可以幸免？或许未来作为欧洲最大柑橘生产国的西班牙将会面临极大的损失，欧洲人民也是一样。如果瓦伦西亚地区遭到黄龙病侵袭，那么继巴西的浓缩橙汁之后，西班牙的新鲜橙子将会成为又一个危险的受害者。

但并不是所有地方都前景渺茫，还是有希望存在的。当我们拜访弗里德里希·莱曼位于西班牙西南部希夫拉莱翁的农场时，就看到了希望的火种。这个距离大西洋北岸 20 公里左右、约 50 公顷大的 Jelanisol & Montebello 农场，跟周围邻居的农场相比，显得十分与众不同。他的橙树生长在一片绿色的松软土地之上，而不是常见的那种坚硬的红色土壤。弗里德里希·莱曼鼓励我们这些参观者："你们完全可以进去体验一下。”他拿着一把铁锹，帮助我们不断向深处走去。当那片青草、羽扇豆及野草被铁锹拨到一边时，人们可以清楚地看到底下爬着的各种虫子、甲虫和蜈蚣等。

永续农业发展和生机勃勃的土地，这就是弗里德里希·莱曼的良方妙药。其实他开始种植橙树时对此完全是一无所知的。一次偶然的机会，他来到了希夫拉莱翁的种植园。在那之前，他只是一位有机水果进口商，而正是这次机会，使他萌生了对农业的兴趣与热爱。对他来说，只有当人类与赖以生存的自然和谐共处时，经营农场才有意义，而这不仅仅需要现在这一代人，更需要子孙后代共同的努力才能做到。对于弗里德里希·莱曼来说，农业的发展是需要几代人共同协调与配合的。至于这样的理念实践起来到底如何，他欢喜地为我们展示了他自己的乐园。

除了橙树，他还种植了牛油果树、石榴树和金桔树，地面上各种野草和三叶草竞相生长。农作物被划定种植在一片 8 米宽的灌木丛之中，种类也是多种多样的。这片灌木丛，不仅划定了农作物的生长范围，更为其他作物遮风挡雨，甚至还为那些饱受隔壁农场化学喷雾折磨的鸟类、野生动物和昆虫提供了庇护之处。在农场，这些动物是弗里德里希·莱曼在实现大规模生态循环时最得力的帮手。

莱曼的农场完全不喷洒化学试剂及施用化学肥料。相反，他施用有机肥，并使用有机土壤滋补剂——如亚马孙黑土（Terra Preta）[①]——以及在缝隙中添加高效的微生物来改善土壤。他十分注意橙树的根部，“只有根基一切都好，上面才会更好”。他一边给我们解释，一边让我们看向他那些橙树上深绿色的树叶，“当我看见一片黄色的叶子，我就

① 亚马孙黑土，又称印第安黑土、人造黑土，是一种人造的肥沃黑色土壤，在亚马孙盆地被发现，有数千年以上的历史。这种黑土的主要成分是木炭，也包含了一些骨头跟有机肥，这种黑土启发了科学家对于生物炭的研究兴趣。—译者注

立马知道该去哪里找原因，根源肯定是在根部。”凭借他向下找原因的意识，他取得了巨大的成功。一个个橙子颜色鲜亮，在阳光下仿佛熠熠发光，采收量也很有保证。为了证明口感，他随便摘下了一个新鲜的橙子，并站在树荫下剥开皮让我们品尝。味道确实让人信服，大家连连称赞。不仅橙子味道极佳，他的牛油果、石榴和金桔也有着卓越的品质，每次在德国都会遇到民众哄抢。他一直与德国一家有机水果批发商保持合作关系，这家经销商已经订下了他家农场未来几年出产的全部水果，而且价格是传统农场的 10 倍。

在这些成功的背后，是弗里德里希·莱曼超过 10 年的基础建设工作。当莱曼在 15 年前接手这家种植园时，这里的土地同隔壁农场一样坚硬如石。经过了多年的学习，他现在清楚地明白，最好的橙子总是生长在最有生机的土壤中，并且有充足的水资源供应。而这在西班牙南部炎热干燥的夏季，是一项巨大的挑战。但是在弗里德里希·莱曼的农场，这似乎很轻易便能实现。他在农场几个最高处开辟了池塘，可以在多雨季节储存大量的水资源，并慢慢渗透进土壤之中。这是一种自然的灌溉方式，与隔壁农场的洒水及喷水装置相比，成本更低，也更加可持续。另外，此举还为他带来了经济效益，他的水费因此节省了 1/4，电费也少了一半之多，他的水果产量却在 5 年内翻了一番。

如今，莱曼的农场属于当地的旗舰农场，并且获得了“德米特（Demeter）”[①] 有机认证标识。这家农场遵循的永续农业发展原则，甚至比德米特标准所要求的还要严格。考文垂大学的农业生态学、水资源及生态弹性研究中心的科学家们，也为莱曼出具了相关的书面证明。对于莱曼来说，永续农业不仅是一种农业耕种方式，更是一种全面综

① 德米特是生物活力农业（Biodynamic Agriculture）的产品品牌，该标识是有机农业领域里的最高品牌。只有严格遵守合同范围内规则的合作伙伴才被允许使用该品牌标识。——译者注

合的生活准则。他十分自豪，他的种植方式不会为环境带来任何负担。没有受污染的水资源，没有丧失活力的土壤，没有可以杀死昆虫、蜗牛和鸟类的化学喷剂，他为子孙后代留下的不再是隐藏在牺牲环境背后的深重压力。

如果黄龙病最终找到了通往西班牙的路径，我们该怎么办？莱曼对他农场种植的健壮树木和生物多样性信心十足。那里现在已经准备好了一切，他完全不惧什么黄龙病。就算受世界气候变化影响，柑橘种植园深陷各种病原体带来的层层压力之中，不得不降低产量，那也主要是那些单一种植及进行大量工业生产的农场需要考虑的问题。与之相反，莱曼对其生物多样性和树木等级寄予厚望。这种方式会让黄龙病变得温和吗？它们会因为这里到口的食物抵抗力过强、生物过于多样以及品质口感不丰富等原因，而放弃这里吗？只要现在还没有真正抵御这场瘟疫的切实有效的方法，只要这种病害会因为气候变化而更加活跃，那么这种回归自然，依靠自然本身恢复能力的方式，至少不是最糟糕的。

二

7. 早熟土豆的末日

尼罗河畔的水资源问题

芦笋和早熟土豆通常相伴而生。曾有一段时间，在德国各家各户的门前，它们甚至同时成熟，有相同的收割期。可即便如此，它们也不像现在，那么早就可以收获了。这一切的根源在于气温的变化。土豆喜欢温暖的气候，当播种的时候，土壤的温度至少要回温至 8 摄氏度。这种温度，在我们莱茵河谷及德国北部的石楠荒原，最早也要到 3 月份才能出现，而且土质还要是那种松软通风的才行。为了长出新的土豆块茎，种植期至少也需要 3 个月以上。因此，到了 5 月或 6 月份，早熟土豆才可以在我们这里进行收割。而按照我们如今所了解的，这比现在芦笋的成熟时节要晚得多。一般情况下，市面上 3 月份就有进口芦笋了，而到 4 月份，本地产的芦笋也已经成熟。对于农民们来说，只要有一张塑料薄膜的帮助，实现这一切不是问题。这种薄膜棚内会产生温室效应，与露天环境相比，土壤温度可以更早地回升。

但是在南方，在地中海边，自然温度的调节在那里几乎起不到任何作用，因为那里的土壤，一整年都处在烈日暴晒之下。在那里，我们从 2 月份起，就已经可以买到早熟土豆了。如果有人想要种植芦笋，同样也可以从南方的阳光中得到好处。在地中海地区，每年 3 月起就可以收获芦笋了，与此同时，北非的早熟土豆也已经成熟。尽管德国本身就是一个土豆生产大国，但早熟土豆依然要靠大量的进口，平均每年要进口 13 万吨的早熟土豆，其中最大一部分来自埃及。但是，那里的土豆也完全不是埃及本地的品种，而是在英国殖民时代带去的外来品种。

埃及的土豆，是在第一次世界大战期间引进的品种，当时主要是为了满足英国军队的粮食供应。那时，英国的占领军逼迫那些生活在尼罗河三角洲地区的农民们必须按照英国的耕种时间种植土豆。一开始，由于当时所用品种的块茎质量特别不好，收成非常差。直到 1961 年，情况才有所改变。高产的品种及灌溉系统的普及，终于给当地的土豆种植带来了新的生机。那时，尼罗河沿岸的水资源还十分丰富，因此，土豆种植区主要就集中在尼罗河两岸和三角洲地区。最近，甚至连开罗和亚历山大港之间的沙漠地区也种上了土豆，这些土豆中的大部分都是由大型农业集团投资种植的，以便它们可以在当地进行加工处理。埃及，可以说是世界上最大的早熟土豆种植国和出口国。

如果有人在早熟土豆的 3 月收获季来到尼罗河三角洲旅游，就仿佛走进了另一个世界——一个与农业工业化无关的世界，一个在沙漠中开展土豆种植后显得生机勃勃的世界。这个三角洲中的世界，即使是在 20 世纪，也总能让人想起古埃及法老的时代。这里的人们现在还在用镰刀收割庄稼，没有任何机器在田地进行脱粒打谷的工作；在装袋之后，由驴或者骆驼进行搬运——这两种动物至今还是三角洲地区最重要的交通工具。三角洲有如此肥沃的土壤，主要归功于尼罗河，确切地说，归功于尼罗河在从沙漠边的山区奔流向北方的过程中，携带而来的大量淤泥。以前，农民们会一直等到尼罗河淹没他们的农田后，才开始耕作。在这些肥沃的淤泥之上，可以种植一切埃及所需的粮食作物。直到今天，大型的泵轮装置还在从尼罗河广阔的水道中抽水来灌溉农田。牛或者驴费力拉着一根杠杆臂不断转圈，使那些年代久远的泵机齿轮重新转动起来。直到今天，每 4 个埃及人中都还有一个依然以农业耕作为生，并且大多都还在用着古代的农耕工具，现代化水平低下。

这其中就有阿尔·萨达德，他耕作的土地面积大约有 0.9 公顷，还没有一个足球场大。在他的农田上，听不到拖拉机突突的响声，也听不到灌溉喷头嘶嘶喷水的声音，在这里的一切工作都是人们靠双手完成的，全家人共同出力，就算他们家人的力量不够也不用担心，尼罗河三角洲最不缺的就是人力了。在埃及，有大量的人找不到工作。阿尔·萨达德家族几代以来，都是以农业为生。他们最喜欢种植的还是早熟土豆，因为这些土豆主要用来出口，比开罗或者亚历山大港每周集市上的一般土豆价格要高，可以赚更多的钱。

每年 3 月，他们便开始了一年中的第一次收割工作，一头驴拉着一架犁在阿尔·萨达德的田地上慢慢行进，使今年的第一批土豆从土中露出来。土豆的表皮上还粘着淤泥冲积下的褐红色土壤。那些雇来的收割帮手，将这些土豆一一捡起放进篮子中，并将它们抬到旁边一辆破旧的驴车之上。这样，出口的第一步就已经完成。接着，农民们通过合作社将这些土豆卖给大型出口商。当然，在这之前，它们还要经过挑拣分装，特别大的和特别小的土豆会单独堆在一起，只有那些精挑细选的中等大小的土豆可以运往欧洲，而那些特别大的土豆则留在本国市场售卖，埃及的家庭主妇们似乎特别偏爱那些特大规格的土豆。

阿尔·萨达德一家每年会收获 3 次土豆，3 月份一次，10 月份和 12 月份还有两次。这里的气候和土壤提供了十分便利的条件，似乎只要这些老水车还能从尼罗河中抽水流进农田的渠道之中，就一定能够有所收获。可惜的是，这种可靠性也在一步步瓦解。最近几年降水量的波动及尼罗河水位的变化，加剧了这一区域农业种植的不稳定性。早熟土豆十分依赖的冬季降水，最近却出现得越来越少，但是只要尼罗河水不断流，还是能够弥补降水减少带来的损失的。

投资者们也是这样认为的，他们已经开始在尼罗河西岸进行尝试，希望能够重新激发沙漠地区的生机。在这片所谓的“新大陆”，他们开辟了自己的种植园。最初的“新大陆”，除了建在沙漠之上的许诺，什么都没有，毕竟沙漠土壤是十分贫瘠的。但是在高科技、人工降雨、人工化肥和农业化学的帮助下，“新大陆”会从承诺中一点点生根发芽，总有一天会变成一片高产的地区。

沙质土壤对于土豆来说，特别是那些用来炸薯条的大土豆来说，是理想的生长环境。因此，荷兰一家大型薯条生产商法姆·福瑞（Farm Frites）公司就在这里，即在开罗和三角洲之间的沙漠地带中建立了自己的原材料基地。法姆·福瑞公司的农场面积，跟尼罗河谷那些小型农庄相比，显然是非常大的，足足有10000公顷。在这里，一切工作都像工厂流水线一般进行。大型拖拉机拉着很大的犁头，将沙土堆积成一条条倾斜陡峭的犁沟，土豆就在这里生长。虽然现在这里的土壤还没有生机，但是过一段日子，这里就会发生改变。在田地上铺设的100多米的巨大的管道——人工灌溉设备会给这里带来生命的希望。这些机器建在滚轮之上，会沿着犁沟慢慢移动，大量的喷头会为这些沙质犁沟带来水源。

在这样一幕工业化的布景之下，人类似乎显得有些多余。这里的一切工作，机器都可以接手。即使是收获的时候，也只需要几台大型联合收割机就可以完成。这些收割机装备着一个扁平的挖铲开进犁沟，可以从沙土中挖出土豆，并让它们落到一个铁丝网垫之上，而这些垫子则会通过传送带将土豆转移出去，在这期间，土豆上的沙土会通过网格裂缝重新落回田地。最终，这些土豆会到达一个控制台，在那里，一双双不知疲倦的机械手会把它们拿起进行挑选，不符合标准的土豆，则被直接扔到地上。在田边，一个个集装箱将这些新收获的符合标准的土豆进行装载，等待运输。

几乎都不用出沙漠，这些炸薯条用的土豆就又通过传送带滚进了工厂里。首先进行清洗、剥皮，接着把它们切割成适合炸薯条的大小，之后还要再过一遍油，这时，一部分香味就从这些土豆之中散发出来，再经过几道干燥工序，最后它们会被炸好装入一个个大盒子之中，送往各大快餐店补充那里的炸薯条货源。一辆辆大卡车将它们送往城市或者最近的港口，等待出口。尤其是欧洲北部的企业，从尼罗河畔的土豆业中获利颇丰。一年三收，使这里跟欧洲种植业相比有着巨大的区位优势，毕竟欧洲那里的土豆种植现在还以一年一收为主。

如今，埃及也开始扩大其有机土豆的市场占有份额。在这里的有机农业中，农业工业化也起着重要作用。美国达尔特克斯（Daltex）公司的土豆专家汉德·卡萨布给我们这些参观者们展示了未来德国市场上的这些早熟有机土豆将在何处生长。达尔特克斯公司也在沙漠地区建立了自己的工厂。在纳特隆旱谷平坦的沙漠土壤之上，人工灌溉设备也在缓缓滚动。当沙漠土壤被完全浸泡 10 天后，便开始种植工作。在这里，人类还没有完全被排除在外，在开罗以北 100 公里处的这家农场里，达尔特克斯公司还雇用了 50 名工人。

在收获之后，土豆交易商阿梅斯·希什（Ahmes Shish）将会负责这些土豆的后续销售工作。他最喜欢同俄罗斯人和德国人做生意，因为在这两个国家，他可以把土豆卖到很高的价格。他不理解，为什么德国人一定要费尽心力地在自己阴沉寒冷的气候里种植早熟土豆，而埃及完全可以在同样的时间内为其提供质量更好的土豆。

埃及在世界各国土豆产量排名中，名列第一位。但没有人知道，为此埃及需要消耗多么大量的水资源——每公斤土豆块茎的生长需要耗水大约700升，[①]这也就是说，每一季收获260万吨的土豆，就需要大约18亿立方米的水。埃及每年大约出口40万吨土豆，这就意味着，每年有大约2.8亿立方米的水通过出口贸易输出到了国外。这些水大部分来源于尼罗河，还有一小部分来自撒哈拉沙漠下的地下水资源。在相当长的时间内，这两处来源都被人们认为是绝对可靠的，可是随着气候变化和非洲人口的增长，这种可靠性变得不再稳定，也给埃及土豆种植业带来了威胁。

非洲北部的地下水资源，形成于非常远古的年代，那时撒哈拉还是另外一种完全不同的气候。波士顿大学的研究者在分析航拍照片时发现，在几百万年前，这里有着茂盛的植物和丰沛的降水，大象和鳄鱼都能够在这里生活。在几百万年前，这里甚至还有着一个长达250多公里的湖泊。这些水资源，经过几百万年的渗透，一点点形成了今天这一地区最重要的地下水资源储备。

这里可以说是世界上地下水资源储备最多的地区之一，但是与其他储备区不同的是，伴随着越来越严重的消耗，这里的地下水却完全得不到任何的补给。阿尔及利亚、突尼斯、利比亚和埃及都在尽力争夺这些不断消退的水资源储备。每一个国家都为了自己的利益，用数千台抽水泵机不断地抽取着这里的深层地下水，总共有超过8000个水利部门和水电站完全依赖这里的地下水储备。最近几年，地下水开采量不断增加，世纪之交之际，利比亚前领袖穆阿迈尔·卡扎菲着手实施了大型水利项目。

这个“大人工河项目”（Great-Man-Made-River-Project），据说可以

---

① http://www.fao.org/potato-2008/en/potatoe/water.html。

作为世界第八大奇迹载入史册。该工程的目的在于铺设一条水路管道，每天从撒哈拉地下水资源中抽取400万立方米的水。这条巨大的管道，可以将水从撒哈拉引到黎波里及其他城市，为利比亚的农业发展提供水资源。该项目据说还是世界上最大的人工引流项目。但是，地质学家从项目一开始就警告道，这样的抽水工程会使撒哈拉地下水储备在几十年内消耗殆尽。虽然2011年在北约对利比亚地区的导弹轰炸下，该项目部分工程段遭到摧毁，但这对于北非水资源有限性的基本结论没有丝毫影响，总有一天，这里的水资源会出现短缺的情况。对于埃及土豆种植农来说也一样，即使他们现在还毫不在意地从深井中抽水灌溉他们沙漠中的农田，终有一天，他们也会面临无水可用的境况。

不论是谁在利用尼罗河水，都无法做到高枕无忧。不仅河流上游地区不断增长的人口会导致水资源的消耗量不断增加，而且气候变化还会使河流盐碱化程度加重。随着气候变暖，南北极冰川不断融化，必然会引发海平面的上升。因此地中海的大量海水，在海平面不断上升的过程中，不断倒灌进入三角洲流域，使那里的水源含盐量增加，导致使用三角洲水源灌溉的地区土壤盐碱化程度进一步加剧。

对此，农民哈吉德·格内迪斯早在一开始就有所察觉。他在距离地中海沿岸80公里的一个名为新努巴里亚的地区有一家农场。这是一块总面积为25万公顷的沙漠地区，是20万农民新的故乡，因为这些人在所谓的“旧”土地上已经无法生存了。因此在20世纪80年代中期，埃及政府在那里为他们提供了这样一片土地供他们生活。1987年，哈吉德·格内迪斯同政府签署了一份协议，他因此拥有了一块2公顷大的沙漠土地、一间小屋和一套灌溉设备。

但是两年后，他的土地上依然还是寸草不生，因为这里的地势太低，一再被海水淹没。这是此处的常态，随着淡水水位不断下降，不断升高的海平面使更多的海水涌向内地，有些地方甚至部分位于上涨的海平面之下。[①] 新努巴里亚有15%的土壤出现了严重的盐碱化，无法继续耕种。对于哈吉德·格内迪斯来说，一切都完了。对于其他生活在三角洲的农民来说，这是一个预先警告，提醒着他们未来会面临什么样的威胁。

根据日内瓦政府间气候变化专门委员会所预计的海平面上涨模型，到21世纪中叶，尼罗河三角洲地区将成为世界上受海平面上升影响最严重的地区之一[②]。在这里，海平面只要上升30厘米，就足以淹没亚历山大港及其周边地区，50万埃及人不得不流离失所，大约200平方公里的内地将变成海洋的一部分。英国研究学者罗伯特·尼科尔斯的估算则更加令人惊骇，他预计到21世纪末，海平面甚至将会上升2米之多。[③]

而2010年一项有着严重后果的政治决策，尼罗河水量进一步减少，因而加剧了海水的进一步渗透。1929年，当时的英国殖民者签署了一份尼罗河水协议，根据自己的政治利益将尼罗河水进行了划分。在这之后，埃及获得了高达550亿立方米尼罗河水的最多使用权。与之相比，苏丹可使用的水量则少得多（180亿立方米）。仅仅这两个国家就瓜分了87%的尼罗河水量。当时，沿岸的其他国家对剩下的水量分配还是可以接受的。但是2010年，一切都变了。那些以前没有权利分配水资源的上游国家制定了自己的尼罗河水协议。埃塞俄比亚、乌干达、卢旺达、肯尼亚及坦桑尼亚等国家，按照自己的利益重新分配了尼罗河水资源，完全没有考虑旧协定中那些有利于埃及的条款。

① 托马斯·克鲁赫姆(Thomas Kruchem)：《合作还是战争？谈尼罗河争端问题》，德国西南广播电台二台（SWR2）科学栏目，2011年1月4日。

② 引自2007年IPCC海岸系统报告。

③ 罗伯特·尼科尔斯等：《21世纪世界气温升高4摄氏度情况下的全球海平面上升情况及其可能出现的影响》，《英国皇家学会哲学学报》，2011年。

这种侵略性行为的根本原因在于该地区持续增加的人口压力。如果人们将签订协议的所有这些国家的人口进行统计，就会发现其总人口已经达到了3.3亿（2009年）。而根据联合国预计，到2050年，这一数字还会翻倍，人口将会增加到6.8亿。[①]

即使如此，这些水资源也完全不够用。自2008年以来，针对尼罗河水资源的争端愈发严重，大量外国投资者来到这里，大量租用及购买土地及水资源使用权。特别是在埃塞俄比亚和苏丹，大量来自韩国、印度、中国及海湾国家的大型食品公司在这里大规模征用土地，因为如今这些国家的农业种植只能满足一部分人口的粮食需求。2008年的世界粮食危机使他们明白，不能再指望世界市场会有稳定的价格及供应关系，粮食价格随时会在几周内上涨2倍甚至3倍。这些国家试图在尼罗河上游建立自己的基地，以确保自己国家的粮食原材料安全。[②]

尼罗河上游这一切事件的发展，狠狠地击中了埃及的命脉。埃及前总统萨达特在几十年前就已经提出明确威胁，计划要将尼罗河上游的水源截流一部分使用："谁打尼罗河的主意，谁就是在向我们宣战！"事实上，埃塞俄比亚和苏丹也陷入了本国内部的争端之中。目前在水资源问题上，还没有哪个国家取得了优先权。但这种情况也许很快就会改变——矛盾不断激化，一个个新的自私自利的行为肯定会推动冲突进一步升级。

哈尼·拉斯兰一直在水资源问题上为埃及政府出言献策。他研究得出，目前埃及每人每年还能使用760立方米水资源，而这一数字还在不断下降。但根据联合国的估计，为了满足人类的基本需求，每人

① 德国世界人口基金会DSW，2010年度世界人口的社会及人口统计数据。

② 莱斯特·布朗（Lester R. Brown）：《当尼罗河干涸》，《纽约时报》，2011年6月1日。

每年的耗水量应维持在 1000 立方米左右。因此，哈尼·拉斯兰说道，现在的埃及，正从“尼罗河畔的绿洲”一步步走向“撒哈拉的前沿地带”。那些无法像过去一样完全保证这个国家稳定用水的协议，对于埃及人民来说，是完全无法接受的。①

如果未来的尼罗河不能像以往一样为埃及提供大量水资源，那么所产生的后果，这里的农民现在就已经能够有所察觉。目前埃及水务局已经开始给一些人划分定量配给，不再允许他们从尼罗河中随意抽水灌溉。哈吉德·格内迪斯是第一批面对这项政策的农民之一。他属于尼罗河三角洲众多出租土地的所有者之一，他把他的 5 公顷土地租给了 8 个人，这些承租者夏天在这里种植棉花、水稻和玉米，冬天种植土豆、三叶草和小麦。这项定量配给意味着，他们每年只有 10 天有水可用，事实上只有 4 天的时间可以灌溉他们的农田，剩下的 6 天里水管中就一滴水都没有了，哈吉德·格内迪斯抱怨说，这对于他的承租者来说完全不够。尼罗河两岸的矛盾更加尖锐。如果有一天，埃及的农民们真的无水可用，只能站在干涸的河床上哀叹，这种不满的情绪很容易就会转变为一种攻击行为，从而引发政治动乱。

水资源问题不是困扰开罗到亚历山大港之间地区中的土豆种植农的唯一问题。他们的另一个烦恼在于不断上升的气温。日内瓦政府间气候变化专门委员会的大型气候计算机预见了埃及炎热高温时代的到来。我们其实已经能发现一丝端倪，比如自 1970 年来，这里极端炎热天气持续的天数已经翻倍。“未来，中东和北非的气候也将如此变化，以至于那里的人们将面临严峻的生存挑战。”来自德国美因茨马克斯-普朗克化学研究所（Max-Planck Institut）的乔斯·来列费尔特如此说道。他一直在努力研究地中海沿岸地区未来气温变化的趋势。他的结论是，

---

① 托马斯·克鲁赫姆（Thomas Kruchem）:《合作还是战争？谈尼罗河争端问题》，德国西南广播电台二台（SWR2）《科学》（节目），2011 年 1 月 4 日。

即使与工业化以前的时期相比，全球变暖可以控制在 2 摄氏度以内，这一地区的平均气温也将升高 4 摄氏度。在 IPCC 的全球气候图表上，非洲北部地区属于深红色的高亮地区，仿佛气候变化下的火炉一般。到 21 世纪中叶，在这里气温最炎热的时期，即使是夜晚，温度也不会降到 30 摄氏度以下，而白天则可能出现 46 摄氏度的高温。到 21 世纪末，白天温度甚至会升至 50 摄氏度。此外，乔斯·来列费尔特认为，令人担忧的是，这种连续高温的天气会比以往出现的次数多 10 倍，而且持续的时间也更久。这位科学家认为："气候变化，将使近东及北非的生存条件极度恶化。"持续的高温天气以及沙尘暴频发，将使个别地区变得不再适宜人类居住。

白天 46 摄氏度、夜晚 30 摄氏度以上的气温，已经超过了土豆生长的环境极限。埃及现有的常见土豆品种，一般其舒适的生长温度在 23~25 摄氏度。专业人士认为，如果超过 35 摄氏度，它的生长就会出现停滞，也就是说这种植物的块茎将不再继续生长。[①] 如果超过 40 摄氏度，植物体内的循环将会崩溃，自发地通过蒸发进行冷却已经完全不起作用，最终等待它们的只剩下中暑和死亡。

那么，这种未来可预见的早熟土豆市场的缺口能否得到及时填补呢？以色列同埃及一样，也是欧洲市场主要的土豆种植区。特别是瑞士，一直在大量购买以色列的早熟土豆，占据了瑞士 60% 以上的市场。[②] 但是很不幸，在世界气候图表上，以色列的未来同样属于红色高危区域。在那里，同样会遭受高温炎热的侵袭，而且也没有任何降温的可能性。再加上为以色列农业发展大量供水的来源，也同其他地

---

① http://www.topagrar.com/news/Acker-Agrarwetter-Ackernews-Hohe-Temperaturen-fuehren-zu-Stress-bei-Kartoffelpflanzen-1500588.html。

② https://www.schweizerbauer.ch/markt--preise/marktmeldungen/ueber-60-prozent-der-fruehkartoffeln-stammen-aus-israel-10767.html。

中海国家的情况类似，是十分脆弱的存在。

在以色列，大部分水资源来自于戈兰高地。即使这里的降水可以进一步补充其水资源储备水库，但是以色列和巴勒斯坦之间争夺水资源的冲突由来已久。这种分配的不平衡，甚至已经成为今天两国政治矛盾的导火索。在2014年，德国前欧盟议会主席马丁·舒尔茨访问这里时，他向以色列议会提出的有关公平分配的问题，直接引发了以色列一方的强烈不满和愤慨。他当时这样问道："怎么能这样？为什么以色列人每天可以使用70升的水，而巴勒斯坦人只有17升？"

在这样的政治背景下，这个国家的土豆出口将何去何从，还是一个未知数。以色列的农民，虽然有着世界上最先进的滴灌灌溉技术，但是在这里种植出1公斤土豆所消耗的淡水量依然也要700升之多。在这个地区极大的人口压力及气候变化压力之下，有关此地农业种植到底还有多少水可用于出口土豆的问题，答案似乎也越来越清晰明确。

这对我们德国人来说意味着什么呢？至少有一点是肯定的，即地中海地区对于早熟土豆市场的贡献将越来越小。早熟土豆的种植区将向北迁移，也许有一天，德国的土豆种植者会成为这种气候变化的受益者。但是他们也已经注意到，这种不断上升的温度对于他们的土豆不会有什么好处。2014年，超过27摄氏度的气温，就给下萨克森州的土豆种植留下了令人不快的痕迹——它们出现了过度生长造成的表皮龟裂和空心。

8. 西班牙西红柿及其他蔬菜

菜园是否会成为荒漠?

阿尔梅里亚平原作为整个欧洲的菜园，在西班牙政治中得到了充分的重视与保护，并被称赞为一个经济奇迹。阿尔梅里亚平原位于伊比利亚半岛南部，在那里，可以看到地中海的波涛汹涌，翻涌的浪花不断拍打着西班牙内华达山脉的海岸。可是“菜园”这个词，对比我们在当地的亲眼所见，还是有一点点夸张。“欧洲的菜园”，就位于一片银灰色的塑料大棚之下，沿着海岸绵延数平方公里。在民间俗语中，人们将这座欧洲的菜园恰当地描述成“塑料之海”。这里是一个欧洲的集约型蔬菜种植区。

在这片塑料景观之中，勉强能看见埃来希多小镇拥挤的街道。那些小农们选择定居的帐篷式居所，多是出于偶然的暂时之举，而并非计划之中的长期建设。塑料温室一间紧挨着一间，在这些灰白色的塑料大棚之下，种植着西红柿、辣椒、西瓜、哈密瓜、黄瓜、西葫芦、茄子及菜豆等，凡是在北欧人眼里一整年都要同太阳和南方联系在一起的作物，都能在这里找到。此处有 60% 的蔬菜都用于出口。可是这样的 90% 以上都要消耗水资源的产品，对于这里的农业种植来说，其实也是一个大问题。

所有这一切，大约始于 40 年前。阿尔梅里亚平原有着令政客及经济规划师引以为傲的显著独特性——现在人们称之为区位优势，即冬季充足的阳光、廉价的劳动力及一年四季充足的水资源，至少在一开始是这样的，那时候，温室及蔬菜种植农的数量明显很少。可是，在欧洲北部对于西红柿及其他蔬菜一年四季的巨大需求之下，越来越多的农民来到这里，开始了自己的种植事业。

曾经几百人的小村落埃来希多，也发展成为有着 8 万人口的大乡镇。这里所有人都以温室大棚种植为生。何塞·玛利亚就是其中之一，他跟这里几乎所有人一样，经营着自己家族的农场。正是像何塞·玛利亚这样的一位位普通农民，共同撑起了西班牙西南部蔬菜生产的命脉。在 10 年前，何塞·玛利亚从父亲手中接过了自家的农场，并在之后做了大量的投资。如果仅靠当时的土地，根本不可能带来他今天的成就。当时那些沙质土壤最多只适合种植洋葱和土豆，完全无法实现如今集约型的蔬菜种植，更不用说现在他和他的同事们所创造的一年“七收”了。

在这里，这一切靠的不仅仅是运气，技术——特别是高新科技起着至关重要的作用。当你看到何塞·玛利亚塑料大棚内的布置时，你就会发现，这里和普通菜畦没有一点相似之处。管道、钢丝、泵机、装有化肥及化学试剂的集装箱，错落有致地分布在大棚内，最重要的装备是一台计算机，控制着这家蔬菜工厂的循环运转。这台计算机负责给作物分配其实现高产所需的足够养料和水分。在一个绿色的反应堆内，各种液体混合搅拌在一起，接着，浓稠的汁液便通过软管系统进行分配，最后，依靠性能极佳的泵机，将这些富含营养的物质直接输送到高产作物的根系之中。

说到何塞·玛利亚农场的特色，就一定要提到那些西红柿，它们生长在一根根从顶棚拉紧垂下的绳索之上，根部完全接触不到任何土壤。它们扎根于一个由各种多孔透水的陶瓷珠混合的物体之内，靠着一根直达根部的细薄软管，一点一滴地从中吸取人工营养液，此即所谓的滴灌技术。何塞·玛利亚解释说，这跟以前完全不一样，水资源再也不会不受控制地从顶棚的喷头随意往下喷洒。现在看来，当时明显是在浪费水资源，大部分灌溉用水都在空气中蒸发了，最后真正到达根部的，可能只有原先抽水量的1/10。现在，几乎所有一切灌溉都是在管道之中进行的，水分可以直接到达真正需要它的位置，而且中间不会有什么损耗。毕竟种植西红柿所需水量并不少，一个70克的西红柿长到成熟，就需要大约12升的水。

这些果实，通常在青绿的时候就采摘下来了。它们可以在往北部运输的过程中发育成熟。何塞·玛利亚笑着说，这对西红柿的口感没有任何影响，化学分析也已经证实，这本来都是人们的错觉而已。但柏林洪堡大学的苏珊娜·休斯肯–凯尔解释了那些产自阿尔梅里亚的蔬菜产品到底缺少了什么——所谓的“有价值的”营养成分。比如人们一再提到的类胡萝卜素，这种物质可以提高针对癌症、阿尔茨海默症及糖尿病的抵抗力。可是产自阿尔梅里亚的西红柿无法提供这些，因为它们并不是从自然的土壤之中生长起来的，而且果实的成熟过程也完全没有经过太阳的照射。它们只是我们对于南方和太阳幻想的投影。

对于德国超市的顾客们来说，这些都不重要，他们只对形状完美且价格合适的西红柿感兴趣。现在的价格，已经低到了商人们几乎没有任何钱可赚的地步。何塞·玛利亚告诉我们，以现在的西红柿价格来算，只有在这些作物能够很快结果、高产且尽可能保存时间长的情况下，他才能够勉强生活下去。味道，根本不是定价时的考虑因素，数量才是。与此同时，水资源在这里也扮演着重要的角色，因为现在，水对于何塞·玛利亚来说，也不再像以前一样，可以随意从地下抽取并免费使用了。如今，水资源使用有着严格的规则，管道内流动的每一立方米水都要计算在内，并且他可以使用的水量是由一个单独自主管理的部门进行确定的。因此，他和他的邻居们想到了另一个主意，想要尝试收集冬季海岸附近的降水。他建了一个蓄水池，几乎有一个人工湖的大小，可以容纳 120 万升的水。即便如此，这些水也不够他整个种植季消耗，但至少可以为他节省一部分灌溉用水的费用，毕竟这里的蔬菜种植农都不那么富有。

节约用水，现在已经成为阿尔梅里亚的标准守则，因为所有人都知道，这里的水资源储备在不断减少。内华达山脉，塑料之海上方曾经的皑皑白雪，早已经开始慢慢融化，雪白的山顶也在慢慢消失。这些白雪，曾经是这个地区贮水池一般的存在，现在这些储备却只能用几个月而已，之后山中缓缓流淌的小溪便开始枯竭——缺少降雪。但是现在，温室大棚内的耗水量却在不断增加。这不仅是因为如今一年七收已经成为常态，还因为夏季持续高温，作物处于高温压力之下需要消耗更多的水分。就像人们夏季容易出汗一样，大棚内的植物也只能通过蒸发水分来达到降温的目的，因此它们就需要更多的水。这就是埃来希多蔬菜种植农们所面对的进退两难的困境，而因为必须要生产、要生存，所以他们难以走出这样的困境。

一旦人们决定在这里投资一间温室大棚，就不得不借很多钱，然后通过之后每一次的收获来偿还高额的利息。仅仅一张塑料外膜——不是普通的塑料板，而是一种双层结构的塑料膜——到期就需要支付一大笔钱。而温室墙壁，也被设计成了一种可以在夏季炎热高温天气时打开的结构，这样一来，伴随着来自海边的阵阵凉爽微风，室内温度会有所降低，植物本身的湿气也可以向外散发出去。而在冬季，将墙壁关闭，以便保留住冬季阳光照射后的温度。何塞·玛利亚说，每公顷温室大棚要投资 30 万欧元，这样做他至少可以逃过高温这一劫。他经营着两家这样的塑料种植园，为此，每个月必须向银行支付大约 2500 欧元的利息及分期偿还款。这是他必须首先要赚回来的。而每千克西红柿的利润大概只有 8~10 欧分，因此他承担不起一点损失。

这样的价格压力，先是被大宗购买者转嫁到了蔬菜种植者身上，最终又会被分到那些生活在安达卢西亚的采摘工人的头上。在这一地区，有 8 万人以蔬菜种植为生，而其中 3 万人都是采摘工人及外来移民。他们中的大多数人都没有合法身份，是来自非洲的难民。他们在塑料之海的边缘落脚，在塑料大棚之下工作，忍耐着夏季温室大棚内 50 度的高温，为北方的人们采摘西红柿。按理说，他们的日薪应该在 46 欧元左右，但事实上相比起他们艰辛的工作，他们拿到的收入就显得微薄得多了。而且在他们的协定工资内并不包含大量的加班费用，因此，他们的日薪很容易就降到了 30 欧元以下。虽然这遭到了工会组织成员的公开谴责，但他们无法真正追究其责任。这些工人们的非法身份，使他们无法得到任何支持。对于他们来说，只要能在欧洲找到一份工作，就已经很开心了。[①]

所有埃来希多塑料大棚内种植的作物，为了生长到合适的大小及重量，都需要消耗大量的水。光西红柿一种，每千克就要消耗大约 180 升的淡水。每年阿尔梅里亚省出产的水果和蔬菜大约有 270 万吨，其中有 60 万吨的西红柿、辣椒及茄子是销往德国超市的。每年随着蔬菜水果的出口，会有大概 15 万立方米的水资源从干燥的安达卢西亚来

① 丹尼尔·苏尔茨曼（Daniel Sulzmann）：《厌倦杀虫剂？西班牙南部阿尔梅里亚省的种植条件》，德国文化广播，2015 年 3 月 23 日，http://www.deutschlandradiokultur.de/pestizide-satt-die-anbaubedingungen-in-der-suedspanischen.979.de.html?dram:article_id=314750。

到多雨的欧洲北部地区，其中最大一部分是运往德国的。但是迄今为止完全没有人关心这一点，除了那些向西班牙环保运动出谋划策的生态学家和水资源专家。可是他们的警告无济于事，他们的声音淹没在了西班牙南部蔬菜工业的喧闹繁荣之下。

这一地区的降水平衡表显示出，这种长期的水资源出口是没有好结果的。事实上，在安达卢西亚，每年每平方米土地上的降水量大约只有 200 毫米。而对于这里集约型的西红柿种植来说，每年每平方米土地至少需要 1320 毫米的降水量才足够。因此，这中间巨大的差额就需要想办法从其他来源中弥补。而现在，大部分农民都选择抽取阿尔梅里亚地区的地下水资源来解决这个问题，但是这部分资源是有限的。现在，钻井工人必须将他们的管道一再向地下深处挖去，现在甚至要从地下 200 多米深的位置才能抽出水了。地下水水位不断下降，将会带来灾难性的后果。海水会渗透进那些已经抽空的井穴之中，从地下进一步侵蚀欧洲的菜园。[1] 埃来希多的塑料之海，未来将会漂浮在一片由地中海向内陆渗透而形成的盐湖之上。

在这种气候灾害的威胁下，安达卢西亚最大的愿望就是能有一条贯穿西班牙的输水管道。人们用激烈的言语和手势进行争论，讨论希望在多雨的北方和缺水的南方之间实现国家水资源平衡。据说，早在 2004 年，这一愿望就应该通过一项国家水资源规划而实现。当时的计划是，从阿拉贡地区的生命水线——埃布罗河中开凿取水。这样的话，每年就会有 10 亿立方米的水，通过这条 750 公里长的渠道流向安达卢西亚。这是一条伟大且昂贵的渠道，计划斥资 43 亿欧元。这一切，都是为了在未来，可以为塑料之海的蔬菜工厂提供它们所需的最重要动力——水资源。

---

① http://www.ernaehrungsberatung.rlp.de/Internet/global/themen.nsf/ALL/5E15BD52B698B357C1257706005C8091?OpenDocument。

可惜，这项伟大工程的进展十分不顺利。一开始，它就必须面对另外一项世纪工程——塔霍河-塞古拉河渠道调水工程失败遗留下来的阴影。这项水资源管理工程早在几十年前就已经决议通过，并已开始动工建设，但如今看来，却以失败告终。它本该从西班牙北部，那个有着 1300 个大坝和 50 立方千米容量的水库区，经由一条精心设计的渠道体系向南部引水。该调水渠道选择以卡斯蒂利亚-拉曼恰作为起点，因为在那里瓜达拉哈拉瀑布最终会汇入塔霍河上游。这项工程建设始于 1966 年，耗时 14 年，到 1980 年时才彻底竣工。从那时起，塔霍河的河水便开始从渠道的水泥管道中呼啸而过，经过各种桥梁和隧道，向着马德里的方向奔流而去。为了克服巨大的海拔差异，减小落差，在塔霍河引水处，还用水泵机组将水位从 640 米抬高了 260 米，最终到达 900 米的高度。

塔霍河-塞古拉河渠道调水工程，建设时预计平均调水量能达到 33 立方米 / 秒，但是在南方这一希望从来没有真正实现过。工程师们的计算出现失误，他们完全高估了塔霍河的水量。尽管如此，人们还在继续抽取塔霍河所能提供的水资源。现在，只有 60% 的水量可以在上游分流出去，而且河中的流水也越来越少了，这对于生活在中下游的人们来说，将引发灾难性的后果。马德里及其周边地区水源中的污染物，现在也已经达到了令人担忧的程度。塔霍河渠道中部分河段的污染已经十分严重，以至于在一年中的特定时段内，连农业灌溉都无法使用这里的水资源。①

2015 年，有关塔霍河水资源的争论愈演愈烈。奇利亚龙德尔雷和萨塞冬地区的市长们终于共同站出来抗议，由于大量的水被调往南部，他们现在只能用储水车为他们管辖下的区县供水。他们十分担心，如

① 拉尔夫·施特雷克（Ralf Streck）：《西班牙的“水资源之战”》，《电子城邦》（*Telepolis*，德国在线新闻杂志），2015 年 8 月 20 日。

果继续这样下去，也许很快他们的居民就再也无水可用了。一个公民倡议行动，要求“停止调水”，提出应该关闭塔霍河－塞古拉河渠道调水工程的总阀门，甚至这个地区的主管部长也强烈要求，“立即”中止引水工程。在过去 4 年中，调往南方的水量，已经达到了过去 36 年平均数量的 2 倍之多。连瓜达拉哈拉瀑布也因为调水工程几乎完全干涸了，只在塔霍河上游的水库中剩下了小小的一个水坑。

事实上，水利局的数据更加突出地表明了目前塔霍河上游日益严峻的形势。2014 年，西班牙全国平均降水量减少了 10%。那些从塔霍河取水的地区，降水量缺口甚至达到了 25%，似乎连上天都不站在这项水利建设的工程师一方，降水与之前他们估算的数据相差甚远。圣罗马的一间乡村教堂仿佛一块纪念碑，就伫立在水库之中，象征着这项伟大工程的失算。这间教堂位于萨乌，加泰罗尼亚自治区的一个小乡村，那里的水库就以村庄的名字命名。

为了增加西班牙的水资源储备，大约 50 多年前，人们在西班牙北部建造了这座水库。当时的圣罗马，整个村落都淹没在水库之下，只剩下那座石制教堂的尖顶能够露出水面。可是到 2003 年，当这个国家遭遇 21 世纪第一次高温热浪侵袭时，水库水位下降，自此以后，教堂的塔楼就再次重见天日。本来，按照工程规划的承诺，这座水库至少应该常年保持一半以上的水量，但是现在的水位常常处在极低的位置。

其根本原因在于北部的降水越来越少。而对西班牙十分重要的冬季降水，更是几乎不再出现。比利牛斯山前沿地点，降水量少了 130 毫米，这意味着跟往年平均值相比，降水减少了 60% 之多，在某些地区甚至减少了 80%。即使是强降雨的雨锋，也几乎是悄无声息地就从西班牙北部蓄水池上空经过，根本无法补充满那里的水库。因此，这种情况又给西班牙抛出了大量根本性问题：北水南调工程，到底还能为西班牙南部提供多少用水保障？在气候变化的影响下，这项工程是否可以看作一次严重的错误规划？北方降水量曲线的变化走向，如今是否与进一步的调水规划相悖？尽管这些问题悬而未决，尽管有着塔霍河－塞古拉河渠道调水工程的前车之鉴，安达卢西亚依然执着地要求，在 2000 年之后开始这里的渠道建设——将埃布罗河的水引向南方。

而这一次，在河水引流之前，就形成了巨大的阻力。北部地区 40 万民众走上街头，要求停止这项规划。西班牙工人社会党成员表示，建设埃布罗河渠道完全是多余的，他们更倾向于把钱用在修缮原有的十分老旧的安达卢西亚灌溉系统上，继续抽取地下水。这些政客甚至保证，未来会在特殊地区建造海水淡化装置。可惜在 2004 年，这些西班牙工社党人没能成功阻止当时的西班牙首相阿斯纳尔举行该水利项目的第一次动工仪式。直到 2004 年 4 月大选之后，工人社会党上台执政，他们才叫停了这个项目。自此之后，该项目一直在停工整顿，但依然未被完全放弃。

一位西班牙北部自治区加利西亚的地理规划师哈维尔·桑佩尔·卡尔维特这样评论当时的情势："西班牙并不缺水，缺的是想法。"[①] 因为即使是像从埃布罗河开凿引水这样的一个大型工程，也无法解决这个国家最基本的问题。一切的根源主要在于这里的气候变化。西班牙南部的天气状况，与非洲北部的情况越来越相似。这一点，我们现在从欧洲气象局欧洲干旱观测台的温度变化图中就能明显看出来。根据该机构的记录，西班牙南部出现高温炎热夜晚的数量明显增加。2015 年，法国只经历了 30 天这样超过 30 摄氏度的炎热夜晚，而在比利牛斯山以南地区，温度高于临界值的夜晚足足超过了 40 天。在 2015 年，这里高温天气的持续时间及经历最高温度的天数，已经与撒哈拉沙漠北部地区持平。

---

① 马丁·达姆斯（Martin Dahms）：《水对于安达卢西亚的意义》，《柏林报》2003 年 8 月 4 日。

至于这种高温带来的压力是如何在西班牙南部一点一滴堆积起来的，有机农场的农场主豪尔赫·莫勒对此深有体会。他的农场是完全露天的，既没有温室大棚，也没有人工灌溉系统。他灌溉用的水，直接取自内华达山脉地区。以前，那里每年冬天都会有很厚的积雪，可以一直稳定地为这个地区供应足够的水，直到夏季来临。可是如今，那里的水资源已经变得不再可靠。由于莫勒的农场直接连着内华达山脉的供水渠道，所以他总能在第一时间知道那里的情况。这条内华达山脉的供水渠道建于2000多年前，直到今天，它还在努力践行自己的职责，为山脚的农田提供较为稳定的灌溉用水。但是现在，它的作用已经开始慢慢减弱。豪尔赫·莫勒向我们抱怨道，他以前极为依赖的内华达山脉的水资源，现在只有极少部分可以通过这条渠道到达他的农场。

他指着内华达山脉说，山顶那里的情况决定了在山下可以种植哪些作物、收获什么果实。一直到现在，这里的农民都是根据内华达山顶积雪层的厚度来安排自己的耕作的。那么，如果有一天那里的积雪完全消失了，该怎么办呢？豪尔赫·莫勒无奈地耸耸肩，难以回答这个问题。他已经决定，在下一年继续种植那些耗水量低的作物。他也想转变灌溉方式，打算像阿尔梅里亚地区的大型蔬菜种植园一样，采用滴灌技术进行灌溉。可惜，他目前没有足够的资金，至少还需要5000欧元才行，这对于月收入只有几百欧元的他来说，简直是一个难以企及的梦想。

豪尔赫·莫勒并不是唯一一个有着这样忧虑的农民，这一地区其他的传统农民们也一直在同缺水做斗争。在安达卢西亚农业研究及咨询院工作的卡罗琳娜·普埃尔塔打算帮助这些农民，以使他们能够更好地预测这里的天气。她开发出了一种天气预报系统，可以预测一整季的天气。通过这个系统，农民们可以大致推断出，在下一年到底是种植西红柿，还是种植像豆类这样耗水量低的作物比较好。为了给出准确的播种及灌溉建议，卡罗琳娜·普埃尔塔还利用无人机进行监测。这些无人机会传送回一些图片，她从中可以分析出植物的基本状况——到底是缺水还是已经吸收了足够的水分。[①] 但是，即使大规模集中使用这种高科技，也改变不了西班牙南部气候在不断变化的现实。

政府间气候变化专门委员会 IPCC，也对这座欧洲菜园及其周边环境做出过预测，但结果并不怎么理想。在未来，降水在西班牙南部也许会进一步减少。来自安达卢西亚的廉价蔬菜也许即将走向终结，而这会威胁到整个欧洲人民的生活。自 2014 年起，米格尔 · 阿里亚斯 · 卡内特当选为布鲁塞尔欧洲气候委员会的委员，他自己本身还是安达卢西亚地区的一个大农场主。他说，人们完全不必给那里的农民解释气候的变化，他们很早就已经注意到了这些。夏季的持续高温烧焦了他们的果实，越来越频繁出现的特大暴雨、冰雹及洪涝灾害摧毁了他们的田地和温室大棚。阿里亚斯 · 卡内特直言不讳地谈到，即使是波澜壮阔的地中海，也阻挡不了非洲沙漠化前进的脚步，这片荒漠最终一定会跨越直布罗陀海峡，也许 50 年后，西班牙海岸的农民们将再也找不到任何一滴水——他完全不排除这种可能性。[②]

阳光、水和廉价劳动力，是阿尔梅里亚地区之所以能够成为整个欧洲蔬菜园的最根本的三要素。如果有一天，这里温室大棚的管道中无水可流，这个地区的区位优势还能剩下什么？阳光，肯定会在。但是如果没有了水，廉价劳动力肯定会向北迁移，在那里，生活着现在西班牙西红柿的大宗购买者——法国人。法国也许会接手阿尔梅里亚

① 苏姗 · 格策（Susanne Götze）：《沙漠来了》，《南德意志报》，2016 年 11 月 23 日，第 16 页。

② http://www.spanienlive.com/index.php/Umwelt/gemueseanbau-spanien-die-felder-trocknen-aus。

温室大棚的蔬菜种植业。再往后，也许会继续向北，荷兰也会是一个不错的选择，至少那里的农民有着丰富的种植蔬菜和管理温室大棚的经验。

荷兰的蔬菜种植园，位于韦斯特兰省。如果有人从韦斯特兰上空往下望去，就能看到一个巨大的玻璃屋顶。虽然跟阿尔梅里亚塑料之海覆盖的范围相比，这里的面积非常小，但却配备有各种高新技术，使荷兰这个国家在西红柿市场上稳稳占据着领先地位。采用这些技术的根本目的，是在节约成本的同时提高果实的竞争力。威廉·凯默斯就负责着这样一个名为生态未来的项目，其追求的目标在于使温室之中的水资源供应更加有利可图。他们的口号是“用养鱼水替代饮用水”，他会从一个养殖池中抽取废水，来浇灌他的西红柿苗。因为这些养鱼的池水溶解了各种动物的排泄物，包含大量的营养物质，可以使西红柿更好地进入新的生长阶段。“如果这项技术能够大规模推广使用的话，”他说，也许对于这个沿海国家来说，这“会是一场革命性的改革”。从另一个方面来看，在西红柿种植过程中，各种动物顺其自然地参与其中，也能节约大量的成本。比如，如今在大部分温室中，野蜂主要担负着授粉的责任，而在以前，是要靠人工亲手为这些西红柿花朵授粉的。大量的益虫被安置在植物之上，将那些侵害叶片的害虫吞入腹中，这比采用化学试剂便宜多了。在节约用电方面，这些荷兰人还向我们表示他们会尽可能使用太阳能发电。在他们的温室之中，安装了几块太阳能板，用以驱动通风机及照明设备，并且通过使用泵机，将夏季在屋顶集热器中收集到的温水，向地下挤压。这些温水可以使地下的温度保持在大约20摄氏度的适宜水平，等到了冬季，再重新通过管道抽取上来，为温室供应热水。

这一切似乎都预示着，未来的荷兰会成为另一个欧洲菜园。可是这里仍然有一个问题，且凭借这里所有的科技也难以解决，即气候变化带来的风险。事实上，这个国家的大部分地区都位于海平面之下，如果未来海平面继续上升，那么这座高科技菜园总有一天会消失在大海之中。等到那个时候，我们是否还有另一个替代的蔬菜工厂，可以一年四季为我们提供新鲜蔬菜呢？

也许这时候，只有我们自己，作为顾客的自己，尝试去改变想法了。也许，我们可以将目光转向自己生活的周边地区，并且充分利用自家门前的花园。这样，虽然不可能一年四季都有便宜蔬菜可供食用，但是，它却能给我们带来最自然的好味道。查尔斯和佩林·埃尔韦-格鲁耶的菜园便是这样一个非常值得一看的好去处。他们的蔬菜农场位于法国诺曼底地区一个名为贝克埃卢安的小村庄。最近，那里吸引了众多目光，因为他们成功地使蔬菜种植与气候变化协调起来，他们坚信，即使没有温室大棚，没有灌溉系统，没有化学农药，他们依然能够收获品质更好的西红柿、黄瓜、辣椒和土豆。

查尔斯和佩林的农场一点都不像是有序经济下的典型模范，这里完全是一片混乱：生菜旁边挤着小红萝卜，菜豆秆攀着玉米棒子一路向上生长，在一片西红柿之间，又点缀着朵朵万寿菊，韭菜长在草莓之间，而洋葱与胡萝卜共享着一片田畦。其实，这种看似混乱的状态也是一种系统的种植方式——间种种植。在这种种植体系下，作物们互相依存，相辅相成。比如，万寿菊可以很好地抵御蚯蚓对西红柿根系的破坏，韭菜对于草莓来说也是一样的作用。而在胡萝卜中栽种洋葱，则可以吓退大量破坏胡萝卜的苍蝇，使它们无法对胡萝卜生长造成任何损害。

这种方式其实是十分高产的。按照会计计算，这种间种每平方米收益可以达到 57 欧元，而这是传统蔬菜种植难以比拟的。目前，这种方式已经经过了科学验证，其效果也得到了承认。来自法国国家农业研究院的弗朗索瓦·莱杰对查尔斯和佩林的农场经营方式进行了细致的调查研究，再一次证实了这些数据的真实性。更令人惊讶的是，埃尔韦-格鲁耶一家并非出身农业世家，他们完全是中途改行而来的，从一无所知到现在，可以算是大器晚成了。男主人是一名来自大西洋沿岸的帆船教练，女主人则是来自日本东京的法学家，他们是 12 年前决定搬到农村居住的，想要亲自感受种植蔬菜的过程。他们打算靠着一块大约 1000 平方米的土地，养活自己和两个孩子。经历了最初的失败后，如今，他们已经可以每周采摘 150 箱的蔬菜和香草等，为周边生活的客人们供货。

当然，这需要大量的手工劳作，那里雇工的时薪一般在 9.5 欧元左右，查尔斯解释说，在诺曼底的乡村地区，即使跟周边农民相比，这样的收入也已经不算差了。他还打算将更多的树木也纳入他的循环体系之中，这种“农林复合”（Agroforestry）的种植方式目前也引起了极大的轰动。这些树木，既可以给其他作物带来阴凉，又可以保护土壤免遭水分流失。某些树木品种甚至还可以吸收空气中的氮元素，将其保存在自己的根系之中，再输送给周围其他作物。

埃尔韦-格鲁耶一家的农场一点都不缺乏外界的关注。巴黎、鲁昂及图尔市的市长都曾来到这里参观，家乐福和达能等一些大型食品集团也都曾派人来这里调研。甚至一些农业协会也放弃了他们最初的保留态度。诺曼底农林协会会长赛巴斯蒂安·温莎对这个项目大加赞赏：“为了进一步推动农业发展，我们正需要这样的试验。”虽然埃尔韦-格鲁耶一家农场的经营模式只有在市场价格合适时，才能发挥出最佳的作用，会长赛巴斯蒂安·温莎提醒道，消费者们必须首先转变思想，毕竟对于好的产品，肯定也要花足够多的钱才行。

对于查尔斯和佩林·埃尔韦-格鲁耶来说，这完全不是问题，他们的顾客懂得尊重他们付出的劳动，并且愿意鼓励他们两个不断进行新的试验。在夏天时，他们种植了 15 种以前常见的古老的小麦品种，并且拿镰刀亲自下地收割。他们将麦粒研磨成粉，做成面包。麦秆晒干后，连同收割的一些无用的香草和花朵一起，作为干草汤的原料打包卖给星级厨师。虽然这种汤的美味无法用言语来形容，但人们却可以通过这么一大堆麦秆的售价看出端倪：这堆麦秆居然能卖18欧元。

查尔斯和佩林·埃尔韦–格鲁耶的项目，难道仅仅是诺曼底一些避世者的成功试验而已吗？它能否作为标杆，为农业和蔬菜种植业的工业化道路指明新的前进方向？至少在罗马的联合国粮食与农业组织眼中，埃尔韦–格鲁耶农场的耕作经营方式是十分值得重视的。他们为世界上的其他农民做出了表率。这些小农们往往忍饥挨饿，因为他们的田地收成不佳，面积又太小，而且还没有足够的钱来购买昂贵的种子、化肥或化学药剂，更不用说花钱购置大型机械，比如犁和拖拉机等。对于他们这些人来说，查尔斯和佩林·埃尔韦–格鲁耶农场的生产经验有着重大的借鉴意义，因为他们同世界上其他地方的可怜农民情况一样，用着类似的劳作工具，然而不同的是，他们取得了令人艳羡的成功。

二

9. 海外农场和德国肉类加工业对海外饲料的依赖性

当你沿着德国 A1 高速公路一路向北行驶，经过下萨克森州，最迟走到达默山脉时，你一定会关上车窗玻璃，打开空调循环换气。这里是德国的养猪场，因为拥有这块大陆最大的肉类加工厂而闻名内外。在这里养猪所需要的饲料，主要从美国、阿根廷及最重要的巴西进口而来，一路漂洋过海，运到汉堡或者鹿特丹。家畜饲养需要大量的饲料，而在欧洲，除非这里能突然额外多出 2600 万公顷的土地，否则根本不可能有足够的地方种植这些饲料作物。在整个德国，养殖场喂牲口所需的饲料，都生长在海外 600 多万公顷的土地上，这几乎相当于德国总耕地面积的一半。[①]

如果没有这些海外农场，达默山脉背后的这些肉类加工厂便不会存在了，每年这里也就不会出产出 800 万吨以猪肉为主的廉价肉类了。

① https://www.wwf.de/fileadmin/fm-wwf/Publikationen-PDF/WWF_Fleischkonsum_web.pdf。

当这个国家的人们吃到这些美味的肉类时，大概不会想起来去忧心这样一种现实的危险性，但生产商是肯定不会忘记的。气候变化，对于威悉河和埃姆斯河河畔的肉类生产大亨也是一个沉重的打击。饲料和气候变化，是他们庞大商业帝国的"阿喀琉斯之踵"，会一步步将他们从廉价肉制品加工市场上淘汰出局。也许很快，廉价的煎肋肉排就会成为只属于过去的美好回忆了。

弗兰茨·多恩坎普在下萨克森州距离 A1 高速公路不远的地方经营着一家养猪场。虽然他饲养了 2800 头猪，但在这个行业，他的养猪场的规模依然不算很大。他清楚地知道，自己平时对于进口饲料的依赖是多么严重。但即便如此，饲料问题仍不算是他目前最担忧的事情，即使价格出现一些波动，也在他可以应付的范围之内。现在最让他发愁的是猪肉市场上要命的价格战，他每一天似乎都在经历生死之战。自从俄罗斯对欧洲食品实行禁运令以来，加上中国的经济发展速度减缓，欧洲出口市场看起来一片愁云惨淡，弗兰茨·多恩坎普的肉制品价格也一直低迷不振。

他告诉我们，现在靠猪肉赚钱，都是碰运气的事，猪肉已经完全无法给他提供稳定可靠的收入了。多恩坎普自嘲地承认，现在的养殖农就像畜群之中的牲口，往往随波逐流。当价格上升时，他们恨不得把猪圈中的每一个角落都塞满了猪。那么接下来会发生什么，大家肯定都知道了——猪肉过剩导致价格下跌。价格下跌后，大部分的猪圈便又会闲置下来，以避免造成更大的损失。于是价格再次上涨，新一轮的循环从头开始。

弗兰茨·多恩坎普一直试图在市场价格的起起伏伏之中，维持自己猪肉价格的稳定。他一边巡视猪圈，一边给我们解释说，价格主要取决于猪肉的品质。在霓虹灯的照耀下，他们的猪群发出哼哼的轻叫声。在他的养殖场，每 16 头猪共用一间猪棚，那里现在还一片寂静，就像暴风雨前的宁静一般，就差一个爆发的契机。而当弗兰茨·多恩坎普打开开关，泵机开始转动，饲料从一个大桶之中慢慢压向猪棚饲料槽的时候，一切都仿佛立刻苏醒过来，所有的猪都哼哼吱吱地叫嚷起来。猪群们就是靠着大量的饲料喂养成活的，每天每只猪至少可以增加 700 克体重，这样在 80 天之后，它们应该可以达到宰前毛重 120 公斤的目标。这个重量是德国大多数屠宰场和肉类加工厂最喜欢的——不会太肥，而且身上会有最大比例的肌肉。

这样的体重增长，其实主要是靠饲料中的大豆，它们被磨成粉和粗粒掺进了饲料之中。专家们估计，一头猪在它短暂的一生之中，大概要吃掉 40 公斤重的大豆。[①] 那么，在弗兰茨·多恩坎普的养殖场，他每喂养一轮 2800 头猪，就需要 11.2 万公斤的大豆。每一轮，每只猪大概只需要在猪圈内喂养 88 天，因此一年可以养殖 4 轮。那么一整年下来，总共大概需要消耗约 45 万公斤大豆量，以喂养出 134.4 万公斤的猪。

弗兰茨·多恩坎普不得不承认，他完全离不开南美的大豆生产集团。如果有一天，海外的饲料无法按时供应，或者完全供应不了的话，会是一场怎样的灾难？如果真有这么一天，这位下萨克森州的养殖户便只能关掉自己的养殖场了。没有进口饲料，他的猪就无食可喂，而且这些饲料的价格也必须合适，否则他的饲养工作就没有了意义。大豆的价格与当年收成量紧密相关，如果收成比较差，那么价格也许很容易便会翻上一番。这已经不是第一次了，早在 2006 年到 2014 年间，弗兰茨·多恩坎普就多次经历过这样的价格暴涨。

2016 年，一些专业杂志又发出警告，大豆价格也许会再创新高。分析认为，这主要有以下原因：首先是那一年阿根廷降水过多，而巴

---

① https://www.lfl.bayern.de/ite/schwein/136272/index.php。

西又遭遇了极端炎热的天气，再加上世界上最大的猪肉消费国——中国对肉类食品的需求大幅度增加。为了维持中国本土肉类加工厂的正常运转，中国每年需要消耗 8300 万吨的大豆。与之相比，德国每年仅 500 万吨的进口大豆量，就像小矮人与巨人之间的差别。但即便如此，“小矮人”德国也有着自己的宏大目标——成为世界猪肉市场上的“全球玩家”。因此，如果缺少大豆这种主要的饲料成分，对于德国计划的进行是大为不利的，因为饲料成本在养猪过程中至少起着一半的决定性作用，甚至会直接影响利润率。如果每头猪只能赚取 20~30 欧元的利润，那么养殖场根本经不起什么大的改变，毕竟利润中还必须分出一部分用以支付建筑和保险费用，而剩下的另一部分，弗兰茨·多恩坎普必须预留下来，为下一轮养殖工作做准备。如果大豆成交价上涨 50%，那么利润就一分不剩了。弗兰茨·多恩坎普一点儿都不想在现实中面对这样的预测，因为这最终一定会让他破产。

事实上，大豆也是气候变化的牺牲品，但是这真的会让廉价肉类的时代走向终结吗？弗兰茨·多恩坎普认为，这简直是胡说八道。以前即使没有坐船漂洋过海而来的粗磨大豆饲料，德国的猪仍然被喂养得膘肥体壮。在 20 世纪 60 年代，还有着周日烤肉这一传统。当时的弗兰茨·多恩坎普还很小，他亲身体验了这种传统活动。每到周日，他家就到处弥漫着烤肉的烟雾与香气，他们按照祖母的菜谱煎烤着一块相当大的肉，足够所有人分食。而一周内剩下的其他日子，他们的菜单可能就是烹调猪肉剩下的部分，吃烤蛋饼、豌豆汤、土豆、鱼等，烧烤只能在周日进行。那个年代，猪肉是十分珍贵的，跟今天的廉价市场相比，那时的售卖价格完全可以让养殖户和牲畜过着比今天更好的生活。

弗兰茨·多恩坎普继续回忆道，在那时，工人们需要一个半小时才能加工处理完一公斤的排骨，而现在只需要 27 分钟。这一切都是科技的进步、海外便宜的饲料、更合理的饲料利用方式、催肥剂、喂料泵机及流水线上自动完成宰杀及分解工作的肉类加工厂等因素共同作用的结果。多恩坎普说，正是这一切，使肉类产品的价格越来越便宜。

巴西，是世界上从全球肉类及大豆的繁荣潮中获利最多的国家。“我们的奶牛都是在拉普拉塔河边自由放牧的”，一位来自南美的环保主义者，在 30 年前就开始谴责并抵制饲料进口，但却一直收效甚微。如今，欧洲在南美洲拥有的饲料种植面积，换算下来已经约合 2000 万公顷了，其中最大的一部分（1500 万公顷）主要用来种植大豆。[①] 南美这块大陆还有着巨大的潜力，离完全超出它的承受极限还有很远的距离，至少在大型农场及饲料生产集团看来，这里还大有可为。特别是巴西，这里有着最大面积的肥沃土壤，以及世界上最广阔的大豆种植区。

泛美公路 BR-163 号高速公路，是通往南美洲大豆种植天堂的最重要的公路干线之一。它处于巴西发展的中轴线，早在 1971 年军事政府执政时期就已经开始规划建造。这条公路始于马托格罗索州的库亚巴，穿过亚马孙河流域，最终抵达北部港口圣塔伦市。通过这座港口城市，巴西的大豆种植与欧洲的养殖场及世界其他地方连接在了一起。但这条公路并不是全都铺设了柏油马路，越往热带雨林深处行驶，这段旅程就越惊险刺激。一辆辆大货车在赤褐色的土路上颠簸前进，坑坑洼洼的道路大大限制了行驶的速度。一旦深陷在道路之中，这些大豆运输车就要靠其他“公路列车”（Road Trains）车队拖拽而出，并跟在车队后面一起前进。一路上，车队走走停停，当遇到一座摇摇欲坠的桥梁时，这些车辆更是必须以极慢的步行一般的速度才能通过。行进过程中，桥梁跟货车一起晃动，看起来极其惊险，但它依然坚挺地

---

① https://www.wwf.de/fileadmin/fm-wwf/Publikationen-PDF/WWF_Fleischkonsum_web.pdf，第 38 页。

保障着车辆的通行。

值得庆贺的是，这座桥梁终于不必再继续坚持下去了，大豆生产商们已经与该州达成一致，必须要彻底地修缮 BR–163 号道路，并在所有的路段上都铺上柏油。所有司机旅程的终点都是港口圣塔伦市，那里有着由世界上最大的农产品经销商——美国嘉吉公司（Cargill）投资兴建的最新大豆装货码头。该公司希望凭借这项投资，进一步巩固自己在饲料工业方面的"全球玩家"身份。这项投资，由美国嘉吉公司与巴西最大的大豆生产商人布莱罗·玛吉共同联合进行，玛吉还曾于 2016 年被任命为巴西农业部长。通过合作，他进一步保证了巴西大豆巨头的地位。最近 30 年，那里的大豆产量大幅度增加，2016 年甚至几乎与美国——目前世界大豆生产超级大国——的总产量持平。如今，仅马托格罗索州及其周边地区农场的大豆年产量就为 8200 万吨（2013 年），几乎占世界总产量的 1/4。[①]

尽管在 2016 年，巴西经济出现了衰退的迹象，但这些大豆生产巨头依然赚着越来越多的钱，丝毫没有受到任何影响。这其实与大豆的价格有关，大豆通常是使用美元定价的，在 2011 年至 2016 年间，美元与巴西货币雷亚尔之间的汇率兑换涨了 1/3。这对于以美元定价的大豆价格来说，简直再好不过了，甚至相当于价格上涨了 70% 之多。[②] 经济学家们称之为"意外利润"（windfall profits）。自从大型大豆农场主的钱箱越来越满，各个赚得盆满钵满以来，巴西的环境保护者便一再担忧自己国家热带雨林的状况。以前，在社会主义倾向的政府领导下，还能对这种情况加以控制，但是在 2016 年 5 月，布莱

① 森特哈斯（P.C. Sentelhas）等：《巴西大豆产量的差距、规模、原因及可持续生产的对策》，《农业科学杂志》（*Journal of Agricultural Science*），剑桥大学出版社，2015 年。

② 彼得·理查兹（Peter Richards）等：《巴西繁荣的大豆产业严重威胁着当地的雨林和全球气候目标》，《对话》（*The Conversation*），2016 年 4 月 18 日。

罗·玛吉当选为农业部长之后，亚马孙流域仿佛为新一批的电锯杀手敞开了自由的大门。在2006年，布莱罗·玛吉就曾获得由绿色和平组织（Greenpeace）颁发的“金电锯奖”，以“嘉奖”其对亚马孙地区原始森林做出的特殊“贡献”。

布莱罗·玛吉，属于大豆经济热潮中最大的受益者之一。根据美国杂志《福布斯》（*Forbes*）估计，其资产总额高达9.6亿美元，其中最大一部分资产就来自于其在阿玛吉（Amaggi）集团中所占的大量股份。阿玛吉集团坐拥数十万公顷的农田，是世界上最大的大豆生产商。在巴西，该集团不仅拥有大量的农场，还有着自己的货运及船运队伍，这可以更加便捷地将收获的大豆运往国外，特别是欧洲地区。

如果你从飞机上向下望，在大片大豆农场之中尚可以看出一块块残存的热带雨林网。数十万公顷的自然保护区，在某些毒舌的人口中，这是国家为大豆种植保留下来的最后一片沃土，如果大豆价格继续上涨，或者其他地方受气候变化的影响变成“焦土”，巴西仍然有地可种。

一些气象学家也为证券经纪人的期望提供了强大的支持。在气候变化的情况下，巴西随时都可能出现歉收的情况，再加上美国的干旱，如果两者同时发生，那么世界市场上的饲料价格就会出现爆炸式增长，就像2007年一样。那时，饲料谷物的市场价格在一周之内，疯涨了300%。当时，各个工业国的粮食仓库都完全空了，粮食余量甚至只够人和动物吃43天。2011年，出现了第二次类似的价格猛涨。谁也说不准，第三次会在什么时候发生——因为随时都有可能。

弗兰茨·多恩坎普，下萨克森州的养猪户，一直认为在养猪过程中出现饲料短缺、市场崩溃是胡说，但是来自巴西圣保罗坎皮纳斯的国家农业研究院的气象学家爱德华多·阿萨教授，却有着不同的观点。根据他的观察研究，2016 年春天，巴西勉勉强强才躲过了一次歉收。那一年的厄尔尼诺现象，给巴西东部地区带来了空前的干旱灾难。2016 年，大豆产量至少减少了 600 万吨。这虽然只占巴西总产量的 10%，但在国际交易所中，影响却很明显。而 2016 年的厄尔尼诺现象，恰恰给我们提前展示了，未来大豆种植国家可能会定期出现的灾难性场景。而这一切都是自食其果，几十年来，大型农业集团不断地开垦着一片片土地，特别是南美大陆的中心——塞拉多热带稀树草原地区，事实上，那里根本就不适合耕作，充其量也只能当作牧场使用。塞拉多草原有着 200 万平方公里的面积，几乎相当于德国国土面积的 5 倍，主要涵盖了戈亚斯州、马托格罗索州、南马托格罗索州及米纳斯吉拉斯州。在这里，一些大豆垄断集团无所顾忌地将大面积的草原翻耕成了可以种植大豆的良田。

他们从 20 世纪 80 年代开始了这项造田工程。以前，塞拉多地区是巴西除了热带雨林以外物种最丰富的地区之一。但是，现在那里早已不是那个样子，在大豆热潮之后，这里一半的物种都成了大豆农场主犁具之下的牺牲品。至于塞拉多草原剩下的一半物种的命运，则完全取决于欧洲肉类产业的发展及气候变化的影响。坎皮纳斯大学的气象学家希尔顿·西尔维拉·平托解释说，如果干旱真的成为巴西大豆种植区的常态，那么到 2020 年，巴西的大豆产量就将下降 1/4。到那时，预计巴西的出口损失额将高达 200 亿美元。

艾弗里·科恩认为，真实的损失也许会更大，因为目前的研究往往容易低估气候变化带来的影响。艾弗里·科恩，是美国塔夫茨大学研究国际环境与资源政策方向的教授。如今，科学研究往往更加关注气候变化对收成的直接影响，而很少考虑到农民对此做出的反应。由于种植大豆的风险将会变得过高，他们很可能会从根本上调整种植计划。

以前，在马托格罗索州，人们通常一年种植两茬大豆。[1] 但是在过去几年中，当人们越来越明显地感受到降水的减少及气温突变，且这似乎已经成为一种惯例时，巴西大豆种植农协会董事毛利西奥·米亚雷利总结道，很多农民往往会选择放弃第二次播种。如果塞拉多地区每年只收获一次，那么这将会对全世界，尤其是欧盟、德国市场及那里的家畜饲养产生严重后果。[2]

如今，在巴西东部，大豆种植已经遇到了巨大的困难。爱德华多·阿萨解释说，这主要是降水的缺乏导致的。现在，仅凭自然降水，已经完全满足不了大豆农田的灌溉需求，必须更多地进行人工灌溉才行。而气候变化，又使情势变得更加尖锐化。大豆，是一种非常敏感的植物，在开花期内，只要很短一段时间的干旱，即也许只需 10 天的"干旱期"就足以导致一次歉收。在过去，没有人对这种天气的变化感兴趣，因为植物的生长更为缓慢，开花期也较长，但现在，必须有一天算一天，每一天都很关键。特别是对于新的高产品种来说，从种植到收获只需要短短的 100 天就够了，而以前则需要 140 多天。因此，坎皮纳斯的巴西农牧业研究所的古斯塔沃·罗德里格斯认为，这种大豆对于干旱期的敏感度大大增加。他迫切建议进行反向选择，采用生长期更长的大豆品种，以更好地缓解突发干旱带来的风险。

为了应对气候变化，国家农业研究机构还在田间种植中引入了基因技术，试图将一种从芥菜中提取出来的更加抗旱的基因移植到大豆之中。可是，这项研究至今也才仅对一种品种进行了实验，且尚停留

---

① 艾弗里·科恩等：《为应对气候变化，种植次数及种植面积的改变带来的影响将超过其产量收益》，《自然气候变化》（*Nature Climate Change*），2016 年，https://www.nature.com/nclimate/journal/v6/n6/full/nclimate2934.html。

② 《气候变化下，反思巴西农业的发展》，世界混农林业中心（World Agroforestry Centre），2014 年 4 月 24 日，http://www.worldagroforestry.org/news/climate-change-calls-rethink-agriculture-brazil。

在实验室内的阶段。而爱德华多·阿萨说，目前巴西已知种植的大豆品种就已经超过了300多种，这也从侧面反映了这个国家有着大量不同的自然区域。只有一种转基因的大豆，对于拯救整个国家的大豆种植来说几乎没有什么效果，至少要有400种才行。可这肯定需要更长的时间，对目前正处于严峻气候条件下的大豆种植来说，需要等待的时间太久了。

简单点说，问题的根源还是在于该地水资源不足。塞拉多地区会经常性地出现缺水状况，因为这里实际上属于半干旱地区，而且大面积的单一种植方式使那里很难储存下任何水资源。与储存相反，水资源在当地的环境中更容易蒸发，这会进一步加剧连续高温天气的影响。想要真正减轻气候变化带来的负面作用，巴西农场主们就必须改变大豆种植的根本方式，选择一种能够更好地存水及控温的方式。这也就是说，要放弃单一种植的方式，不再在贫瘠的荒地上，而是在树木之间的草地上种植大豆。这种农林复合的方式，在国际上也广受赞誉。

农林复合的原则可以说是十分革命性的。在广阔的大豆种植田，人们首先要做的就是扔掉所有犁具，禁止继续翻耕土地，取而代之的是，人们需要在这里重新播种草籽，相当于人工打造一片稀树草原。然后，将大豆播种到20米宽的条带状草皮之上，并且在每块草皮边缘种植上各种树木，比如桉树、石松及其他生长速度较快的树木。这种草地可以更好地储存雨水，土地上覆盖的草皮也可以维持适宜的土壤湿度，保护其免遭阳光的直接暴晒。两边的树木则可以为大豆提供更多的阴凉，为大豆遮风挡雨。所有的植物共同作用，可以在一定程度上减少温室气体带来的影响，从而保证收成量。此外，联合收割机也可以像在传统农田里一样，行驶在树木之间的小道上，很好地完成收割工作。

爱德华多·阿萨教授坚信，与农林复合相比，没有任何一种种植方法，可以提供更好的持久稳定性。但是，这种方法到底能否尽可能快速地得到贯彻应用，取决于是否能说服巴西几十万的大豆种植农。那些年轻且有责任感的农民是希望进展可以再快一点的，但是其余大部分农民呢？爱德华多·阿萨对此毫无把握。这位科学家担心，这种大豆混农林的种植方式，对于农民来说会是个过高的要求，特别是在要求他们彻底转变耕作方式这一点上，甚至连负责的主管部长都在怀疑，农民会不会愿意在自己广大的土地上转变种植方式。除此之外，这位教授还发现，直到现在，所有人都还认为，到 21 世纪末，全球平均气温只会上升 2 摄氏度。但是事实上，坚持这种看法是十分盲目且轻率的。爱德华多·阿萨提醒大家注意，由于巴黎气候协定没能在规定时间内贯彻实施，这个 2 摄氏度的目标很可能无法实现，到时我们又该如何是好？他还补充道，可能到那时，即使是科学也无法给出正确的答案了，“因为那时，我们会进入到一个完全未知的领域”。

也许，美国可以替补上巴西这个大豆生产国的空缺？沃尔弗拉姆·施伦克尔和迈克尔·罗伯斯，两位来自亚利桑那州立大学的科学家向我们摇摇头，否定了这种可能。即使是在美国，现在也有一些地区出现了地表温度上升的现象。比如，如今美国的粮仓——玉米带(Corn Belt)，早在 2012 年就已经遭受了干旱和高温天气的侵袭。那时，连续几周都没有一丝降水，高温热浪天气几乎将土地都烤干了。结果，2012 年的大豆产量降低了 3/4，而美国中西部地区田地上种植的玉米，也都在高温炙烤下，空余一根玉米秆。施伦克尔和罗伯斯一直想要研究清楚，温度上升是如何对这些饲料作物施加影响的，因此，他们对大豆和玉米做了高温测试。他们发现，在这两种作物体内，都有一种类似引爆点的极限值存在，如果温度的上升压力达到了这个引爆点，那么玉米和大豆就可能不会结出果实。对于大豆来说，这个极限温度在 30 摄氏度左右，如果气温攀升到 30 摄氏度以上，那么大豆生长就会突然陷入萎靡。

科学家们将这种情况归因于目前种植的品种。现在选择的大豆品种，大多只能适应温和的气候，并且在种植过程中需要施加大量的化肥和农药。因此，一旦它们适应的这个环境改变了，它们的产出能力就会急剧下降。而能够更好地适应气候变化的强壮种子，目前尚不在育种者的选择标准之内。

再加上最近几十年的种子市场大多受制于个别大型企业，市面上只有很少的育种品系可供选择，这就使情况进一步尖锐化，农作物适应新环境变得愈加困难，而大豆产量全盘崩溃的风险也大大增加。从预测的未来天气波动峰值来看，美国大豆产量将面临损失一半或更多的危险。[①] 科学家们强调道，这样的天气波动肯定会引发影响深远的严重后果，其中一个必然是饲料价格的大幅度上涨，这将对肉制品的生产加工带来巨大的影响，不论是猪肉、牛肉还是家禽，都一样无路可逃。

大豆的全球性短缺及其不断上涨的价格，让下萨克森州的养猪大户弗兰茨·多恩坎普十分不悦。饲料价格的上涨，意味着肉制品价格肯定会相应地上升，那么商店内肉类产品的销量则会下降，到最后，多恩坎普猪圈内饲养猪群的规模与数量肯定也将大幅度减少。按照市场专家们的分析，当零售价格上涨 50% 时，肉制品的购买力几乎会相应地下降 50%。因此，发生在马托格罗索州、南马托格罗索州及米纳斯吉拉斯州的气候变化，可能会直接替换我们餐盘上的食物，改变我们的饮食习惯。但是，廉价肉类时代的终结，是否真的是一场灾难呢？

① 沃尔弗拉姆·施伦克尔和迈克尔·罗伯斯，《在气候变化下，非线性温度效应对美国粮食产量的严重破坏》，《美国国家科学院院刊》（*Proceedings of the National Academy of Sciences of the United States*），2009 年 9 月 15 日，第 106 卷，第 37 号。

或者这会是一次机遇吗？一次可以让我们重新发现饮食与种植密切相关的机会；一次让我们重新重视周日烤肉传统的机会；更是一次让我们尊重那些为我们的饮食付出生命代价的牲畜的机会。这可能也是弗兰茨·多恩坎普所愿意看到的。

但是，这样一来，他又要靠什么生存？

他站在他的猪圈旁，一边看着他养的猪，一边沉思，他不愿被这些莫须有的预测所困扰。他认为自己是一个现实主义者，只对当下感兴趣。此时此刻，就在这里，他只想把他的猪喂得饱饱的，能够尽快达到出栏体重。就像今天，他喂饱了猪圈内一头头饥饿的猪，听到它们从急切地吱吱尖叫到发出心满意足的哼哼声，多恩坎普便再次关闭了饲料管的开关。在一片喧闹的抢食之后，一切又重新归于寂静——如同暴风雨前的片刻宁静。

二

10. 喝茶可以，但耐心等待就算了

印度的经验教训

“大暴雨”，在印度被称为 cloud burst，从这个英语短语上看，便不难发现这个表达与东南亚的季风气候密不可分：雨一直不停下，云层就仿佛一个炸裂了的装满水的水袋。雨伞在这时毫无用处，几秒钟之内，密集的雨滴就像建造了一面宏伟的水墙，一摊摊积水就像一片片小湖泊，街道也很快就变成了一条条湍急的溪流。24 小时之内，降水量高达 300 毫米，这在季风期内并不罕见。现在，只要一谈到这些，农民们就都愁容满面。一整年的降水量往往在很短的时间内以特大暴雨的形式出现，而温和的冬季降水却越来越少，因此，每年干旱期持续的时间变得越来越长。

因为缺乏充足的降水，印度的土地上可生长的植物便越来越少。只有在个别地区，比如印度北部的旁遮普邦，人们借助于渠道系统或者井水，实现了人工灌溉，但现在依靠这种方式也越来越难了。印度农业可耕地面积的 2/3，都是完全依靠自然降水来完成灌溉的——在适当的时间带来适当的雨水。但是现在，曾经降水分配的完美组合越来越少见，取而代之的是混乱且难以预料的天气状况。特大暴雨带来的过量降水往往会引发灾难性的后果——不仅仅对农业如此，在喜马拉雅山脉下的丘陵地带，大量的降水还会导致山体滑坡等灾难频发。

2013 年，仅在印度北部的北阿坎德邦及喜马偕尔邦，就有 6000 人在洪水、滑坡及泥石流等灾害中丧生。在连续多日的特大暴雨之后，多条河流翻腾汹涌，吞没了一个又一个村庄。而在另一些地区，山地斜坡上的土体在雨水浸泡下，顺坡向下滑动，将居住在这里的人、房屋及街道通通掩埋在几米厚的泥层之下。原本，短时间内的倾盆大雨在季风季节并不算罕见，但是现在，这样的特大暴雨往往可以持续数十个小时之久，且强度全程没有丝毫的减弱，在短短一天之内，就能倾泻下以前一整个月的雨量。

仅 2015 年 11 月 9 日、10 日两天，印度南部沿海泰米尔纳德邦的降雨量就高达 480 毫米。拥有百万人口的大城市金奈遭遇了百年一遇的特大洪水。在大量雨水四处肆虐之前，就已经有更多的风暴接连不断地向着这片沿海地区席卷而来。在 11 月份最后几天及 12 月 1 日，降雨几乎完全没有间断，到 12 月 2 日，金奈发出紧急公告，宣布成为重灾区。在泰米尔纳德邦，至少有 500 人死于洪水泛滥，180 万人被迫搬离自己的居所。

气象专家认为，印度南部的特强暴雨可能是由厄尔尼诺现象引起的。与之相反，当年印度北部的冬季，几乎没有降水。2016 年 2 月 8 日的《经济时报》（*Economic Times*）刊文称："降雨的缺乏，使西孟加拉邦茶园的耕作者们十分焦虑不安。”[①] 通常情况下，1 月份降水量应该在 16.8 毫米左右，而这年只有 9.9 毫米，仅是往年平均值的 40%，而在 12 月份，则几乎一点雨都没下。著名的大吉岭茶（Darjeeling）就产自喜马拉雅山麓西孟加拉邦的一个茶叶种植区。这一年，茶园主人便预计会出现巨大的经济损失，因为缺少雨水，那里每年第一次采摘的价值最高的茶叶——“春摘茶”（First Flush）的品质会受到明显影响。每年从 2 月份起，一丛丛茶树便开始发出细嫩的新芽，最迟到 3 月份，第一批嫩芽，即“春摘茶”，就要被采摘下来。过少的降雨意味着茶叶品质的降低及数量的减少。而大吉岭已经不是第一次经历这样低产的冬季了，也不止一次地在夏天雨季遭遇到如此极端猛烈的强暴雨天气，以致大量降水聚集成很深的水沟，湍急的水流从大片肥沃的土壤表面冲刷而过。

如今在印度其他地区，也会在不合适的时间突然降雨，偶尔甚至会出现冰雹天气。比卡内尔是拉贾斯坦邦西部的一座历史悠久的城市，地处塔尔沙漠中部，数百年来，都是印度境内丝绸之路沿线重要的贸易及休息地。直到今天，这座拥有 50 万人口的城市仍然是亚洲最大的羊毛交易中心。在一个个有着巨大仓库的羊毛市场上，每天都举行着各种拍卖交易。在比卡内尔，随处可见从事羊毛加工处理的作坊，那里往往就是一片较大的露天场地，有时甚至直接在马路上堆积着大量的羊毛，使其在阳光的照射下充分晒干。理论上来说，比卡内尔的年降水量通常只有 325 毫米，而且降雨在正常情况下集中在 6 月到 9 月的雨季，从 12 月份到第二年 5 月，几乎是没有任何降水的。可是，在

① 德贝赛思·萨卡尔（Debasis Sarkar）：《冬季降水的缺乏，使得喜马拉雅山麓以南的西孟加拉邦茶叶带的种植者们忧心忡忡》，2016 年 2 月 8 日，《经济时报》，http://economictimes.indiatimes.com/news/economy/agriculture/lack-of-winter-time-rainfall-makes-planters-worried-in-sub-himalayan-west-bengal-tea-belt/articleshow/50902366.cms。

2016 年 3 月 11 日那天，当我来到比卡内尔考察时，天空突然间乌云密布，狂风大作。我的印度向导告诉我说，这看起来像是要刮起沙尘暴了。但很快，我们就不得不淌着水穿过一片正铺在地面晾晒的羊毛，走进一家作坊——原来这并非是什么沙尘暴，而是突现暴风雨，短短几秒钟之内，我们就浑身湿透了。这场大雨，就这样高强度地一直持续下了几个小时。现在，不仅仅在比卡内尔会出现这种非季节性的天气状况，“本周末的这种强降雨且伴有冰雹的恶劣天气，已经对印度北部及中部的重要粮食产区，造成了巨大的损失。”①3 月 15 日的《印度斯坦时报》(*Hindustan Times*) 也对此进行了详细报道。

而在沙漠地区，或在作为印度粮仓存在的旁遮普邦或哈里亚纳邦，降雨对于当时处于极端干旱期的印度来说，没有丝毫作用。从 2016 年春天开始，一些国际媒体也开始着手研究印度的干旱问题。从位于新德里的印度科学与环境中心（Centre for Science and Environment）发布的年度环境报告中②，我们可以找到一些十分可靠的数据。印度主要被划分为 688 个行政区。一张由印度气象部门绘制的地图表明，在 2000 年到 2015 年间，总共有 220 个行政区（大约占印度 1/3 的地区）都经历了 4 年或者更长时间的干旱期。而到 2015 年，几乎一半的行政区划，从 6 月到 9 月雨季期（西南季风影响）的总降水量都低于或明显低于往年的平均值。在一些地区，降水量甚至只有通常情况下的 15%。在 2015 年 12 月，印度西部马哈拉施特拉邦政府宣布，在其管辖的 4 万个村庄中，有 15000 个村庄的降水量都不到往年平均值的一半。而在上一年，因为降水量减少了 27%，马哈拉施特

---

① 切坦·乔罕（Chetan Chauhan）：《非季节性降雨及冰雹灾害，对印度关键性粮仓大邦的早春作物带来严重损害》，《印度斯坦时报》，2016 年 3 月 15 日。
② 2016 年印度环境报告，“土地及农业”章，零污染杂志出版（Down to Earth publication），第 44 页及以后几页。

拉邦多达一半的村庄被官方归入“受旱灾影响”的地区。在邻邦中央邦，水稻、谷物及豆类产量均下降了20%。在印度中部，安得拉邦及泰伦加纳邦的水利部决议通过，克里希纳河（Krishna）沿岸水库中储备的水资源将主要用于满足饮用水的供应。以前，农民们还能从中分配到一部分水用来灌溉农田，现在已经完全得不到了。这两个邦，算上2015年，已经连续3年遭遇旱灾了，而且大量的钻井也造成该地区的地下水位急剧下降。印度环境报告中，引用了印度农民协会联盟顾问杰纳·雷迪的话：“30年前，我们只需要向下挖15.24米，就能抽到水。而现在，我们必须向下钻凿至305米深才可以。”

现在，在旁遮普邦、哈里亚纳邦及北方邦，可以看到越来越多且越来越深的水井。这3个邦，尽管其大部分行政区都被归入受干旱影响的地区，但是这里的粮食产量依然稳占全国的2/3。在这里，钻井抽取上来的水资源，有90%都用于农业生产，尽管此举对于地下水位有着严重影响。环境报告的中期报表显示，从2013年到2014年，受缺水影响，印度粮食产量降低了5%，这一方面是由于特大暴雨及洪涝灾害，另一方面则是全国性旱情导致的——这两者到底是如何同时发生的？两种气象灾害从强度上看，都是由气候变化直接引发的。干旱期变得越来越长，季风的开始和结束也变得难以捉摸，而一旦开始降雨，几小时内就能达到之前一个月的降水量之和，或者在原本的春季干旱期，突降暴雨。

在印度，气候变化的迹象尤为明显，因为印度之前的季风气候是一种十分稳定的，甚至可以准确预测到具体出现日期的天气系统，农民们可以根据气象预测完美安排自己的耕作计划。6月份季风天气的到来，决定了作物播种的时间。在7月到8月作物主要的生长期内，丰沛的降水可以为农作物提供充足的水资源。而到了9月份，降水往往会慢慢减少，这时，农作物便可以得到充分的日照时长，直至最后完全成熟。而且，在 10 月和 11 月的收获期内，干燥的天气对于农民劳作也大有益处。在一些地区，还可能做到一年两收，因为那里的冬季从 12 月份至来年 2 月份也有着充足的降水。而从 3 月份到季风开始的 6 月份，是印度的干旱期，在此期间，印度几乎所有耕地都处于闲置状态。

可惜如今，这个完美地循环了上千年的天气系统，再也无法正常运转了。一次特大暴雨就会冲走大部分刚播种下的种子，而当农民们好不容易再次完成补种之后，天空却又突然晴空万里，一滴雨都没有了。有时，在作物的主要生长期间，天气过于干旱，大部分粮食作物无法结出谷粒、豆荚或任何果实。在冬季，如果没有充足降雨，是没办法做到一年两收的。而 3 月份那些意料之外的降水，大多直接落到闲置的土地上，未经任何利用便渗入土壤之中。此外，在一些 3 月份仍然通过人工灌溉种植作物的地区，却像 2016 年那样，会出现不合时宜的降雨加冰雹天气，对收成造成严重影响。换句话说，在印度，不论降雨过多还是过少——或者两者同时组合出现，都会造成歉收，乃至颗粒无收。

当然，气候变化的痕迹，不会仅局限在印度地区，在全世界都能观察到传统天气模式发生偏移的现象。霜冻现象或提前或推后出现，生态系统也开始陷入失衡。只不过在印度，人们能够特别清楚地感受到这种后果。至今，还有 60% 的印度人直接依靠农耕生存，并且其中大多数都是没有固定资金来源的小型家庭农庄，甚至连种子都要靠贷款购买。他们之中几乎没有人能够凭借农业化学产品（比如追肥）或者高新技术来应付各种变化莫测的天气状况。那些只拥有半公顷到一公顷大小土地的农民们，不可能拿着平板电脑站在田边，精确计算还需要施用的额外化肥量。对于印度大部分农民来说，必须学会同气候变化共存。好消息是，现在印度各地都在着手研究解决办法，以减轻气候变化的影响。比如，大吉岭的茶园就是其中之一。

大吉岭位于喜马拉雅山麓，是世界最著名的茶叶种植区之一。这是一个拥有着 180 万人口的行政区（比卢森堡的总面积大 1/5，是汉堡面积的 4 倍）。在远处白雪皑皑的山峰的映衬下，即使是 8586 米高的干城章嘉峰，也掩盖不了大片茶树丛的郁郁葱葱。这片绿色，赋予了这个地区一份独有的特色——至少第一眼看上去是这样。而埋藏在这幅壮丽美景下的，是这片山中天地间脆弱的生态系统。相比于印度平原地区，人们在这里，即使采取同样的生产生活方式，建造街道或者种植茶叶，都会对当地环境造成更加直接且严峻的后果。陡峭的山坡，或许可以原谅人们在短时间内犯下的小过错，但难以弥补的大错呢？从喜马拉雅山脉地区冰川的融化，我们就可以清晰地判断气候变化的程度。科学家们清楚地知道每年冰舌后移及下降的具体距离，而这部分融化了的冰舌，其实都流向了印度北部的大河。

大吉岭地区深受单一种植方式的影响，即茶叶种植。这里的种茶历史，可以追溯到一位苏格兰人——坎贝尔博士，他于 1839 年担任大吉岭地区指挥官，这位热情的业余园艺家，在这里种下了几粒发了芽的茶树种子。而这些种子则是另一位苏格兰人——植物学家罗伯特·福钧，乔装成商人从中国偷运走私得来的。出乎意料地，这些茶树在大吉岭长势喜人，几年之后，坎贝尔就在这里建造了第一家茶园。1866 年，这里只有 39 家茶园，而现在则有 87 家，并且一直保持在这个数量，因为现在的大吉岭已经没有多余的土地可供建造新的茶园了。

“绿色革命”[①]对于印度的茶叶种植业也有着深刻影响。通过施用化肥，茶叶产量得到明显提高——至少几年内是这样，而化学杀虫剂，则可以更好地抵御害虫侵袭。此外，借助于除草剂的帮助，再也没有任何杂草会同茶树争夺养分。但几十年来，没有人能想到，山体斜坡上长期缺乏覆盖地表的植被，会引发严重的不良后果。

1994年秋天，我第一次来到大吉岭。从安博蒂亚茶园一座建于英国殖民时代的总督别墅向外望去，美景尽收眼底。远方的茶树，顶端嫩芽已经被采下，看起来就像铺了一块厚重的绿色地毯；极目远眺，还可以看到白雪皑皑的喜马拉雅山。可还没等我开始羡慕那些在英属印度时期可以来到这里逃避平原炎热夏季的太太小姐们，安博蒂亚现在的所有者桑杰·班萨尔就邀请我亲自去体验了浪漫茶叶背后的可怕现实。之后我们便来到了可能是当时亚洲最大的山体滑坡灾难的边缘，看到了真正的深渊——字面意义上的深渊。

1968年10月，在经历了一次强度特别大的雨季之后，这里发生了土壤滑坡灾难，两个村庄完全消失在了深渊之中，所幸没有人员伤亡。之后几年，这里一再出现新的裂缝，直到整座山滑动了2.5公里长的距离才停止。当时安博蒂亚茶园的主人便直接放弃了这里，直到1987年，班萨尔一家才重新接手这家茶园。桑杰·班萨尔在印度、欧洲科学家和专家们的帮助下，花费了两年的时间，才制订出了一个用来加固山体滑坡区域的计划。先是对山间的溪流及雨水加以引导，这样即使是在季风性暴雨的影响下，岩体和泥块也不会再随之继续滑动。

---

① 绿色革命，是发达国家在第三世界国家开展的农业生产技术改革活动。这个活动的主要内容是培育和推广高产粮食品种，增加化肥施用量，加强灌溉和管理，使用农药和农业机械，以提高单位面积产量，增加粮食总产量。狭义的绿色革命是指发生在印度的“绿色革命”，即1967—1968年，印度开始了靠先进技术提高粮食产量的“绿色革命”的第一次试验，结果粮食总产量有了大幅度提高，使印度农业发生了巨变。——译者注

此外，他们在斜坡上铺设了多张大网，并在网上固定多个装满种子的土壤袋。这些种子都是经过精挑细选的草籽，有着紧密交织的根系，可以凭借这种方式在破裂的山体斜坡上找到可生长攀附的支点。经过多年的生长，最初只是一些低矮的野生植物开始向外蔓延，接着是一些灌木丛，最后这里甚至有树木生长。现在，山坡已经完全得到了加固，只有一圈竹子围栏，标记着曾经的边界。如果不是那面巨大的照片墙在无声地讲述着这里曾经发生的历史，几乎没有人能想到，在这些茂盛的植物背后，1968 年的这里究竟发生过怎样惨烈的故事。

一开始，桑杰·班萨尔就清楚地知道，山体滑坡并不是无法避免的自然灾害，传统的茶叶种植业对此有着不可推卸的责任。无节制地使用化学农药，以及完全耗尽了肥力的贫瘠土壤，导致茶树丛的根系在这样的土地中完全找不到任何支持。对于桑杰·班萨尔来说，像以前一样继续种植茶叶是不可能的。如果想要避免类似的灾害发生，就必须从根本上转变种植方式。班萨尔从巩固山体斜坡的过程中吸取经验教训，认为对于这种旷日持久的工作过程来说，有机农业不失为一个很好的"工具"。他说道："其中一个指导原则就是，如果我们想要得到健康强壮的茶树，想要获得高质量的丰收，就必须将茶园的生态系统看作一个整体，并且要尽可能地保证这个系统能够平衡发展。"班萨尔是最先将安博蒂亚茶园转变为生态有机茶园的人，如今，在整个大吉岭地区，已经有 13 家茶园加入了安博蒂亚的队伍之中。而且所有这些茶园都获得了德米特认证，生产的都是最为优质的茶叶。

西维塔就是其中一家这样的茶园。在这家茶园的最高点，人们能够俯瞰整座深渊峡谷的风景及对面的斜坡。在好几处地方，人们都能看到 V 形的灰棕色碎石坡，在旁边郁郁葱葱的茶树丛的映衬下，就仿佛新增了一道道难掩的丑陋伤疤——这些痕迹更加确切地表明了最近发生的一些滑坡灾害。西维塔茶园的经理内拉克什·拉那指着对面斜坡上的一条道路说："很多时候，你都可以确切判断出来，下一次的滑坡会发生在哪一片土地。"在一些十分陡峭的位置，那里几乎没有什么植物生长，因此，雨季时流淌的雨水很容易就裹挟着大量碎石和砂砾从这里奔腾而过。年复一年，这里的表层土壤就会变得越来越疏松，直到有一天，或大或小的一部分山体最终形成泥石流滚滚而下。

那些有着紧密根系的植物，不仅仅能牢牢抓住土壤，还能增加土壤可吸收的水分。因此，在西维塔茶园，即使是十分陡峭的斜坡上也种有茶树。这家茶园，是几年前才加入安博蒂亚团队的，对于内拉克什·拉那来说，巩固土壤是摆在他面前的第一要务。通常情况下，茶树是通过"克隆"来完成栽培的。人们只需要从茶树上随意剪下一条细枝，耐心等待，慢慢就会从切口长出一节小小的根系，这便是茶树新的幼株了。这样培育的茶树，原则上同其母株有着同样高产的能力。

当然，茶树也可以从茶籽开始培育。这样长成的茶树虽然更为强壮且抵抗力更强，但是产量较低。此外，它们还有着又长又直的根系（相比于"克隆体"的扁平的根系），可以到达土壤深处，即使在干旱期也能够很好地给茶树提供充足的水分。只有那些未经过修剪的茶树，才有可能最终长成真正的高大树木，并结出茶籽。[①] 安博蒂亚茶园，是世界上少数几个种有高大茶树产茶籽的茶园之一。在2000年时，这里栽种了303棵茶树，随后的4年，它们结出的茶籽都被用来在安博蒂亚茶园的苗圃中培育成茶树。而且，内拉克什·拉那只会将这样的树苗移栽到他的斜坡之上。

为保护土壤付出的努力，甚至一度导致了这里"禁止放羊"规定的出现。在西维塔茶园，这些茶树丛长得还不够结实强壮，在一片片按

① 茶树常呈丛生灌木状，栽培茶树往往通过修剪来抑制纵向生长，所以树高多在0.8~1.2米。而较原始的乔木型茶树，可以高达15~30米，基部树围达1.5米以上，树龄可达数百年至上千年。——译者注

规律间隔种植的茂盛的危地马拉草之中，看起来似乎像一块翠绿色的结构紧实的精美地毯。危地马拉草，可以说十分全能，它的气味可以驱赶害虫，其紧密交织的根系还可以巩固土壤。此外，每年修剪一次，将修剪下来的草茎铺在茶树之间，可以充当护根类地膜。但可惜的是，这种危地马拉草是山羊们最喜欢的食物之一，而大部分茶树种植农都会养一些山羊，为家庭提供新鲜的羊奶和羊肉。内拉克什·拉那并不厌恶山羊——只要它们被好好地拴着或者待在羊圈里面。如果他或者他的工人在自家茶园中碰到随意溜达寻觅危地马拉草的山羊，他们必须把它们捉住，并且关进插翅也难飞的围栏之中后，才能放心满意。而当这些山羊的主人过来领走自己的山羊时，内拉克什·拉那会向他们收取一笔比他们日薪还要高的罚金，以示惩戒。

现在，这里冬天的降水越来越少，只有土壤中原先储存的水分可以保证茶树的成活。最迟到春天，一辆辆贮水车行驶在整个地区，为这里的村民供应饮用水。这时大吉岭的人们一定会清楚地认识到，这里的水资源供应形势已经到了多么紧张的地步。一辆储水车大约可装2000升水，却也只能勉强应付40个家庭短短几天的生活用水。

为了保护水源地、收集雨水及改善土质，安博蒂亚团队的各个茶园都做出了很多的努力。沿着茶园中的一条条狭窄街道和道路，两侧的斜坡上还种满了会定期修剪的马缨丹花丛。这些有机的茶园，为瓢虫等益虫提供了最好的生长环境，使一些害虫在这里完全无法生存，比如在茶树上喷洒稀释了的马缨丹花汁液，便可以有效打断红蜘蛛、茶盲蝽及牧草虫的生长周期。

这样的措施还创造了更多的工作岗位，跟使用农药的普通茶园相比，在一家生态有机的茶园内，往往需要多雇用20%的劳动力。其中，有一整个团队主要负责蠕虫堆肥的工作，需要工人定期修剪灌木丛、割草及铺设护根植物地膜，制造生物有机制剂、生物肥料及生物杀虫剂（一种由牛尿及各种苦涩的树叶混在一起的高效制剂，并添加棕榈糖进行发酵）。其他的团队则按时为茶树喷洒这些混合制剂，还要收集牛粪。这些家畜排泄物在安博蒂亚团队的茶园中也有着重要意义。茶园主人会以每千克 0.85 到 1.35 印度卢比的价格（约合 0.07~0.12 元），从奶牛养殖者手中购买牛粪，也算是为他们增加一点点额外的收入。而且，如果茶园的工人想要贷款购买奶牛饲养，安博蒂亚也会为其在银行做担保。

桑杰·班萨尔朝有机生态农业方向转变的决定，为安博蒂亚团队内所有茶园带来了十分显著的积极影响。在那里，到处生长的植物或覆盖地膜植被的肥沃土壤，茶园小路旁茂盛的灌木丛，四处飞舞的各种蝴蝶及益虫，茶园边缘栽种的树木等，都体现出这里生态环境状况良好。通过将意义深远的生物学及生态有机方面的实践结合在一起，现在的安博蒂亚团队，已经能够在平衡气候变化带来的不良后果的同时，生产出质量上乘的茶叶。

对劳动力需求的增加，并没有限制印度茶业的发展，相反特别适合其发展有机农业，甚至对印度来说这是一项意想不到的额外收益。这对于为农业生产贡献力量的双方——农场主和劳动力来说，都有着重要意义，一方面可以减轻气候变化的影响，另一方面他们还能赚取足够的钱来供养整个家庭，而不必向那些气候变化速度更快的大城市或特大城市迁移。可惜在印度，生态有机农业还只是十分小众的利基市场。直到现在，依然有很多人为了养家糊口，大批涌入大城市的贫民窟之中。

位于美国华盛顿的独立智库——移民政策研究所（Migration Policy Institute），整理并分析了世界人口迁移的情况。对于印度境内的这种迁移趋势，这家研究所指出："根据印度 2011 年人口普查的情况，12.1 亿印度人中有超过 2/3（69%）的人口生活在农村地区，但是城市化的趋势在急速加快。孟买、德里和加尔各答都位列世界上人口最密集的10个城市，并且世界发展最快的100个城市之中有25个都位于印度。其中一个重要因素就是大量劳动力从农村迁往城市，因为越来越多的人在农村地区找不到可以谋生的机会，不得不选择向更大的城市和地区迁移。……每年季节性地都会有很多人从受干旱影响严重的地区（包括安得拉邦、卡纳塔克邦及马哈拉施特拉邦等地区）中出来，到砖瓦厂、建筑业、瓷砖制造厂等地方工作，还有一些会去其他农业地区帮助当地农民收获农作物。有研究表明，印度国内建筑业中有90%的工人都是这样的流动人口。”[①] 另外，这篇研究报道中还提到了印度妇女，她们大多从事缝纫及女佣的工作。

印度境内人口流动的重要意义，可能还需要更加直白地加以解释。在印度，没有任何人是出于乡村生活太无聊，受到大城市的诱惑而来到这里的。当一个农村家庭的生活贫困到了极点，以致连养活自己都困难的时候（干旱在这里有着重要影响），一个或多个家庭成员——父亲、哥哥、姐姐们——就必须想办法在距离家乡几百甚至几千公里外的大城市中找到一份工作。他们牺牲自己熟稔舒适的乡村生活，换来了在城市中高楼林立、噪音不断、交通拥堵、空气中有雾霾及拥挤压抑的生存。有时候，甚至连他们自己都无法互相沟通与交流，因为在印度，除了印地语之外，有超过12种不同的、官方承认的独立语言。

不论是饮食、穿着还是日常生活习惯，都不是他们所熟悉的，甚至印度各地信仰的神灵或者庆祝的节日都完全不一样。这些外来人口

① 拉梅斯·阿巴斯（Rameez Abbas）、迪维亚·瓦尔马（Divya Varma）：《印度国内的劳动力大量迁移，对其融合城市生活带来了更大的挑战》，2014年3月3日，http://www.migrationpolicy.org/article/internal-labor-migration-india-raises-integration-challenges-migrants。

清楚地知道，他们留在乡下的全家人都要靠他们在城市的收入生活。他们中的大多数人都是全家的经济支柱，要支付自己年幼的孩子或者兄弟姐妹的学业花费，承担生病的家庭成员的医疗费用等等——他们需要支付的清单还有很长很长。当把大部分收入寄回家，再留下自己城市生存必需的居住及饮食花销之后，他们几乎已经身无分文。如果有人看过《贫民窟的百万富翁》这部电影，那么一定会对其中贫民窟的场景有印象，那是在孟买著名的贫民窟实地拍摄的场景。有时候，人们从农村来到城市飘荡数十年之后，才有机会搬到这里居住。

尽管这里街道空间狭窄，下水道暴露在外，臭气熏天，但是至少有着白铁皮制成的屋顶、砖砌的墙体，以及附近为供应水资源而建造的共用的抽水泵。说实话，这里的环境条件已经比大多数贫民窟，特别是那些刚从农村出来的人们所居住的地方好太多了。在 2010 年德里英联邦运动会开幕前，在与在那里工作的建筑工人们交谈的过程中，我了解到，他们几乎都来自德里以东 1000 公里处的比哈尔邦的农村，每天工作结束后他们就住在公路高架桥下面的桥洞里。三个露天的炉子、几个水桶、捆扎严实的床铺、被塑料薄膜小心覆盖的其他地方，就是这些工人在桥洞下临时住所的全部——如果人们姑且把这种地方也称作住所的话。他们的生活，每天就这样在过路司机好奇的目光之下进行着。如果想要洗漱，这些男人们会来到公路两侧的排水沟，那时正值 8 月底，排水管道内的积水还比较多，但那里也是各种蚊虫滋生的地方。

最近关于印度流动人口情况调查的数据，来源于 2011 年的人口普查。那时，印度受干旱侵袭的地区比现在的情况要好得多。印度现在还有 58% 的人口依然生活在农村地区，2016 年科学与环境中心的环境报告也指出，印度目前有 9020 万个农民家庭，其中一半以上（52%）都负债累累，“2015 年度的新闻关键词一直都是农村人口的贫困问题。

印度15个邦的农民都遭遇了很长一段时间非季节性降雨，同时这个国家还经历了第二次降雨严重不足的季风天气。2015年，印度已连续三年遭遇异常天气现象，导致早春时节大部分地区冬收的作物的生长陷入了失衡状态。2013年，还只有5个邦受到干旱困扰，35万公顷农田的粮食产量受到影响。一年之后，受影响地区就增加至6个邦，受损农田达550万公顷。2015年，至少有15个邦发生了严重干旱灾害，1523万公顷的农作物种植遭受严重损失。而正是在这15个邦，生活着大约75%的印度人，他们在相当于印度总面积70%的土地上辛勤劳作，整个国家粮食产量的81%都出自他们的双手”。

此外，还有两个与之相关的重要数据。在2015年，每个印度家庭的平均负债达到了47000卢比（约合4143元），这实在是一笔巨额款项，因为印度国家规定的每日最低工资标准只有大概220卢比（不到20元）。而且，40%的负债家庭，是无法通过银行审批取得贷款的，他们往往只能向“私人”借贷——直白点说就是高利贷，这些机构在印度随处可见。在巴特查特，印度东部奥里萨邦一个很小的村庄中，我才真切地体会到，当印度农民不得不以60%的高额年利率赊购种子时，农业生产对他们来说意味着什么；也深深地预感到了，向有机农业的转变，可能有机会将他们从沉重的债务泥潭之中拯救出来。

从该地区首府巴瓦尼帕特纳出发，在狭窄的单行道上行驶2个小时之后，最终通过一条布满砂石的小路，来到了树林稀疏的群山之中。在巴特查特，随处可见一间间粉刷得五颜六色，但面积很小的房子，每一间都有着打扫得十分干净的庭院，而且院落地面是由踩实了的泥土铺成的。这里生活着32户人家，其中一半都以种植棉花为生。塔伦·奈克就是其中之一。他和他的妻子卡玛里妮、两个女儿、他的母亲及三个兄弟姐妹共同生活在两间屋子里。自从开始有机棉花的种植之后，如今他已经赚到了足够的钱，马上就可以再建另一间屋子了。他连砖瓦都已买好，堆在后墙根了。而他们家拥有的土地面积，其实仅仅只有 0.8 公顷大。

除了一头用来拉货和犁地的公牛之外，所有的农活都是靠他们自己的双手完成的。季风开始之后，乡里乡亲的农民们自发结成互助小队，立即进行播种工作。他们用自己的双手挖出一片洼地，灌满有机肥。在苗床上，每次都会成对种下两粒棉籽，以防万一有一粒无法生根发芽。巴特查特周边地区是十分干燥的，那里的农民们完全靠自然降雨耕种。想要人工灌溉农田，不仅没钱，更没有水。在土壤足够湿润的情况下，大概播种一周后，人们就能看到冒出来的第一节嫩绿的新芽。再等 5 周之后，农民们开始给茁壮成长的棉花苗培土，使它们在生长过程中获得更多的养分。并且，在一排排棉花苗之间的垄沟上，农民还会种上小扁豆（一种饲料豆）或者其他可供家庭食用的作物。

这种小扁豆一类的荚果类作物，可以吸收空气中的氮气，并将氮气转化输送到土壤之中，为周围生长中的棉花苗提供最自然的肥料，有利于其茁壮成长。种植这些小扁豆，不但给农民们带来了更高的棉花产量和收入，而且由于不用花钱购买肥料，还可以为他们节省下大量的金钱。如果在适当的时间内有充足的降雨的话，那么从 11 月份开始到第二年 1 月份，就可以迎来棉花的成熟采摘季，当然这里的农民们还是依靠手工采摘的。之后，农民们将晒干了的棉花秆和扁豆秆收集起来，切碎，再加入麦秆和牛粪混合在一起，堆叠在一条沟渠之内。在那里，这些混合物经过 3 个月的发酵，会成为一种超级有机肥料，正好可以在下一次播种时使用。

2013 年，在印度一家非政府组织的帮助下，塔伦·奈克和其他巴特查特的农民们一起向有机农业方向转型。当时，他们还是十分传统的棉花种植农，并且大多数人都负债累累。也正是在那之前不久，由于季风疲弱，塔伦·奈克遭遇了降雨过少所带来的困境：因收成不佳失去了他的土地和两头奶牛。为什么简单的债务危机会如此快速地带给他们致命一击呢？在奥里萨邦的一些偏远地区，往往一个地方只有一个交易商，同时售卖种子、化肥和杀虫剂等。而像塔伦·奈克这样的农民，他们的生活如此贫困潦倒，每一次都要靠赊账来购买种子，而他们唯一仅有的抵押品就是期望中的大丰收。如果棉花价格过低，或者收成太差，那么高达 60% 的贷款年利率会大大加重他们的债务负担，雪上加霜。

理论上讲，人们是可以从银行申请正常的农业贷款的，而且现在几乎每个印度人都有一部手机，即使在农村地区也有越来越多的人可以享有正常的银行服务。但是，如果人们想要成功贷到款的话，贷方必须出示相关资料，以证明其在一家银行开户超过 5 年，且户头内至少有一小部分存款才行。因此，即使有着高额的贷款利率，那些地方性的放贷者也总能在播种之前找到很多客户。

如今，印度种植的棉花，95% 都是一种转基因品种——“BT 棉（Bt Cotton）”，但是其产量却“明显低于每公顷 2700 千克的国际平均水平”，一家名为《瞭望》（*Outlook*）的印度新闻杂志在一篇文章中如此报道。[①] 像孟山都这样的公司，确实都能保证至少提高 20% 的产量，但那只是在十分理想的条件下。其中有一条就是要有充足的水资源供应，而这一点在印度，如果不借助人工灌溉，几乎不可能实现。而且生产商也提到，如果想要实现 BT 棉的超级大丰收，必须施加以往两倍的化肥才可以。因此，生产资料（种子及农药等）成本明显过高，这对于大多数要靠贷款购买这些产品的农民们来说，一次糟糕的收成就足以迅速使他们倾家荡产。

自从 20 世纪 90 年代末以来，有超过 30 万印度农民自杀，他们

① 罗拉·纳亚尔（Lola Nayar）：《伊甸之东，越来越近》，《瞭望》，2016 年 4 月 11 日。

大多数都是在高额债务的逼迫下走投无路。在大面积种植棉花的印度邦，自杀率尤其高。虽然 BT 棉不是自杀率升高的罪魁祸首，但是，至少也是一部分原因所在，再加上当年的干旱灾情。2016 年 5 月 24 日的《印度快报》(*Indian Express*)的头条新闻标题就是，“短短一周，36 位农民选择自杀”。[①] 而这仅仅只是马拉特瓦达——马哈拉施特拉邦东部的一个地区的数据。“在过去四个半月期间，这一周的自杀人数是最高的。根据周一的统计，总自杀人数（在马拉特瓦达地区，作者注）已经达到了 454 人，比去年同期增加了 100 人之多。”

塔伦·奈克是在最后一刻选择有机农业而获得拯救的众多农民之一。他的有机认证棉花，不仅可以卖到一个比较高的价钱，更重要的是，自从转变种植方式以来，他花费的成本大大降低，借钱的负担与压力也随之减轻。有机农民们基本不必购买人工化肥，因为他们可以选择牲畜粪便、植物地膜及有机肥等方式完成施肥。印度苦楝树叶的汁液或者牛尿及苦树叶混合而成的生物杀虫剂（同大吉岭地区有机茶园使用的配方类似），虽然制作简单便宜，但十分有效。此外，各种非政府机构会提供很多关于有机农业种植的培训课程，派遣专家深入农田，帮助农民们取得认证，组织安排预筹资金及大批量购买物美价廉的种子。自从转型有机农业以来，塔伦·奈克不仅还清了所有的债务，而且还可以负担起女儿的学费了（在印度一些地区，公立学校只是一纸空文）。此外，他还开始着手扩建自家的房子，以便每一个家庭成员都能再多拥有那么一点点空间。

目前，有机农民们面临的最大问题在于缺乏合适的种子。在传统

---

① 马努基·达塔特里·莫尔（Manoj Dattatrye More）：《马拉特瓦达：短短一周，36 位农民选择自杀》，《印度快报》，2016 年 5 月 24 日，http://indianexpress.com/article/india/india-news-india/marathwada-drought-farmers-suicide-drought-36-end-life-in-a-week-2815987/。

种植中，种子往往会经过化学处理，表面通常包裹着一层含有化肥和（或者）杀虫剂的薄膜，以便它们可以更快地发芽和更好地抵御害虫的侵袭。但是有机农民们只可以使用未经化学处理的种子，因此在市面上很难找到足够多的种子。同传统农业相比，有机种子的需求是极其少的，因此，几乎没有公司愿意提供未经处理的种子，商家觉得不值得为此花费多余的力气。

现在，即使是从事传统种植的农民们，也只能依靠很少的几家国际化跨国种子公司获得种子。① 在棉花种植业，人们播种用的大多是只有种子公司才能生产的杂交种子，这种杂交过程是非常复杂的，每一环都必须经过严格控制。科研人员通常根据不同品种的优势特征，来选择需要的母株和父株。通过杂交，其第一代种子能够表现出两者的优点来。比如甜玉米这种杂交品种，生产商在挑选时，首先会选择一种特别甜的品种作为母株，接着再选择一种可以结出更大、更饱满玉米穗的品种作为父株。理论上看，这种经过杂交生产出来的种子，生长过程会非常出色，并且（如果一切正常的话）可以结出大量特别甜、特别大的玉米棒子。但是事实上，这种杂交种子并不是十分“靠谱”。当人们种下这种杂交玉米的种子后，最好的情况也只是，生长成熟的玉米可以表现出来原生品种一方的优良品质——颗粒饱满的大玉米穗或者是特别甜的玉米。

像塔伦·奈克这样的农民，他们真正需要的则是可以自留种棉花种子，不仅可以保证棉花的产量，而且每次可以保存下足够多的种子，用于第二年的播种。这样的话，他们不仅可以省下购买种子的费用，还可以有针对性地挑选一些特别适合各自土壤情况及特定天气条件的

① 过去 20 年，种子行业出现了大规模的合并浪潮，上百家种子公司被合并收购，只剩下 6 家全球运营的种子业巨头，详见 https://msu.edu/~howardp/seedindustry.html。

品种进行种植。在奥里萨邦，专门有一个团队致力于这项工作，他们中有农民，有来自瑞士有机农业研究所的科学家，也有印度南部大学的农学家。在印度，有超过700种土生土长的棉花品种，它们被称为“德西”棉花——“德西”在印度语中，代表着“本地的，本国的”。在奥里萨邦的一片试验农场，这个团队种植了其中50种本地棉花，并且从中挑选了7种进行田间野外试验。人们希望，在4到5年之后，可以有自留种的棉花品种供有机农民们选择，并且希望这种棉花不仅能够适应当地的生长条件，还能够相对提高长纤维棉花的产量。

在喀奇县[①]——印度西部古吉拉特邦一个传统的棉花种植区，那里的农民重新发现了一种曾在该地区广泛种植的“德西”棉花品种——“卡拉棉”（Kala cotton）。那里地势平坦，气候干燥，即使它距离沿海地区及阿拉伯海只有大概50公里路程。在我1月份来到此处考察的时候，这里下午的气温就可以达到30摄氏度以上，而在夏季，白天即使是阴影处的气温也常常高达48摄氏度。56岁的卡利亚巴伊·纳图巴伊·马迪里曾是这个地区第一批向有机农业转变的农民之一。他穿着一身白衣，头上戴着一条缠头巾，坐在一张靠绳索拉紧的木质吊床上，这张床白天可以坐着简单休息，晚上则可以直接躺在上面睡觉，一举两得。他的庭院里还种了一棵棕榈树，可以在炎热的夏季带来丝丝阴凉。

马迪里告诉我们：“如果人们非要为我们这里创造一种代表性的理想材料，那么这种材料一定会具备卡拉棉的品质。一直到20世纪70年代初，这里的所有人都还在种植卡拉棉，妇女们用这种棉花织布，我们所有的衣服也都是用这种布料制成的。”卡拉棉是一种短纤维棉花，非常适应古吉拉特邦这一地区的生长环境，其在生长过程中只需要消耗极

① 古吉拉特邦喀奇县区最大的城市是普杰市，那里2001年的地震灾害造成了超过12000人丧生。

少量的水，且对于病虫害的抵抗力很强。然而想要把它很短的细丝纺成线，则需要极娴熟的手工技巧。卡拉棉因其独特的特性，用其加工而成的布料具有轻便、结实耐用且防水透气的特质。数百年来，那些通过陆路或者海路长途运输而来的货物，都是用卡拉棉制成的防水布包裹着进行防护的。此外，卡拉棉织成的细丝还十分坚韧，可以用来生产绳索及缆绳等，人们还可以将其加工成光滑柔韧的料子。

在这个地区，人们的传统服饰大多是由多层薄面料组成的宽松衣物，这些用卡拉棉制作的衣服往往十分透气、轻便且耐脏。此外，卡拉棉织成的这种细线，颜色本身就是很浅很淡的，不仅一点也不吸热，而且由于其防水的特性，可以很好地将皮肤上的汗液吸收排出，达到降温的目的。卡利亚巴伊·马迪里说："特别是当人们在农田辛苦劳作时，那些卡拉棉制成的衣服，比起现在我们能买到的衣服，穿起来要舒适得多。现在的衣物大多是棉花加涤纶混合制成的，穿着十分难受，只要一出汗，就会浑身散发出一股汗臭味。"但是，这种用化纤混纺面料制作的衣物随处都可以买到，而且还十分廉价。"如果不是因为价钱太贵，我们这里所有人肯定都会穿卡拉棉制成的衣服。"

在普杰市也有一家非政府组织——卡米尔（Khamir），其一直致力于复兴传统卡拉棉的种植。这家机构会向那些重新种植卡拉棉的农民们提供一个比较高的价格，专门用来收购其手中的卡拉棉，并且帮助他们通过生物有机认证。此外，这家机构还会同那些熟练掌握传统加工及制作卡拉棉方法的手工业者合作，定期开展培训、研讨会，并在质量监管、产品开发及市场营销方面提供帮助。尽管卡拉棉有着无与伦比的特性，且是少数几种在喀奇县这种炎热干旱的气候下也可以茁壮生长的棉花品种，但是想要使其在市场上重新流行起来，仍然是一件极其困难的事情。因为现在市面上大多是人工化纤制成的纺织品，像棉花这种自然纤维制品已经成为十分小众的利基商品了，而且即便在这个利基市场内，占优势的也是转基因棉花品种。

在印度，还存有一线改变的希望。2016 年 4 月，印度经济类报纸《商业标准报》（*Business Standard*）的头条新闻指出："BT 棉的失败，会迫使政府加快推进本地传统棉花种子的培育进程。而且，农林部已经决议通过，大力开发种植本地棉花品种。"[①] 就在这篇报道发表的几天之前，印度另外一份报纸《经济时报》也援引了农民协会总协会[②] 主席毛利·图普的话："在那些十分干旱、仅靠雨水生存的地区引入 BT 棉，完全是个错误。对于农民们来说，这简直就是末日。……因为对于像维达巴和马特拉瓦达这样的地区（这两个棉花种植区位于印度马哈拉施特拉邦，作者注），种植当地土生土长的棉花品种才是最为理想的选择。在这个地区，已经出现了严重的自杀潮。"[③]

如果印度政府能够在财政上支持恢复当地棉花品种的种植，那么这对于数百万棉花种植农都是十分有利的。2015 年，印度已经成为世界第二大棉花生产国，仅次于中国。[④] 为了在印度各地区都能找到产量高的、可自留种的及适合当地不同生长环境的棉花种子，也为了进一步改善种子的培育方式，印度需要更多的时间和肥沃的试验田。但现在印度遇到的最大的问题在于，市面上几乎找不到任何当地土生土长的棉花种子。当年，印度科学家们（同瑞士有机农业研究所的专家们一起）在奥里萨邦开展起棉花育种项目时，也是费了九牛二虎之力

---

① 《BT 棉的失败，迫使政府促进本地棉花种子的培育与种植》，《商业标准报》，2016 年 4 月 5 日。

② 这个协会，同纳伦德拉·莫迪（Narendra Modi）的政府之间有着间接的联系。

③ 纳伦·卡鲁纳卡兰（Naren Karunakaran）：《孟山都公司是如何在联合家庭组织中找到了一个势均力敌的对手》，《经济时报》，2016 年 3 月 29 日，http://economictimes.indiatimes.com/articleshow/51592441.cms。

④ http://www.statista.com/statistics/263055/cotton-production-worldwide-by-top-countries/Sangh parivaar。联合家庭组织，代表有权力的印度教国家主义家庭联合组织，是一种印度教民族主义运动。——译者注

才搞到了仅仅一小把种子。

目前，寻找种子已经成了一项困难的侦查工作，不仅仅在棉花种植业如此，水稻种植的情况也并不乐观。生物学家戈什博士在2009年台风“艾拉”（Aila）侵袭西孟加拉邦之后，便已经意识到了这个问题。当年的台风“艾拉”给苏达班地区带来了最为严重的破坏。现在，印度苏达班地区已经成为世界上受气候变化影响最大的地区之一。

苏达班地区有着一个非常特殊的岛屿生态圈，在这里，陆地和海洋之间的界限慢慢模糊，河水带来的淡水与海湾中的海水，随着潮汐交替更迭。每次当潮水退去时，流水常常会开辟新的道路，将沙子和淤泥冲积到不同的地方，会形成一个新的岛屿，而以前的岛屿则会被侵蚀消失。12月份一个阳光明媚的早晨，我站在一个靠近陆地的岛屿岸边，看到沿岸码头一片熙熙攘攘，船只进进出出，船上的乘客挤来挤去，就像伦敦高峰期拥挤的地铁。这边忙着卸下装满蔬菜和活鸡的篮子，那边两个工人忙着将几米长的结构钢钢条整齐地堆放到运货驳船上。在这里相汇的两股水流，其中一条属于恒河的支流，在这片河口地区被称作胡格利河。而这里整个的沿海区域，被人们称作苏达班（又译松达班），从印度西孟加拉邦一直延伸到相邻的孟加拉国，恒河和布拉马普特拉河也在这里交汇，形成了世界上最大的三角洲。

在属于印度的苏达班地区内，总共有104座岛屿，有一多半的岛屿上面都有人居住，另外一小半近海岛屿上面被茂密的植被覆盖，有着大片的红树林。这里也是超过100只孟加拉虎的栖息地，它们可以轻易地从一个岛屿游到另一个。这里还是受丛林女神邦比比庇佑的地方，在神话传说中，她骑在一头老虎的身上，守护着这片森林。直到现在，很多苏达班地区的印度教和穆斯林教教徒还是十分崇拜这位守护女神。[1]

当地居民迫于生存的压力，寄希望于神明的救助，这一点是可以理解的，毕竟他们的岛屿很快就将被大海淹没。在孟加拉湾，海平面上升的速度比其他海洋地区要快得多（这里每年要上涨 1~1.5 毫米，而不是平均值 0.28~0.75 毫米）。在印度苏达班地区生活着大概 400 万人，凭借着这里大大小小的岛屿、交织成网的河流和海峡及大片的红树林，这片三角洲地区为沿海城市，特别是胡格利河上游仅 80 公里处的百万级国际大都市加尔各答，提供了抵御了大量台风和海啸侵袭的有效保护。红树林植物大多都有紧密交织的气生根，或者也称为呼吸根，根系发达。它们就像一个建筑物一样，会从枝干中长出很多支柱根，扎入泥滩里以保持植株的稳定，即使是较大的海浪也能够承受得住。它们盘根错节的根系就像是另一种形式的防浪堤。红树林，不仅能很好地经受住周期性的潮汐侵蚀，而且还属于少数几种可以在海水和淡盐河水的不断更替间生存的树木。

可惜在过去，为了获得更多的耕地面积，大量的红树林遭到了严重破坏，那些低于海平面的岛屿也被人为地围堤造田。现在，印度政府已经开始大力促进红树林的重新栽种工程，但林地复育不是一个简单的过程。在苏达班地区，只有少数几种植物可以在这里茂盛生长，而且即使整个 3500 公里长的堤坝都能得到完善的修葺，这些岛屿也只是获得了暂时的喘息机会。一项受世界自然基金会委托的研究表明，到 2050 年，在苏达班地区生活居住的总人口中的 1/4，即 100 万人左右，都必须从这里搬离，因为这里大部分岛屿的堤坝将再也起不到任何保护作用了。

"苏达班地区，是我们遭遇气候变化的最前线。"戈什博士这样说

---

① 阿米塔夫·高希（Amitav Ghosh）的长篇小说《饥饿的潮汐》，就讲述了邦比比女神和那里的气候变化，提到苏达班地区很快就将沉没在海面之下。

道。除了是一位生物学家之外，他还是环境与发展协会（Society for Environment and Development）的主席。环境与发展协会是一个非政府机构，主要致力于可持续的农业发展和环境保护工作。多年来（早在台风“艾拉”之前），该机构一直同该地区的稻农保持着良好的合作关系。“艾拉”开启了苏达班地区新的计时。

2009年5月25日，这里的所有人都不会忘记这一天。正是在这个周一，台风“艾拉”以每小时200公里的风速，袭击了印度和孟加拉国海岸，并在各个岛屿沿岸形成了高达10米的巨浪。仅仅在印度苏达班地区，就有几乎200人丧生，而幸存下来的人，也大多失去了他们所有的财产和田地。在季风季节将要来临的5月底，本是水稻播种的最佳时期，但那里的土地却被海水完全浸透，根本无法进行耕种。

当时，环境与发展协会的成员们都十分清楚，只有种植耐盐的水稻品种才有可能有所收获。人们从自然保护主义者、环境与发展协会成员——德巴尔·德伯那里了解到，在西孟加拉邦种植的水稻中，只有6种水稻符合这样的条件。德巴尔·德伯多年来一直在寻找各地土生土长的水稻品种，和农民们共同在田间劳作，并且将这些珍贵的种子保存进现存的种子库之中，同时在育种方面做进一步的改进。现在在整个印度，环境与发展协会已经努力找到了10千克的种子了——很多都是一粒一粒积累起来的，比如，加尔各答大学就捐赠了25粒水稻种子。

2009年，最后总共有15位农民获得了耐盐性强的水稻种子，其中就有苏库马尔·萨达尔。他家居住的房子和小粮仓，都是由通风透气的竹子编制而成的，上面覆盖有稻草，夯实的黏土砌成的院落被打扫得干干净净。这里完全不像个村庄，位于两个海峡之间的狭窄岬角上，除了一条街道之外，只有一排房子。苏库马尔·萨达尔骄傲地向我们展示着，他们这里种植了14种土生土长的水稻种子，其中就有耐盐的塔尔穆谷尔（Talmugur）品种。在“艾拉”过后，大部分农田的含盐量都大体上降到了正常水平，可以种植普通的水稻了。但是，那些从孟加拉湾刮来的周期性风暴，总会一再淹没苏达班地区的农田，因此，即使是在台风“艾拉”之后，苏库马尔·萨达尔也继续坚持种植耐盐性强的水稻。他每年的收成，至少也都能和周围种植其他本土水稻的邻居持平。虽然产量不像杂交品种那么高，但是，他们的种植成本明显更低，基本不用或者只用极少量的化肥，也不使用任何除草剂或者杀虫剂。在这些农民们眼中，本地的水稻品种并不容易遭受病虫害的侵袭，而且这种水稻的品质还特别好，即便在加尔各答的市场上，也得到了大量民众的推崇，由于其味道极佳，价格也是市场上最高的。

在台风“艾拉”之前，环境与发展协会就和苏达班的农民一起，致力于重新种植古老的、可以自留种的水稻品种。戈什博士说：“20世纪中期时，仅仅西孟加拉邦地区就有6000多种水稻，而现在只剩下了500种左右。”环境与发展协会对农民们只有一个要求，即每拿走1公斤种子，在收获之后，需要向当地种子库交还双倍的数量。虽然环境与发展协会及其他参与这个项目的地方性小型非政府机构没有足够的人力财力来进行更加精确的分析，但是可以肯定的是，目前有5000多位农民选择了种植本地原生的水稻品种。2012年，超过100位农民种植了耐盐性强的水稻，而至于最新的数据，现在还无法掌握。在多个种子库中，耐盐的水稻种子数量已经多达2000千克，而像苏库马尔·萨达尔这样的农民，每次收获之后，都会为下一次播种保留足够的种子。他还说，如果有邻居需要这些耐盐性强的水稻种子，他会非常乐意提供帮助。

自从“艾拉”台风灾害以来，孟加拉湾沿岸的农民们终于认识到，他们的生存离不开那些耐盐性强的作物。当然，至于苏库马尔·萨达尔们还能在苏达班地区种植多久水稻，这是他们面临的另外一个问题。如果世界自然基金会研究报告中的预测足够准确的话，苏库马尔·萨达尔的院子和农田最久可以坚持到2050年，之后便将永远淹没在大海之中。

未来我们粮食生产的关键在于那些可自留种的、遗传基因多样的种子，维贾伊·加德哈瑞可以说是最先认识到这一点的人物之一。当然，作为农民，他不可能如此准确地表述他的观点。他的行动也不是出于科研方面的知识，而是源自他多年田间劳作的经验，源自他对自然、生态发展及变化的仔细观察。他的农场面积不大，就位于喜马拉雅山麓丘陵间的一个峡谷之中。维贾伊·加德哈瑞还是印度"拯救种子运动"的发起人。这项倡议运动，旨在寻找辨别本地原生的种子品种，通过育种的挑选使其品质进一步提高，并增加产量，供当地其他农民使用。这个小型组织研究制定了相关的方法，农民们根据这些方法，只需用十分简单的工具，便可以不花钱就收集好他们的种子，并恰当地保存起来，不会影响种子的发芽能力。拯救种子运动是一个草根组织开展的活动，他们一块接着一块地，慢慢地改变了当地的农业种植，现在还确立了国家性的标准。

2010年秋天，我怀着复杂的心情期待着同维贾伊的会面，因为等待我的是长达3个半小时的坎坷路程——大量U形拐弯的狭窄山路。但不得不说，北阿坎德邦（德里以北大约250公里）这一地区的景色，简直美到令人窒息。道路在茂密的森林中蜿蜒，空气中满是喜马拉雅雪松的清香，偶尔还能看到远处在灼热阳光下闪闪发光的平原。如今，在古城恰姆巴附近，还能保留有一片非常古老的树林，并且在其他斜坡上能开始重新植树造林，这些都与维贾伊·加德哈瑞多年的努力分不开。在20世纪70年代，他曾是抱树运动的主要组织者，主张非暴力的抵抗运动，以阻止人们野蛮地将山坡上的所有树木砍光伐净。抱树运动的成员们手牵着手围成一圈，用自己的身躯将面临砍伐的树木保护起来，免遭伐木工人的伤害。维贾伊·加德哈瑞和其他抱树运动的积极分子都清楚地知道，如果没有这些树木来保护和固定土壤，季风季节的暴雨将会给这里造成怎样严重的破坏——山间湍急的水流将会倾泻而下，淹没那些开辟在陡峭山坡上的梯形农田，并将大量肥沃的土壤冲刷进山谷之中。

经过抱树运动积极分子们将近10年的艰苦努力和勇敢无畏的抵抗，保护森林的相关立法终于得到了修改，最高法院也颁布了影响深远的禁止砍伐树木的法令。从那时起，滥砍滥伐的现象得到了明显遏制，但想要完全阻止是不可能的，那些非法砍伐者为了继续从事这项暴利的产业，会通过贿赂达到自己的目的。而且禁止砍伐，无法完全补偿林业经济的意义，那些生活在山区的人们，他们需要大量的木材来取火、建房。再加上印度喜马拉雅山脉地区数不清的水利项目，在建设时，肯定需要开辟道路，因此，不论是官方批准的还是非法的砍伐，都会在森林间留下一条条狭长通道。很多时候，并不会有人去分析这种行为对于山体稳定造成的不良影响。事实上，正如本章开头提到的，2013年发生在北阿坎德邦及喜马偕尔邦的特大洪涝灾害就明确地预示了，当被人类肆无忌惮破坏过的环境遭遇到气候变化后，大自然会产生怎样的威力。

与抱树运动活动中心之一的恰姆巴周边地区不同，当我们沿着下山的盘道继续向前行驶，旁边的森林开始越来越稀疏，直到最后，映入眼帘的都是道路左右两边翠绿色的水稻田。维贾伊就站在街道拐角处等着我和我的向导，如果没有他带路，我们肯定是找不到通往雅德哈尔加奥恩的陡峭小路的。维贾伊的家就在村子的上方，房子前方的空地被他当作院落和阳台，有时还用来晾晒种子。站在空地上向远处眺望，除了可以一览山中美景之外，还可以看到他的水稻和蔬菜田、栽种的树木及在正午阳光下安静休憩的水牛。维贾伊和他的妻子正在分拣晒干的种子，并将其同那些由晒干的印楝树或核桃树叶子制成的驱虫药一起，放入或大或小的箱子之中保存。

维贾伊有着多个由石墙围着的小块农田，大部分甚至还没有一间宽敞的客厅大。他站在那里，几乎消失在高高耸立的草茎之间，而他的农田就像一片生长有巨型超级草的草原。这里种植着 12 种不同的小米、小扁豆和菜豆等作物，混搭在一起，看起来格外多姿多彩。在农田边缘，生长着一片片结着果或挂着浆果的灌木丛和树木，有香蕉树、生姜、姜黄、小豆蔻及大量野菜。成熟的南瓜和西葫芦，往往隐藏在其他经济作物的大片叶子之下，以免引来饥饿的小鸟和猴子偷食。

这片迷你田地看起来如此混乱，但事实上，这里的任何一种作物，都不是随意播种的。维贾伊清楚地知道，哪些作物之间是可以互相补充养分或者相互竞争的；哪些作物会散发出气味，可以为相邻的作物驱赶害虫；又有哪些作物需要阳光照射，或者可以为其他作物遮光蔽日。当䅟子及狗尾巴草、苋菜和谷穗完全成熟之后，它们会被精心收割下来，一部分和自家种的蔬菜一起供全家食用，另一部分则交给拯救种子运动项目，补充进当地农民们自行管理的种子库。

当 20 世纪 80 年代抱树运动的积极分子们回到家乡后，他们发现大部分农民都开始只种植杂交种子了。当时，维贾伊只能找到两种北阿坎德邦土生土长的水稻种子，而䅟子及狗尾巴草已经完全消失了。因此，他又和其他抱树运动的成员一起，效仿圣雄甘地，在整个北阿坎德邦组织了一场游行，目的在于收集传统粮食和蔬菜作物的种子，赶在它们完全灭绝之前，即“拯救种子”。

现在，仅在北阿坎德邦就种植了 350 种不同的本地水稻品种，其中有一些品种，即使是在水资源极少的情况下，也能很好地生长，而且，其秧苗也不必移栽到静水之中。在这些村庄的种子库中，总共保存了 200 种不同的红豆品种、30 种小麦种子及大量的蔬菜种子。目前，北阿坎德邦 60% 的农民都开始重新种植本地原生的作物品种了——现在他们的农田就是天然的种子库。年复一年，以这种方式，种子品种可以得到进一步改善，从根本的遗传基因上更好地适应不断变化的气候。在下一次播种前，农民们会精心挑选那些最强壮、结果最多的作物留下来的种子。这些种子，又将会在各自的环境中，得到最好的生长。此外，当土壤过于潮湿或者过于干燥时，当季风季节到来过晚或者突降强暴雨时，农民们也可以有不同的种植选择。当人们有 200 种红豆种子可以挑选时，总能找到不论天气和气候怎样变化，都能茂盛生长的品种。

拯救种子运动不是非政府组织展开的，也未曾得到任何补贴或赞助，它是一个真正的民间草根运动。农村的种子库属于集体共有的财富，所有人都参与其中，为其储存量及发展贡献自己的力量。不论是谁从中获得种子，都有义务在收获之后，向种子库回报双倍的新种子。这样一来，农民们在种子方面就完全可以自给自足了，并且凭借多种多样的可自留种的作物品种，农民们可以更好地应对气候变化，养活自己和他人。

印度的社会活动家范达娜·席瓦一直呼吁，欧洲和美国的农场主们也要大力推动保护当地原生的作物种子，并且在全世界普及这项举措。但是，当我于 1998 年来到她位于北阿坎德邦德拉敦的试验农场对她进行采访，并向她询问有关农民种子倡议运动的相关灵感时，她的回答却烦琐而冗长，一直在顾左右而言他。幸好，在印度有真正了解农村种子运动的知情人，他们清楚地知道，到底谁才是范达娜·席瓦向世界广泛推广的这项拯救种子倡议运动的发起人。如果席瓦女士能在其国际性的演讲或者在她获得各项荣誉（其中就有“正确生活方式奖”[①]）的任何一次致谢中，稍稍提到这些印度真正的环保先驱——维贾伊·加德哈瑞和北阿坎德邦的农民们，那就更好了。

在印度，有钱的农民是十分罕见的。大多数农民所拥有的农田，至少一半都是自给农业，主要用来养活自己和家人，而另外一半，他们是否可以通过种植经济作物——棉花、谷物、水稻或者甘蔗等来赚钱，取决于很多不同的因素，比如天气状况，比如德里的政治气候。在印度，一些被称为“阿迪瓦西”（Adivasi）或“表列部落”（Tribals）的原住民后裔，是特别受歧视的。他们大多生活在印度森林密集或者曾经是森林的地区，人口总数不到印度总人口的10%，是一支重要的少数民族。开发利用森林的法律，允许这些阿迪瓦西人继续生活在森林之中，并且可以利用一系列森林产品，比如蜂蜜，进行商业贸易。

尽管有种种妥协与让步，“表列部落”仍属于印度最贫穷的人群，原因也在于印度现在的森林状况不佳。特别是在东部邦县，各个矿业公司和能源集团互相争夺森林地区蕴藏的大量煤炭和矿产的勘探权。同时，不断增加的人口也给森林带来了沉重负担——从毁林造田、建筑及燃料取材，到珍贵木材的非法贸易等。在印度西部古吉拉特邦，一个非政府机构确立了明确的目标，旨在帮助“表列部落”养蜂及售卖蜂蜜，为他们带来更多的额外收入。在养蜂人培训项目开始6年之后，蜂蜜已经不是这里最为重要的产品了，现在他们关键性的收入来源主要是硕果累累的果树、核桃树、蔬菜及其他农作物。

从达拉姆普尔——孟买以北大约250公里处的一个县区首府出发，虽然一路上主要是单行道，但道路建设得很好，穿过层层丘陵，偶尔能看到山坡上稀疏的阔叶林。最后我们在一个小乡村中，终于

① “正确生活方式奖”创立于1980年，创始人致力于表彰和鼓励那些做出巨大贡献但却被诺贝尔奖评选委员会“忽略”的人们，该奖有“诺贝尔替代奖”之称。——译者注

找到了两位年纪很大的农民，他们现在偶尔还能回忆起曾经有那么一个时代，到处都是柚木、乌木和檀香木等树木，这个村子也曾被茂密的森林所环绕。然而随着树木的减少，蜂群的数量也大大减少。虽然在这个地区有三种定居的性情温和的蜜蜂，但是只有其中一种，即“东方蜜蜂”（Apis Cerana），可以大致像欧洲的“西方蜜蜂”（Apis Mellifera）一样在蜂箱中进行养殖。

除了常见的农作物，如小扁豆和鹰嘴豆等，大多数农民还会栽种杧果和腰果树。马杜·比霍亚告诉我们，他在2009年养了两箱蜜蜂，在第一个季度结束的时候，他的腰果树就比以前多结了50%的腰果。几乎所有的农民都提到，他们农作物的产量基本上都有30%~90%的提高。一项由非政府组织推动、由独立科学家负责研究的项目明确指出，一些蔬菜品种的产量也得到了明显增加——辣椒的产量提高了超过200%，西红柿也有150%。[①]

马杜现在已经拥有20个蜂箱了，而且还打算购置更多，因为这些蜜蜂在相应的轮作种植过程中可以带来更多的效益。以前，他总是在季风季节开始后才开始播种，然后等着11月份收割，但是现在，他会在收完之后立刻种上芥菜，而且在2月份时还会种芝麻。芥菜和芝麻花的花蜜，是蜜蜂最喜欢的食物。如今，马杜·比霍亚每年的收成都很好，凭借种植芥菜和芝麻的额外收入，他可以赚到足够的钱来养家，还能负担起孩子们的教育费用。他说，以前为了赚一点微薄的工资，他必须在外奔波数周，这样难熬的日子终于过去了。现在，他有时间培训更多的养蜂人，并且给那些想要选择合适轮作顺序的农民们提供适当的建议。

---

① 《本地蜜蜂养殖的作用——东方蜜蜂在农作物生产中的角色》，该研究报告始于2008年，由EdelGive基金会赞助，http://agrariancrisis.in/wp-content/uploads/2012/03/Research-Final-compressed-version.pdf。

2016年3月，在一次寻找“大蜜蜂”（Apis Dorsata）[①]的过程中，我与另一家非政府机构取得了联系，来到了那格浦尔。这座城市，位于马哈拉施特拉邦东北部，人口200万，在地理上位于印度的中心。穆尔蒂是这个非政府组织的主席，该组织主要在马哈拉施特拉邦、中央邦和恰蒂斯加尔邦从事与原住民“表列部落”相关的工作，其工作的重点在于开设一系列培训课程。他们希望通过培训，可以给那里的农民们传授一些简单且经济的农业技巧和工具，帮助他们在不使用农药的情况下，改善土质、提高粮食产量及节约用水。课程的主题包括，如何制作使用遮阴网、滴灌、地膜植被覆盖、间作播种、轮作、蠕虫堆肥及由牛尿和树叶发酵而成的肥料等等。该机构的培训课程主要分为农村现场实地培训和在那格浦尔培训中心的多日教学，两者互为补充。此外，在那格浦尔的培训中心，也附带有自己的农场。自2009年以来，穆尔蒂和他的朋友共同经营这家农场，并于2017年起获得了生物有机认证。

穆尔蒂出生于印度南部卡纳塔克邦的一个农民家庭，总共有9个兄弟姐妹，家里没有足够大的空间可以分给所有的孩子。虽然穆尔蒂上大学时主修的是工程学专业，但他的梦想依然是发展农业。穆尔蒂通过他在那格浦尔的农场，直接面向附近的客户开展了一项有利可图的业务。他利用所有可能的方式方法，不论科技含量的高低，试图建立一个统一可持续的种植体系，为那里的消费者生产出更多的有机蔬菜、水果和牛奶。在每个塑料大棚内，基本都有超过半公顷的土地。在大棚里，炎热的季节里，可以通过电脑调节，喷洒凉爽的水雾，使棚内的温度始终保持在30摄氏度左右。在3月中旬，我来到这里的时

① 这种“大蜜蜂”体型是欧洲常见的“西方蜜蜂”的2倍。它们一般不生活在固定巢穴或蜂箱之中，而是会将自己的蜂房挂在高大树木的树杈处，随季节变化迁徙。大蜜蜂为野生蜂，较凶猛，它们的刺非常危险。

候，这里正生长着人工授粉的西瓜、西红柿和黄瓜。西红柿之间还种着万寿菊，一方面可以防止害虫侵袭，另一方面，还可以通过售卖万寿菊赚钱（在印度，每一个节日场合——政治访问、婚礼或者庙会，都可以看到这种橘黄色的花朵）。

在种植过程中，将种子从塑料大棚一头播种到另一头，他们会刻意间隔一定的时间差，这样可以保证在尽可能长的时间段内，都有蔬菜或者水果采摘，并进行售卖。此外，在大约 1 公顷的种植面积上方还搭设了遮阴网，虽然抵挡了一部分阳光，但这里又出现了另一个问题——通风不畅。比如在 2016 年，本来在这个季节很少见的降雨，那一年却异常频繁且强度很大，最后导致大量西红柿发霉。农场中还有一个温室，但那里一般仅用来培植作物种子，当它们长成幼苗的时候，就需要移栽到大棚或者野外田地中继续生长成熟了。

尽可能使所有的种植区域都得到最高效的利用，不浪费每一寸土地，是他们追求的目标。比如，在石榴树下面种植蔬菜，石榴树落下的叶子可以很好地覆盖土壤，以防出现土壤快速干涸的情况。他们还在几乎 1 公顷的土地上种植番石榴，这种作物的果实不仅很好吃，还能存放相对较久的时间，此外，番石榴树的枝干还可以为南瓜等爬藤植物提供支撑，在它们之间的空隙，还可以种植其他的蔬菜品种。

在农场靠近边缘的位置，还有一个两边通透的牛棚，在树木的遮挡下，通风良好，里面养着 6 只奶牛——3 只霍斯坦奶牛，3 只印度本地的奶牛。这里的奶制品生产才刚刚开始，据说几个月之后这里会拥有 20 只奶牛，预期每天产奶 500 升左右。它们的饲料来源于一个水培的保温箱，箱内装备有多个抽屉式的培养基，上面种植着饲料谷物、野草和青草等草类，可以在人工控制之下的气候环境中发芽生长——

可以说是超级高科技版的“刺猬型水芹培养皿”[①]。这个“饲料箱”每天可生产300千克的嫩草，通过这种混合播种，可以确保这些奶牛得到最好的喂养。在穆尔蒂看来，饲养奶牛对于一个农场有着重要意义，除了牛奶可以带来额外收入之外，更重要的是它们排泄的大量粪便和尿液。农场会把这些排泄物仔细地收集起来，将其中一部分投入沼气池设备之中用来发电，而剩下的大部分牛尿，则会被收集进大桶之中，经过4天的发酵之后再进行过滤。然后，通过电脑调节控制，将水和这些液体肥料以正确的比例混合在一起，保存在滴灌设备之中进行灌溉。此外，对于农场来说，牛尿还是制造不同生物杀虫剂的重要原料之一。当然，其中还使用了一些传统的方法，比如雨水收集池、蠕虫堆肥、积肥及信息素捕捉器等。

虽然建设这些塑料大棚及购买来自荷兰的电脑控制灌溉系统，所需要投资的费用是相当高的，但好在政府答应给予利率非常优惠的贷款。而且，穆尔蒂的农场水果、牛奶和蔬菜等的销售价格明显高于市场均价，因为顾客们非常认可并看重产品质量。凭借塑料大棚和遮阴网，一些特定蔬菜的收获期明显可以持续更久的时间。如果谁对农场是否施用农药存有疑虑，都可以来农场参观，直到确信这里的确没有使用任何农业化学药剂。这一点，对于现在印度的一些消费者来说是十分重要的，不论过去还是现在，因为各种丑闻频出，印度中产阶级的生活质量一直是一个非常重要且备受关注的话题。

有机商品的问题不在于价格的高低，而主要在于其可食用性。在一些大城市中，人们购买的蔬菜往往重金属含量超标，并且有大量的农药残留。此外，很多商贩为了使蔬菜能够保存得更久，且看上去更加新鲜，往往会在农产品上面喷洒一些化学试剂或直接对其进行化学

① 一种家用的、不需要土壤的陶土制器皿，可以摆放在室内窗台，用水培育水芹菜。在灯光、适宜的室内温度下，6到7天便可以收获。——译者注

清洗。2015 年，印度农林部通报，在全国抽检的 8342 个蔬菜样本中，大约 1/4 检测出有部分农药残留，其中 229 个样本的残留值明显高于国家的规定标准。[1]

政客们知道，必须严肃对待食品安全问题——食品的可食用性及清洁性。因此，自从 2014 年起，印度国家农林部在泰米尔纳德邦为那些积极的市民们提供资助，只要他们愿意在自家屋顶、阳台或者楼梯平台上的桶、盆或小罐里种植蔬菜、生菜或者药草等，国家就赞助他们一个“自己动手 DIY 工具箱”。整套基本装备的价格在 500 印度卢比左右（约合 44 元），包括一份说明书、几个小罐、培养基、种子、肥料和生物杀虫剂。这个项目，虽然只计划在金奈和哥印拜陀市推广实施，但是我在一些小城市中也遇到了很多人，特别是妇女们，当他们从亲朋好友那里听说了这个“屋顶菜园”的项目后，开始主动地在自己的城市发起这项倡议。

在穆尔蒂位于那格浦尔市郊的农场上，我站在一个塑料大棚之中，透过层层冰凉的水雾，仿佛看到了印度大城市中，位于市区或市郊的成百上千家这样的农场。在最小的土地上，以最佳的条件及最少的资源，生产出最多的生物有机水果、蔬菜和牛奶。运输距离的缩短，大大地保证了农产品在从农场到消费者的途中不会出现腐坏现象。穆尔蒂以非常印度的方式，驳斥了那些声称别人是抄袭他的农场经营理念的观点，他认为这不是一种抄袭，因为土壤、气候、水资源供应等环境条件，在各地都是不一样的。那么理念呢？我给他讲了一种可持续农业发展的同心圆模式，即“成长社群”（Growing Communities），

① 迪帕克·杜马尔·达什（Dipak Dumar Dash）：《印度各地出现农药残留的蔬菜数量的激增》，《印度时报》，2015 年 10 月 5 日，http://timesofindia.indiatimes.com/india/Spurt-in-pesticide-lacedvegetables-across-India/articleshow/49220802.cms。

这是在伦敦东部发起的一项蔬菜箱倡议活动，如今已经大获成功——理想的种植区，应该是有序集中在城市周围的。

在欧洲，大部分城市居民平时食用的蔬菜中，有大概 5% 是在城市内部种植的，比如，生菜、菠菜、莙荙菜及香草等（不论是自用还是商用），人们可以在自家后院、未开发利用的边缘地区及各种大桶中进行栽种培育。这一点，就跟泰米尔纳德邦的“屋顶菜园”倡议运动类似，据说在那里，有 17.5% 的蔬菜都是在市郊（近郊地区）种植的，穆尔蒂的农场就是其中一个非常优秀的示范。但谷物、土豆、小扁豆等这些需要大面积地区种植的作物，还是必须从较远地区运送而来。穆尔蒂点点头表示同意，正是出于这个原因，针对小农们的培训中心一般都与农场直接相连，旨在传授有关发展可持续农业的所有可用技术及机会的相关知识。只有当农民们拥有了科学的工具和方法，可以提高并保持他们农田的高产性，并克服气候变化给他们所在地区带来的挑战时，他们才能够继续种植更多的蔬菜、水果和农作物，满足我们所有人的饮食所需。

在印度，现在兴起了一股风潮，草根组织和个人项目之间相互交织，联系越来越紧密。新的方法不断被研发出来，古老的方式也得到重新发现，人们将它们运用到实践之中，经过各种试验，不断地加以调整和改进。比如那格浦尔农场，用电脑控制灌溉和冷却系统；比如在奥里萨邦大部分面积极小的有机棉花田中，同在大吉岭的茶园一样，都投入使用了有机农业的生产技术；比如，保存种子的多样性，像卡拉棉、耐盐性强的水稻及农村种子库中保管的成百上千的小米、水稻、大豆和蔬菜品种；比如，通过饲养蜜蜂，提高作物产量，并尽可能做到一年多收。

乔纳森·莱瑟姆是纽约州伊萨卡的生物科学资源项目负责人，在一次访谈中他一语中的地指出了印度的小农经济模式是如何的高效：

“印度总共有 12 亿人口，国土面积占全球的 3%。那里落后的农业发展模式，虽然总是遭到欧洲和北美的嘲笑，但却养活了世界 1/5 的人口——仅用世界 3% 的面积就做到了这一点。更不用说，即便在这 3% 中，还有大量的沙漠或者只有季节性降雨的地区，这里真的算不上世界上最好的土地，但是……这里的农民们，特别是小农们，肩负着这项伟大的工作，真正地做到了养活这里所有人的壮举。”[①] 感谢各种组织和人类无限的创造力，尽力保存下了大自然的有限资源，并进行合理利用，使得印度的农民们在面对气候变化时，可以逆势而为，也使他们有机会让自己的农业更好地适应未来的发展。

① 引自乔纳森·莱瑟姆与梅琳达·赫梅尔根（Melinda Hemmelgarn）的谈话，KOPN《广播食物侦探》（*Food Sleuth*）栏目，2015 年 7 月 23 日。当然，在印度的儿童和成人中，存在着一定营养不良和食物短缺的情况，但是根本原因绝不是粮食不足，而是贫穷。还有其他因素，比如分配不均，不干净的饮用水，在腹泻及疟疾等疾病方面缺乏有效的医疗保障，文盲比例高等，不胜枚举。

二

11.

巧克力

未来的奢侈品

在科隆老港口区的巧克力博物馆内，一棵 3 米高的金色“可可树”耸立其中，从它饱满的金色果实中，不断溢出浓郁的巧克力液，缓缓流进下方的一个喷泉盆之中。在那里还有一个瀑布式的阶梯，这些巧克力会沿着阶梯继续往下流动，最后到达喷泉盆的底部，等待被内部的设备重新运往“可可树”顶层，并再次向下流淌。甜蜜的浆液不断循环往复，无穷无尽，就仿佛置身于童话故事中的极乐世界。不难发现，这座喷泉式景观背后隐含的讯息是十分明显的，即在我们这里，巧克力液是取之不尽、用之不竭的。但是，冰冷机械带来的这种繁荣假象，与巧克力世界和可可树种植的残酷真相，没有任何相似之处。真实的世界是苦涩、艰难和资源有限的。气候变化是不会放过真实的巧克力世界的，这种甜蜜的快乐也许马上就会消失殆尽了。

可可树一般生长在北纬 20 度到南纬 20 度之间的地区，而在这之外的地区，其都无法正常结出果实。如果人们来到真正的可可树生长的地方，来到可可种植农真正生活的地区，一看到种植者们居住的小屋，就会知道，这些农民其实是根本无法靠巧克力赚钱的。他们中的大部分人都十分贫穷，只是刚刚解决了自己的温饱问题。他们辛苦耕耘的地方，属于炎热潮湿的热带气候，紧挨着非洲西部科特迪瓦和加纳等国的赤道地区。这两个国家生产供应的可可豆，满足了世界可可豆市场 2/3 的需求。2015 年，两处的产量达到了 250 万吨。[①] 其中，最大的一部分（大概 180 万吨）被运往欧洲，被那里的工厂加工成为可可粉、巧克力或者夹心巧克力。而在非洲西部的可可带，即使世界商品交易所内可可的价格一再达到新高，那里的人们也没有多少剩余价值可赚。再高的巧克力价格，对这里的农民来说都不重要。他们之中，几乎都没有人见过或者品尝过巧克力这种东西，即便那些巧克力包含了他们的辛勤劳作和大量汗水，可是它们一旦到达北半球之后，就不是他们能够消费得起的东西了。

即使是阿方斯也不行。他的农场位于被誉为"象牙海岸"的科特迪瓦，距离曾经的首都，当今的可可贸易中心——阿比让不远。很多大型的可可食品制造集团，像雀巢（Nestlé）、嘉吉（Cargil）、阿彻丹尼尔斯米德兰（Archer Daniels Midland）和百乐嘉利宝（Barry Callebaut）等，都在这里设有分部，这几家公司几乎买下了这个国家所有的可可豆。阿方斯的农场比一个体育场也大不了多少，里面种植了几百棵可可树，几乎每棵都有 4 米多高，在炎炎烈日下，它们可以提供丝丝阴凉。在他的小屋前，还摆着一块由多个木棒在下方支撑着搭起来的巨大箅子，在上面散落着大量被赤道烈日晒干了的可可豆。至于他的豆子在北半球国家中会发生什么改变，他一概不知。他听说，那里的人们会用可可豆当烹饪的调料，但是他从未亲眼见过。

① 见 http://www.cocoabarometer.org/Home.html。

这一切应该有所改变。阿方斯曾接待过一位来自欧洲的记者，记者想要实地了解可可种植农是如何获得可可豆的。于是，作为采访的回报，这位记者给阿方斯带来了一份礼物——用可可豆加工成的商品。撕开一块巧克力外面裹着的银色包装纸，阿方斯做好了充分的准备，迎接他人生当中的这个惊喜。他从未想过，巧克力居然是长这个样子的，如此棱角分明，如此扁薄，如此美味，他笑着说道："好吃！"这份美妙的经历，他打算同住在邻村的朋友们一起分享。如果骑摩托车的话，他和朋友们之间的距离其实一点都不算远，这对他们来说，也绝对会是一个完美的惊喜。他们所有人都是可可种植农，却从来没有见过巧克力这种东西。没有人知道，它被包裹在一层银色锡箔纸之中，吃的时候要被掰成小块。

阿方斯的朋友们中，有个人对他们一圈人说，他的父母曾经告诉过他，那些白人用可可豆酿酒。"但是这种东西，"他拿着一块巧克力说，"显然更加美味。"而另一位朋友，无论如何也要把巧克力亮闪闪的包装纸带回去给他的女儿看，想让她知道，他们在自家院子里晾晒的可可豆会被做成什么样的东西。还有一位农民曾经听说过，在加纳首都阿克拉有卖巧克力的，但是他从来没去过那里。而且，这对于他来说一点也不好玩，因为照邻居们所说，一条巧克力在那里居然要卖到 2 欧元，这远远超出一位普通可可种植农的承受能力，即使是阿方斯也买不起。他一天最多只能挣到 7 欧元，除了要养活他的一大家子人——15 个家人要靠他过活，还要为雇用的 4 名工人支付薪水，根本剩不下一分钱来买巧克力这种奢侈品。

阿方斯的农场虽然很小，但那里的工作一点也不轻松。每次收获的时候，他会和他的 4 名工人一起，拿着长长的棍子来到农场。他们手中的每根棍子顶端都绑有一把弯刀，这就是他们的收割工具，他们就是靠着它来收割可可树上结的果实的。这些核果的形状和大小与一种略长的蜜瓜相似，呈黄棕色且带有斑点。与苹果或李子长在树木较细的枝杈上不同，可可果通常直接长在树木的主干之上。因为可可树大多都有几米高，所以阿方斯和他的工人们必须费很大力气，才能将最顶端的核果弄下来。他们用弯刀猛地一划，这些果实就会从树木主干上分隔下来，掉落在树下铺着的厚厚一层叶片之上，这样，它们便不会出现损伤，而且，豆荚内的果肉也像一层保护膜，裹着这些可可豆，为其进一步减缓掉落产生的冲撞力。

接着，这些工人们会用他们的弯刀，一刀把可可豆荚砍开，可可豆在浅色的果肉包裹下，闪着棕色的亮光。工人们将可可豆和果肉一起掏出来，堆在一旁，并用厚厚一层香蕉叶将其包起来。这就形成了一个自然发酵池，可可豆就在里面发酵。经过 5 天的发酵，这一过程就结束了，这只是可可豆变身巧克力的第一步。然而现在的可可豆还过于潮湿，不利于之后的长途运输，因此，阿方斯会把它们撒在院子中木头搭建的巨大箅子上进行晾晒，在赤道阳光的照射下，使这些可可豆的含水量进一步降低，一直等到城市里来的交易商将它们收走。

科特迪瓦的可可种植农们的收入，每人每天只有 0.5 欧元，远低于一般标准。虽然在邻国加纳，他们的日工资能够高一半，但是想要过一种体面的生活也是不可能的。想过体面的生活，他们每天必须赚 2 欧元以上才可以。然而，这在非洲西部，几乎没有任何一个可可种植农能够做到。尽管种植可可树取得的收入难以糊口，但是他们依然在做，只因别无选择。通常，农民们直接向收购商交货，可可豆的交易只集中在少数几家大型垄断集团手中。仅仅 8 家大型交易商，就占据了全世界 80% 的可可豆的运输和售卖市场，这就大大削弱了小农们的经济地位。从农田原料到变成昂贵的巧克力上架出售，这中间一层又一层经济链中产生了巨大价值，这些农民们却只能分得极小的一部分，只占最终商店售价的 7%。

这些小农们没有稳定的经济基础，几乎也没有人经过系统的教育培训。他们的种植经验，靠的是代代相传，由老一辈传给年轻的一辈。因此，他们的可可豆产量一直都不高。他们没有任何其他的经济来源，可以防范像气候变化这样的风险。很多人的生活，就像加纳西南部的一个400人的小村庄——阿曼克瓦契亚一样，在那里，尽管2/3的人都努力以种植可可树为生，但境况并不怎么好。最近，连合适的天气条件也没有了。村长告诉我们："降雨太少了，我们的收成完全不行。"令他特别担忧的是，以后天气会不会变得更加干旱。如果天气真的越来越干燥的话，那么他们将面临更加严峻的考验，因为可可树是完全经受不住长期高温和干旱的气候的。① 赛斯·阿格耶芒也意识到了这种危险的存在，这位科学家来自库玛西大学，该大学地处加纳阿散蒂地区首府。天气变得越来越反复无常，赛斯·阿格耶芒解释道："降雨越来越无规律可循，有时候太多，有时候又太少。"比如，在上一季度，降雨就过于猛烈，而且出现的时机也不甚合适，即在可可树的开花期突降暴雨。这还是一次中等程度的灾害，但在整个加纳地区都造成了可可树的减产。原本，加纳国家可可协会预计在2014年到2015年可收获100万吨可可豆，但实际统计下来，只有70万吨——一次极端天气就造成了30%的损失。

此外，温度上升也会对可可树的生长发育造成沉重打击，就算温度只升高1摄氏度，可可树也会出现发育不良的状况。水资源供应不足，是其中最为主要的原因。为了抵御高温的侵袭，它们需要消耗更多的水给叶子降温，以防其干燥枯萎。如果没有得到及时且充足的灌溉，它们就会深陷高温的重压，无法正常生长发育。这样一来，加纳主要的可可树种植平原就会遭到沉重打击。如今在这些种植区，人们

① 布丽塔·科朗布罗伊希（Britta Kollenbroich）：《加纳：苦涩的可可贸易》，明镜在线，2015年10月24日。

已经明显感觉到温度在不断上升，而且已经高于可可树的最佳生长温度——21~32 摄氏度。万不得已时，它们可以短暂承受 36 摄氏度的高温，但一旦超出这个温度的时间过久，它们就会“中暑”，这时，如果再没有足够的水来降温，它们自身的循环系统很快就会崩溃。①

在气候变化的影响下，高温天气对非洲西部海岸的后方腹地有着很大的影响。气象专家格茨·施罗特在他的研究报告《西非可可树应对气候变化的脆弱性》中搜集的数据都表明了这一点。到 2050 年，热带草原的高温气候，将会从大陆内部一路向前推移，威胁到沿海地区的生活。那里的日常温度将会上升到 38 摄氏度以上，等待整个西非可可带的后果是，到 21 世纪中叶，50% 的种植面积都将由于高温炎热而消失不见。库玛西的气象专家格茨·施罗特还估计：“在无人介入干预的情况下，到那时，整个加纳将无法继续种植可可树。”

如果平原地区无法继续种植的话，可可种植农为什么不能向高山迁移呢？理论上来说，这是个很好的选择，但是事实上，这并不能解决问题，因为在非洲西部，根本就没有很高的山脉。而群山耸立的地方，也是这块大陆残存的最后一片热带雨林地区，为了不再继续加快气候变化的速度，我们绝不能伤害这片森林，必须好好保护它。

那么我们能做的，就只剩下不断尝试，想办法让小农们和他们的种植园能够更好地抵抗不断升高的温度。因此，他们需要更加健壮的树木品种，需要提供更多遮光蔽日的方式，还需要更高的可可豆售价。我们在非洲西海岸的两座岛屿普林西比岛和圣多美岛上，恰好就找到了符合这些条件的种植园。在那里的小农场中，曼努埃尔·格拉科从 2000 年以来一直都种植着古老的可可树，这些树曾经经历了两次命运

① 格茨·施罗特（Götz Schroth）等：《西非可可树应对气候变化的脆弱性：适应模式、机会与限制》，《整体环境科学 556》（*Science of the Total Environment 556*），2016 年，第 231–241 页。

的转折。[1]

第一次是在1819年降临在这些岛屿上的命运转折。那时，几艘帆船出人意料地停靠在圣多美岛和其相邻岛屿普林西比岛岸边。这些船都来自巴西，船上装满了葡萄牙籍可可种植农们的全部家产，他们因担心受到迫害而从巴西逃离。他们最赚钱的财产——可可树，也被装载在船上。这些可可树曾是南美最贵重的品种，为非洲西部可可树种植业奠定了坚实的基础。这些岛屿也发展成为那个时代最大的可可豆生产基地。在那些最初的可可树品种中，有好些历经风雨，一直挺立到现在，相比于现在西非种植园中生长的杂交品种，它们能够更好地抵御高温的炙烤。曾经它们结出的可可豆都有着最高的品质，但是这一切止于1990年。之后，第二次命运的转折出现了，不幸的是，这一次降临在这些岛屿上的是噩梦一般的命运。极短的时间之内，世界可可豆交易所内，可可豆的成交价猛跌至谷底。这些岛屿上的可可树种植业，忽然之间就陷入了崩溃，可可种植农们一个接一个破产，只留下荒草丛生的种植园，原始森林也再次封闭起来。

大概在2000年左右，国际农业发展基金会的一个援助项目，给这里重新带来了生机。[2]那些幸存下来的农民们，接受了项目提供的建议，未来他们会将可可豆以更好的价格销售到另一个市场上——有机巧克力市场。他们成立了一个公平贸易合作社，开始重新种植这些古老的可可树，一时间这里灯火通明，照亮了整片原始森林上空。

可可种植农曼努埃尔·格拉科从质量、有机和公平的组合中获利颇丰。自从他为公平贸易合作社收割可可豆开始，他的收入已经翻了两番。他并不担忧气候变化，因为他的可可树长得非常健壮，旁边的原始森林也为它们遮挡了大量的阳光，它们在西风带来的定期降雨的

① 《有机可可树为圣多美带来了新的工作机会》，德国之声电视台，2009年6月。
② 出处同上。

滋润下，茁壮成长。因此，他为西非的可可树种植业树立了一个良好的榜样，以身作则告诉那里的农民们，要如何才能更好地应对及处理气候变化的问题。可惜的是，圣多美和普林西比岛上的成功范例，至今都没有人效仿。

我们一再要求大家要主动适应气候变化，但直到现在，这种适应仍停留在初级阶段。而且，那些能够适应高温天气的可可树，也还在不断发展进化之中。我们仍需要很长的时间，才可以把它们真正栽种到农场之中。有些人甚至在怀疑，农民们到底能否适应这种变化。为了确保原料来源的稳定，现在的种植业中依然存在工业化的干预。在这个对于巧克力的需求不断增长的时代，一旦出现可可豆歉收和供应短缺的情况，后果绝对是灾难性的，因为这必将导致可可豆价格剧增，巧克力产业的需求链也会随之崩溃，特别是对于像中国这样的发展中国家，那里的中产阶级才刚刚领略到巧克力的美妙滋味，过去几年，那里巧克力的销量翻了 3 倍之多。

此外，在口红和祛斑霜这样的化妆品奢侈市场中，也要用到可可豆作原材料，特别是可可豆中天鹅绒般的可可脂，十分流行。这是一个正在发展的市场，并且有着很好的发展前景，能带来巨额的利润收入，不应该受气候变化影响，任由突然的原料供应短缺打乱发展的节奏。鉴于生存所需，巧克力工业现在也着手投资，帮助人们适应气候的变化。2016 年 1 月，《华尔街日报》通过计算报表推测，巧克力工业已经投资了大约 10 亿美元，用于开发某些合适的应对气候变化的措施。[①]

一直以来，人们对科学研究寄予厚望。在加纳可可豆研究所（Cocoa Research Institute），科学家们一直致力于抗旱抗高温的新品种

---

① 亚历山德拉·韦克斯勒（Alexandra Wexler）：《巧克力制造商与融化的可可豆之间的斗争》，《华尔街日报》，2016 年 1 月 13 日。

的培育工作。为了使这项研究能够深入农场，可可协会免费向种植农们提供5000万棵新培育的杂交树苗。

亿滋集团（Mondelez，其前身是卡夫集团），旗下有妙卡巧克力（Milka）、祖哈德（Suchard）和吉百利（Cadbury）等品牌，现在也试图立即开展针对农民的新课程培训工作。目前，亿滋集团打算在加纳投资40万美元，主要为那里的农民提供咨询建议，使其可以更快地转变生产方式，种植新品种。而集团的专家们会具体地向他们解释，如何栽种新树苗及如何通过施肥提高产量。项目负责人克里斯·麦格拉斯解释说，亿滋集团希冀凭借这项投资，确保自己公司的原材料供应稳定。可即便如此，他还是十分担忧会出现“长期的供应困难”。①

尽管听起来很简单，但是适应新气候的过程是极其复杂的。这项变革项目经理人的电脑上，肯定不会出现可可树种植农的真实境况。像他们一样，常年在贫困线上挣扎求生，完全没有任何存款的人，承担不起就这样简单地砍掉自己所有的树木。种植新品种的可可树可能带来的后果，完全跟他们的传统背道而驰。对于可可种植农来说，他们的树就是他们的银行。当他们需要钱的时候，比如家人生病，有人结婚或者孩子等待举行洗礼式等，他们就会来到种植园中，采摘下足够的可可豆来换钱支付各种花销。就算只是为了维护自己的面子，让他们就这么砍掉自己的“银行”，在感情上他们也受不了。此外，即使他们可以免费获得新的树苗，他们也会背负着沉重的负担。因为他们一旦砍掉了自己的树木，就会立即失去基础的收入来源，而到新树苗可以结果，他们还要等待很久的时间（至少需要5年左右）。事实上，这个国度的大部分农民都承担不起这样的损失，弗里德尔·胡茨-亚当斯（Friedel Hütz-Adams），2015年可可晴雨表的编撰者之一，这样解释道。

① 卢卡斯·齐默（Lukas Zimmer）：《可可豆只属于富人，而棕榈油属于剩下所有人》，奥地利国家广播电台（ORF.at），2014年4月21日。

不仅巧克力工业会陷入困境，如果可可树无法适应气候变化，气候变化会摧毁整个种植区，那么对于非洲西部的国家政府来说，局面也将变得异常紧张，因为这些国家的生存完全依赖于可可豆。在加纳，可可豆出口是这个国家最主要的外汇来源。这里有200万农民以种植可可树为生，300万工人从事可可豆的收割、交易、加工及供应等相关工作。如果那里的人们失去了赖以生存的基础，他们要靠什么来养活自己和家人？而那些以可可豆出口为主的西非国家政府，在面对大量出口赤字时，又要靠什么来平衡和填补缺口？[①]

即使是在今天，我们已经能真切地感受到即将来临的供应短缺。交易商的不安在加剧，交易所内的可可豆价格也一直在剧烈浮动。在过去几年，其价格从每吨1500美元涨到了3000美元。这种价格的浮动，使一些投机商不断进行投机活动，而投机活动又使价格的反弹更加剧烈。弗里德尔·胡茨-亚当斯是南风（Südwind）发展机构的可可专家，他强调说："这些种植大国的政府及交易商和可可加工协会，都观察到了可可豆市场价格的扭曲，并将怀疑的目光对准了大量投机商们。"专家担心，市场会因此变得十分不稳定。[②]

在目前供应稳定性不断下降、需求又不断上升的各种变化下，爆炸式的价格增长在所难免，巧克力生产商们个个唉声叹气。他们受长期条约的束缚，与大宗买主、连锁超市和折扣店紧紧地绑在一起。因此，他们无法随意提高巧克力的售价，只好用便宜的添加物来替换昂贵的可可豆。而顾客购买这种虚假的包装品，是享受不到真正的巧克力的。有人已经意识到，一些生产商开始用廉价的棕榈油、大豆油和菜籽油来代替可可脂。如果这还不够，他们还会往里面再添加一些其

① 《加纳——一个以可可豆为生的国家》，Inkota基金会网站。

② 希拉·迈耶－贝捷特（Shila Meyer-Behjat）：《投机商使现在的巧克力变得更贵》，《世界报》，N24频道，2015年9月21日。

他材料，比如葡萄干、花生或者爆米花等，只要能给顾客一种他们购买的还是真正的巧克力的错觉，他们就会想办法添加任何东西。还有一些生产商认为这么做过于麻烦，他们会选择控制重量来达到自己的目的。比如，一家著名的巧克力生产商，在2013年的时候，就将自家巧克力的重量从原先的100克减少到了87克，但是售价依然是原来100克时的价格水平。[1]

这一切只是价格螺旋上升的开始，在未来几年价格会真正开始迅猛增长。到那时，仅仅通过各种方法来减少原材料的使用，是远远不够的。只有拓宽原材料本身的供应渠道，才能从长远上真正解决这个问题。德国著名巧克力生产商瑞特（Ritter），就试图将原材料掌握在自己手中，因此，公司派人亲自来到可可豆生长的地方，在那里亲自种植可可树。2013年，这家公司在尼加拉瓜获得了一块土地，原先它主要从一家公司手中购买大部分可可豆。现在，它打算自己做种植农了。可惜，即使这样的应变策略也无法撼动长期的发展趋势。气候变化，终将一点一点地成为可可树种植的阻碍，使巧克力最终成为一种奢侈品。

人们现在就可以在柏林的一家巧克力手工制作作坊——霍尔德·因特·费尔德那里，品尝到这位大师亲手制作的奢侈巧克力。这里可以说是这个时代的潮流先锋，此处的巧克力成了一件件艺术精品。一条巧克力长廊，陈列着艺术家们的各种作品，并进行拍卖。2016年，霍尔德·因特·费尔德在柏林另类食品博览会——“城市—田野—食物”（Stadt-Land-Food）上，面向公众展示了他的作品，之后接踵而至的各种询问和订单简直要将他淹没。他的顾客往往被他的故事吸引，惊奇于他如何完成从旧我到新我的蜕变，投身于巧克力行业。他说，他的

---

① 希拉·迈耶–贝捷特（Shila Meyer-Behjat）：《投机商使现在的巧克力变得更贵》，《世界报》，N24频道，2015年9月21日。

前半生深陷巧克力工业的苦难深渊之中，直到完全崩溃。每当他谈到过去，他的言语之中总是流露出一种鄙视与轻蔑，他认为那种工业化只能算是一种速食商业，一切以牺牲质量为代价。因此，他再也无法继续在那里工作下去，最终选择逃离。他现在做的，才是真正的手工业，让他无比骄傲自豪。

霍尔德·因特·费尔德属于纯粹主义者。他会亲自来到可可豆生长和晒干的地方，在可可种植农那里亲自挑选自己满意的可可豆。并且，他还会给出一个非常公平的价格——至少每公斤 4 欧元，如果质量极佳，他甚至会支付 6 欧元或者更多。现在，在他旁边，就放着 3 个装满可可豆的盘子，供大家品尝。这些豆子，都是他亲自到中美洲，到危地马拉、尼加拉瓜和墨西哥购买的。它们都属于一种名贵可可豆——克里奥罗（Criollo）品种中的精品。当人们品尝这些碎可可豆时，就会发现，地域和气候的不同确实会对味道有所影响。

从可可豆到巧克力的每一步，在这家巧克力手工作坊里，一切都是透明的。烘烤、打碎、分割果壳、“碾磨”——这是“湿磨机”的任务。这个机器，是这位艺术家从印度进口来的，在那里，每一家都用它当作研磨器。打碎了的可可豆，在机器中被两块石片不断碾磨。在碾磨时，盖子必须要紧紧盖严，这是非常重要的，否则，可可豆的香味会挥发散尽，这在霍尔德·因特·费尔德看来，是尤为关键的一点。他说，空气是巧克力品质的敌人，它会使可可浆变酸，这是任何一个想做纯正巧克力的人都不愿看到的事情。

在经过 12 个小时的碾磨之后，这些可可碎就变成了黏稠的浆液。霍尔德·因特·费尔德会将这些棕色的可可液浇注到一块铁板之上，静待它们慢慢凝固，真正纯正的巧克力就诞生了。如此，人们就可以入口品尝了，口感完全不是超市中那些机器量产出来的商品可以比拟的。这位大师向他的观众们保证：“新鲜出炉的巧克力绝对会征服你们所有人。”果然，大家品尝过后都赞不绝口，心甘情愿地花 4 欧元买一块回家，这在他们看来是完全值得的。这样一种奢侈品，虽然确实物有所值，但是永远只是少数消费者才能负担得起的东西。

奥地利人约瑟夫·佐特也是如此认为的。他原本是一名经过专业培训的厨师，最初对巧克力制作行业一窍不通，完全是“门外汉”。但在进入这一行之后，他也认为质量是最重要的，而高质量就应该对应高价格。这一点，从他购买的可可豆就可见一斑。最高一次，他曾花 12000 美元购买了一吨可可豆，是普通量产可可豆价格的 4 倍。[①] 他反复向他的顾客解释其中的差异。他售卖的巧克力，虽然每块都不大，但价格却是普通标准包装巧克力的 3 倍。他一点都不担心销量问题，作为一名销售天才，他每天和他的 180 位员工一起，在位于施蒂利亚州的有着巨大透明玻璃的巧克力工厂内工作，每天最多可生产 80000 块昂贵的精品巧克力。然后，他会把这些巧克力送到那些有购买力的人们手中。

泛非生态库的农业专家爱德华·乔治说道：“如果我们不断向前看，也许有一天，巧克力在欧洲真的会成为像香槟一样的奢侈品，再也不是我们这样的普通人能够轻易妄想的东西了。”[②]

① 卡斯帕·多曼（Caspar Dohmen）：《巧克力业的毕加索》，《南德意志报》，2016 年 12 月 28 日。

② 卢卡斯·齐默：《可可豆只属于富人，而棕榈油属于剩下所有人》，奥地利国家广播电台（ORF.at），2014 年 4 月 21 日。

二

12. 先是牡蛎，再是鱼类

海洋酸化引发的后果

想象一下一个非常古老的画面。一个人一只手带着一只金属链条做的手套，另一只手抓着一把短刃刀，严阵以待地对着一块灰色的壳灰岩——一只牡蛎。无论是谁想打开它的壳，都是在冒险。要么成功拿刀刺中了牡蛎，撕开了它的壳，露出它柔软的内在；要么刀刃就会落在自己举着牡蛎的手上。幸好，带着的链条手套可以防止刀刺进自己肉里。当然，现在那些熟练工和大厨们不必带着如此笨重的手套，就可以精准地刺中牡蛎，强行撬开它的保护壳。在巴黎，一年四季不论何时，牡蛎都是一道美食，人们会搭配海草和冰激凌，生吃新鲜的牡蛎。

喜欢贻贝的朋友们则一般不会生吃它们，而是把它们弄熟之后再满足自己的口腹之欲。对于贻贝，人们不必采取暴力的手段将其撬开，因为在烹饪的过程中，产生的高温会使贻贝的壳自行张开。如果壳没开，则表明这些贻贝是不能吃的。

吃贝壳，可以说是一种流行的习俗，在一定程度上，可以唤起人们心中的地域认同感。比如，在德国莱茵地区，那里的人们在做贻贝时，通常会将其和芹菜、葱、洋葱及胡萝卜掺在一起制成汤汁，放在一起烹调，而且还会加一大把胡椒提辣，再配上一大片黑面包，涂上厚厚的一层黄油，以便能再次烘托出这种辣味。这一道莱茵地区的传统美食，只在比较冷的月份才有，因为在那时，那些从北海运往科隆的贝壳才不会腐坏。

然而，海洋生物学家和气候专家却预言，这两种贝壳——巴黎和科隆的传统美食，将会在未来成为稀有物种。牡蛎和贻贝也将成为气候变化下的牺牲品。它们生存的压力主要来自两个方向：一方面，海洋酸化程度越来越高；另一方面全球气候变暖，对于海洋生态有着严重影响。这两者叠加在一起，不仅毫无益处，还会对贝壳类生物的生存造成致命性的打击。事实上，远远不只贝壳类生物，这是对我们整个星球最大的生态体系——海洋生态圈的一次沉重打击。

在欧洲，气候变化已经使这些生物的生存遭受了巨大考验。首先，不断上升的气温使海水温度也不断升高，对贝壳类的健康造成了极大的影响，因为温暖的海水为细菌的繁殖提供了绝佳的环境。细菌快速生长繁殖，极易引发贝壳感染疾病，特别是当贝壳有了下一代之后，身体会十分虚弱，此时大量的细菌乘虚而入，成为降临在贝壳们身上难缠的厄运。马蒂亚斯·韦格纳，一位来自叙尔特岛阿尔弗雷德－魏格纳极地和海洋研究所（Alfred-Wegener Institut）潮间带工作站的进化生物学家说道，2012 年至 2013 年间，法国有多达 80% 的牡蛎都死于细菌疾病。他一直在研究，一个越来越热的海洋，是否最终会成为一个越来越病态的海洋。如果病菌在海水中的繁殖更加容易，那么贝壳一定是最先遭受冲击的物种，因为它们通常会通过过滤海水来获取营养物质。一只牡蛎每天会过滤数百升海水，其中肯定含有大量病菌。

目前的研究表明，其中特别危险的病菌，是一种被称为弧菌（Vibro）的细菌。

2013年夏季，正是这种病菌，引发了法国大西洋沿岸地区牡蛎养殖业的崩溃。大量牡蛎死亡，毁掉了法国储备中的最大一部分，损失达到了数十万只。[①] 目前，我们对此无计可施，没有人能够阻止海洋变暖，因此，我们只能眼睁睁地看着细菌繁殖越来越快。特别是在7、8月份，那时的温度，会由于欧洲夏季的来临，进一步快速升高。

即使在南部的潮间带，那里的牡蛎养殖场也已经遭受了一次夏季大规模死亡。马蒂亚斯·韦格纳提到，在2003年至2009年间，牡蛎的数量减少了80%之多。然而，似乎在海洋中存在一条界线，可以阻挡大规模死亡的脚步。比如，在德国比苏姆沿岸，那里的牡蛎就安然无恙。研究发现，原因在于牡蛎的遗传基因不同。两个地方的牡蛎，它们在基因上来说，属于不同的群体。尽管它们都同属于太平洋长牡蛎（Crassostrea Gigas），但是它们来自不同的分支。事实上，在北海北部和北海南部，生活的牡蛎品种完全不同。人们容易就此猜测，北边的牡蛎对于弧菌的抵抗力更强。

“现在的问题在于，到底是这种生物从基因上就有抵抗力，还是这种传染病干脆就无法向北方传播。”[②] 更具体的原因只能等待时间来证明了。然而，使贝壳生存变得艰难的第二重压力——海洋酸化，也会随着时间越发严重。两者共同起作用，互相加强，会使情况进一步恶化。这在海洋研究中，尚属于全新的领域，因为海洋酸化的现象在很长一段时间内都没有引起足够的重视，直到现在，海洋酸化引发的后果也只在特定的海滨地区才会显露出一星半点。

---

① 尤莉卡·迈纳特（Julika Meinert）：《海洋变得更酸，牡蛎就变得更少》，《世界报》，N24频道，2014年12月22日。

② 出处同上。

直到2005年春天，美国西海岸地区牡蛎的死亡才第一次向人们警告了海洋酸化的严峻性。那些年幼的牡蛎，即所谓的幼体，一般会被渔民们放入海中放养6到12个月，待其发育成熟之后再捞起，但是那一年，放进海中的幼体却活不过最初几天，短短几天之内，美国西海岸的这些牡蛎养殖场中就出现幼体大量死亡。一开始，没有人知道事故的原因，是未知的疾病、细菌、病毒，还是水中有毒素，什么都无法得到确认。北美西海岸的牡蛎突然大规模死亡，曾经一直是一个未解之谜。而且在之后几年，灾难还在继续，并且有扩散开来的趋势。

2008年，这场灾难终于降临到了威士忌·克里克的孵化场。一夜之间，他养殖池中的所有牡蛎幼体全部死亡。2009年，与他相邻的泰勒贝类孵化场，也遭遇了同样的打击。从此，美国西海岸两家最大的牡蛎养殖场，再也无法继续供应贝类幼体了。而那些养殖牡蛎的渔民，完全以这些孵化场提供的贝类幼体为生。戴夫·尼斯比特说，一年没有牡蛎幼体，就意味着一年没有收获。他拥有一家牡蛎养殖场，名为华盛顿戈泽波恩特牡蛎公司。戴夫·尼斯比特在这个行业内完全是一名新手，为了在西雅图海岸的威拉帕湾谋生，他成了牡蛎养殖户，甚至放弃了曾经的卡车司机的工作。但是，他却正好遇上了这场牡蛎大量死亡的灾难，同华盛顿州沿岸所有渔民一样。

当迪克·菲利——美国国家海洋和大气管理局（National Oceanic and Atmospheric Administration）专家——想到去测量美国西北海岸的海洋酸度的时候，所有的一切已经到了崩溃的边缘。这次测量却得到了十分令人震惊的情况。北太平洋的表层海水的酸度，在短时间内急剧恶化，正以指数级的速度在增加。目前，人们还只是在对海洋深处的酸度进行预测时，遇到过这种情况。众所周知，海洋会吸收大气中的二氧化碳，经过漫长的时光，这些二氧化碳被海水溶解并扩散到海底，因此，海洋深处积聚了大量这样转变而来的碳酸。

但是现在，这些碳酸突然重新涌向表层海水——这出乎了所有人的意料。

迪克·菲利和他的同事们认为，是那些从北方刮向北美海岸的越来越频繁的飓风，导致了海洋深处酸度很高的海水翻涌而上，并不断将其压向饲养牡蛎的海湾之中。如果想要避免之前的灾难发生，渔民们就必须保护自己的牡蛎不被卷入这些酸度极高的洋流之中，并且要一直等到海湾中的酸度值重归正常之后，再将贝壳幼体投放入海中进行养殖。好消息是，人们终于弄明白这棘手的难题了，知道采取措施加以控制。但坏消息是，海洋专家认为这一切只是开始，并且预示着全球海洋的酸化程度将进一步加深。在加拿大和美国西海岸，会有飓风不断地将海洋深处酸度极高的海水翻卷向上，其实是最近 40 年来世界范围内温室气体排放量过高而导致的结果。在未来，交通、农业和工业排放的大量废气中依然还会有温室气体存在，这必将更加激化海洋的酸性反应。

戴夫·尼斯比特为了拯救自己和家人的生活，他决定想办法规避这种风险，为他的牡蛎养殖公司寻找一条出路。最后，他终于在夏威夷找到了他所需要的养殖环境，并在 2013 年的时候，搬到了那里定居。戴夫说，以后肯定会有越来越多的渔民遭受到海洋酸化的侵袭。夏威夷距离美国西海岸 3000 公里远，那里的海水完全没有酸化，他可以在那里，在安全的水域中，为自己的戈泽波恩特牡蛎公司放心地养殖牡蛎幼体。在夏威夷棕榈树的掩映下，他的养殖池沿着沙滩一直延伸了大约半公顷大小。这里缓缓流动的水，源头来自地下岩层的深处，完全接触不到海洋，因此，他不必担心有酸化的风险。

而在这期间，研究工作也有了阶段性的突破，专家们终于可以解释，为什么只有牡蛎幼体在这种酸性海水中会立即死亡，而成熟体对此却完全不惧，有些甚至可以在这种环境下长得更加健壮。2013 年年初，海洋专家乔治·沃尔德巴瑟教授，终于为大家揭开了谜底。他检查了牡蛎幼体的新陈代谢系统。最初，牡蛎只是一个卵，里面蕴含了它们生成外壳所需要的所有能量，经过上千年来的进化，对于它们来说，这一步本该毫无障碍，轻松成功。可是，自从海洋酸化以来，幼小的牡蛎需要花费更大的力气，才能从海水中过滤出足够的钙质以形成自己的外壳。但事实上，根据乔治·沃尔德巴瑟的解释，这些幼体既无法从自己最初的卵体中获取更多的能量进行过多的海水过滤工作，也尚不能从海水中自行吸收营养物质补充能量，因为这时它们自身的进食和消化器官还没有发育成熟。因此，由于能量的耗尽，大部分牡蛎幼体都不幸夭折在生长的过程之中。

现在，华盛顿戈泽波恩特牡蛎公司也在夏威夷地区开办了养殖场，大卫·斯蒂克是其主要负责人。他是一位海洋生物学家，多年来一直在思索这个问题，他说："我认为，人们现在并没有真正理解这个问题的严重性。海洋酸化，改变的其实是整个海洋圈生物链的力量对比。有一天，它很有可能会发展成为一场真正的大灾难。"目前，它还只影响到了牡蛎幼体最初几周的生存状况。如果它们自身能够成功克服这一点，摆脱这种困境，那么，也许以后在酸性的海水中，它们也可以正常生长。然而这种状况又能持续多久？根据斯蒂克的观察，牡蛎的情况只是一个信号，预示着整个海洋的群落生态环境将会发生翻天覆地的变化。海藻是另外一个已经体会到海洋的这种改变的生物，它们是构成整个海洋食物链的基础。"一旦它们的生存受到威胁，崩溃的就不只是牡蛎了。"这位海洋专家如此说道。

即使到现在，他的老板戴夫·尼斯比特也不能完全安心，虽然他已经将自己的牡蛎养殖公司暂时迁移到了安全的水域。但是，这样又能安全多久？从长远来看，他迫切关注的，其实是政府对于海洋酸化的反应。他曾与西海岸其他渔民一起，试图让首都华盛顿的国家政府部门仔细倾听他们的问题与诉求。但是，他得到的只是政府给予的一些安慰性的礼物——一些用于监控海岸水域的资金。现在，当酸性海水从深海向上翻涌，并伴随着风浪向海岸涌来时，渔民们都会得到预警。但是，这对于改变海洋酸化的根源完全不起作用，戴夫·尼斯比特对此非常失望。

即使在未来，《巴黎气候协定》可以通过强硬手段，在各个国家都得到真正的贯彻实施，将全球气候变暖的趋势控制在 2 摄氏度的范围内，使温室气体得到控制，排放量大大减少，我们也还需要再等待几十年的时间，才能看到海洋的生态圈重新恢复平衡。但是直到那时，也还是会有大量二氧化碳从空气中向海洋深处沉降。戴夫·尼斯比特已经不抱任何幻想了，“老实说，不管怎样，情况只会越来越差”。①

这是一条通往深渊的道路，来自芝加哥大学的蒂姆·伍德和凯茜·费斯特一直在记录着各项相关数据。多年来，这对夫妇一直致力于更加准确地测量相关数据。他们驾驶着一艘橡皮艇，来到几公里外的大海，驶向目的地——帕翠西岛。在那里，各种海鸟从空中飞过，发出阵阵叫声，大量海鸥也成群结队地栖息在这里，沙滩上铺满了各色贝壳。蒂姆拿出一个漏斗式的装置，让海水从中间流过，以测量这里海水的酸度。他向我们展示着仪器上面的数据，告诉我们海水的 pH 值又下降了一点，这意味着海水的酸度在升高。过去，海水的 pH 值一直维持在 8.3 左右，他解释说，几千年来，世界上的海洋酸碱度都处于正常范围。但是现在，他的仪器显示 pH 值只有 7.9 左右，减少了 0.4。这看上去并不多，但这只是刻度给人们带来的错觉。其实，海洋酸化的变化并不是直线型的，而是一条非常陡峭的曲线，是以对数式

① 克雷格·韦尔奇（Craig Welch）：《一个华盛顿家庭在夏威夷开办了一家牡蛎孵化场，只为逃离华盛顿的致命水域》，《西雅图时报》（Seattle Times），2013 年 9 月 12 日。

的趋势变化的。这就是说，一点点的偏移，曲线实际变化的幅度就会比看上去的数据要大得多，即海水 pH 值从 8.3 降到 7.9，虽然看上去只减少了 0.4，但实际上，海水的酸化程度提高了 30% 之多。

这已经是一种程度非常严重的酸化了，但如果人们观察到大气层中的二氧化碳浓度的变化，就会发现这一切并不出乎意料。在工业化时期以前，大气层中二氧化碳只有 280 ppm，但现在已经达到了 390 ppm。尽管大气和海洋之间的循环交换十分活跃，但是海洋也远不能吸收掉大气中所有的二氧化碳。最新的研究项目全球海洋数据分析项目（Global Ocean Data Analysis Project，GLODAP）指出，从 1800 年到 1995 年，由于人类活动而向大气中排放的二氧化碳，截止到目前，海洋也只吸收了其中的 40%，远远没有达到海水超过 80% 的最大吸收能力。[①]

此外，气候专家认为，到 21 世纪末，大气层中的二氧化碳含量会翻一番。[②]这种上升的规模和速度，在近 2000 万年来的地球进化史中，都是极为罕见的。这种高浓度气体的影响，会首先在北大西洋的海水酸化中体现出来。因为海水温度越低，海洋和大气之间的气体交换会越强烈，二氧化碳也更易溶解于冷水之中。这也就解释了，为什么在北部的海洋，比如美国和加拿大之间的西海岸，相比于夏威夷附近的温暖海域，会测量出一个比较强的酸度值。然而，酸化的海水不会只停留在北部海域，它们会参与交流循环，在纽芬兰岛的高纬度地区，伴随着北大西洋洋流，它们会先向海洋深处沉降，再通过洋流的不断翻涌，向南方移动。

---

① 《气候变化是如何改变海洋的化学环境的》：世界海洋评论网站（World Ocean Review），http://worldoceanreview.com/wp-content/downloads/wor1/WOR1_Kapitel_2.pdf，第 34 页。

② 出处同上。

位于不莱梅港的阿尔弗雷德–魏格纳研究所，一直在研究海洋化学环境的变化及其对海洋生物的影响。① 2013年，一艘名为“海因克”（Heincke）的海洋科考船从不莱梅港出发，驶向斯匹兹卑尔根群岛。科考队此行的主要任务是，调查研究极地冰川区的鱼类总量，那里是鳕鱼和大西洋鳕的出生地。2013年8月16日，在科考队主要负责人菲利克斯·马克博士——阿尔弗雷德–魏格纳研究所一位生理学家的带领下，“海因克”号扬帆起航。菲利克斯·马克博士不仅研究海洋酸化，还对海水变暖十分感兴趣。科考船一路保持着北纬80.5度的航行方向，直到斯匹兹卑尔根群岛进入研究人员的视野之中。从这里，科考工作正式开始。

船长通报了海水温度——4摄氏度，舰楼的回声探测仪也发出报告，将有一大群鱼群经过这里。于是，研究人员将一张大渔网放到海中，从鱼群中穿过，打捞起大量的鱼，并收集信息。研究人员希望通过这次捕捞，了解北极地区的鱼群们对海水温度和化学环境变化有着怎样的反应。原本，在这里下网的话，捕捞上来的应该都是北鳕鱼。但事实上，当大家把大网拉上船甲板时，发现里面大部分都是大西洋鳕、黑线鳕、鲱鱼、大比目鱼幼鱼和北极粗鳍鱼，只看到了两条北鳕鱼样本，数量之少，出乎所有人的意料。

看上去，北鳕鱼群应该进行了迁移，毕竟这里曾经是它们的主要活动区。取而代之的是，现在在这里，主要生活着大西洋鳕的后代。对于科考队负责人来说，这就证明了，越来越温暖的海洋，推动了鱼类最佳生活区的转移。比如大西洋鳕，就将自己的猎食区一路向北推移。北鳕鱼，也许也是因此，逃向了更北的格陵兰岛或者阿拉斯加。在科考之旅的最后一天，“海因克”号科考船抵达了斯匹兹卑尔根群岛

① 克里斯蒂娜·贝尔（Kristina Bär）：《追踪海洋酸化之旅》，阿尔弗雷德–魏格纳研究所、亥姆霍兹极地和海洋研究中心，2013年。

西南部的红孙岛。这一次，他们终于发现了北鳕鱼，它们成群结队地从回声探测仪的雷达头经过。菲利克斯·马克终于满意了，“海因克”号科考船满载而归，并且带回了北鳕鱼向更冷的北部地区迁移的消息。

然而，如果有一天，全球变暖开始影响到北极地区，又该如何？不是所有悬而未决的问题都可以在大海上解释清楚的。因此，位于不莱梅港的阿尔弗雷德 - 魏格纳研究所内的实验室，就需要在此时发挥其应有的作用。在实验室内，科研人员研究了“海因克”号带回的各种鱼类标本，进一步解释了气候变暖的问题。最关键的一个问题就是，气候变化是怎样改变海洋生物的食物链的。而其中最坏的猜测是，海洋酸化会导致整个海洋生物链的崩溃，历经数百万年发展的海洋生物会惨遭灭绝。

海洋中，不论吃还是被吃，整个生物圈的食物链都开始于海藻，它们构成了大量鱼类的食物基础。因此，这一次，科研的焦点集中在浮游生物上面，即硅藻、含钙藻类和蓝藻。它们是全球几乎一半以上海洋生物的食物。① 由于浮游植物的生存依赖阳光，因此，它们一般只生活在接近海面的海域，因而遭到了海洋酸化的直接侵害。

而这又会带来怎样的负面影响呢？我们可以通过观察一种极小的生物——凤螺科的命运看出来。这种生物，主要生活在北部海域，对那里的食物链有着重要作用。德国联邦政府全球环境变化学术咨询理事会（Genman Advisory Concil on Global Change, WBGU），就曾在其2013年发布的评估鉴定书中警告道，也许在21世纪，在北太平洋、北大西洋以及南部海洋地区，这种生物将大面积灭绝，而这将会沉重打击到全球最多产、最重要的捕渔区的生存。这也就是说，北太平洋的

① 《气候变化是如何改变海洋的化学环境的》：引自世界海洋评论网站，（World Ocean Review），http://worldoceanreview.com/wp-content/downloads/wor1/WOR1_Kapitel_2.pdf，第43页。

加拿大鲑鱼将会受到严重影响。因为这种凤螺科生物是鲑鱼幼体重要的食物来源。如果未来缺少了这种生物，那么，大部分鲑鱼都将饥饿至死。而在加利福尼亚附近海域，科学家们甚至预计在30年内，这种凤螺科生物就会消失殆尽。德国联邦政府全球环境变化学术咨询理事会推断，随着海洋酸化程度的加剧，极地生态系统的结构、作用和效益将发生巨大的改变，这对渔业生产也会产生相应的负面影响。

但是，并不是所有的微生物都面临着同等程度的危险。其中一个例外就是球石藻，一种含钙藻类，以前，它们的生长繁殖受制于海洋中过低的二氧化碳含量。而自从海洋中二氧化碳浓度升高，这种球石藻就开始了井喷式的增长。可是，这只是一场虚假的繁荣生长。关于气候变化的报告指出，海洋中过高的二氧化碳含量，即使是对于球石藻来说，也终将是一场灭顶之灾。因为，这种球石藻生物通常有着钙质的外壳，而海水pH值不断降低，将会严重损害其构建这层外壳。就像牡蛎幼体一样，随着海洋不断酸化，这种藻类也会面临严重的生长问题。它们将无法形成自己的钙质甲壳，甚至更严重的是，它们已拥有的钙质外壳也会被二氧化碳溶解掉。也许，这就是海洋食物链终结之路的开端？

直到现在，对于这种黑暗的未来，科学家们仍然无计可施。在不莱梅港的阿尔弗雷德–魏格纳研究所工作的耶勒·毕耶玛教授，一直致力于研究开发海洋的宝藏。这份宝藏以岩心的形式存在于海底，历经百万年的地质发展历史，一层一层地叠加在深海底部。为了开展他的研究工作，他需要一艘船，这艘船可以用巨大的钻头向海底钻探，就像海洋中开采石油或者天然气那样。岩心拥有永久的研究价值。对于耶勒·毕耶玛来说，它们不仅讲述了海洋中地质发展的历史，还为人们研究历史、回顾历史提供了无限可能。海底的岩石层会告诉我们，海洋中何时出现了大量的钙质沉淀，而又在何时，这些钙质再次从深海消失。岩心发白的地方，说明那时正处于石灰岩时期，而当其慢慢变黑，则说明开始了新的地质时期。在这一时期，海洋中不会有任何贝壳类生物，也不会有钙质外壳沉积在海底，这就是海洋的酸化时期。

耶勒·毕耶玛说："过去，是打开未来之门的钥匙。"从地质年代来看，海洋已经经历了很多，也承受住了很多磨难。但是，现在发生的一切，与过去百万年缓慢变化的速度完全不同，这一次的灾难发生在短短100年间。因此，耶勒·毕耶玛认为，这一次，海洋生物群落将没有足够的时间来适应这种变化。只有那些抵抗力极强的生物，才能够在这样的酸化时代中幸免于难。

在这个研究所的地下室内，一根磁管在不断振动，这是一台核磁共振（NMR）断层扫描装置，跟我们在医院见到的核磁共振成像（MRT）设备一样。在这台设备里面，有一条南极黑石斑鱼，为了不让它过快地游动干扰到核磁设备成像，科研人员在想办法将其震晕之后，进行了检查。这次实验研究的主要课题是，这种鱼能否在不断酸化的海洋中成功存活下来。科研人员特别关心的是，这种酸化的海水是否会对其脑部造成影响，是否会溶解其体内钙质的导航系统，以及是否会改变这种黑石斑鱼的行为方式。

该实验负责人马蒂亚斯·施密特解释道："目前为止，还没有人清楚地知道，海洋酸化会对鱼类的脑部结构造成怎样的损害。"但是，在澳大利亚海岸的大堡礁地区，人们已经发现了一些模糊的迹象，证实了影响确实是存在的。一种生活在珊瑚礁内的小丑鱼，就表现出了一些非常古怪的举动。通常情况下，一旦遇到敌人，它们便会小心地将自己隐藏在色彩斑斓的珊瑚中，躲避危险。然而，随着海洋酸化加重，小丑鱼们放弃了原来的小心谨慎，采取了一种自杀式的行为——它们会直接冲着敌人游去。马蒂亚斯·施密特的澳大利亚同事们观察到了这一点，并指出在短短几天内，70%的小丑鱼们都被它们的敌人吞食入腹。这种发生在珊瑚礁的自杀式行为，又给我们抛出了新的问题——这是否是鱼类定向能力不断丧失的结果？

在不莱梅港的核磁实验室中，第一批鱼类脑部的图像已经出现在监测仪上了。这位生物学家将对他的实验对象——黑石斑鱼进行接近1500次的测量，最后也许就能知道，这种鱼对于海水中二氧化碳浓度的升高有着怎样的反应。他认为，与栖息在浅海的如鲽鱼一般的鱼类不同，黑石斑鱼可能很难适应海水酸度的提高。"由于定居在浅海潮间带，那里每一年、每一天的二氧化碳浓度都有所不同，鲽鱼已经完全适应了这种二氧化碳含量不断变化的生活。为了平衡过高或者过低的二氧化碳浓度，它们在体内慢慢进化出了一种独特机制，可以使其自主适应这种浓度的波动。"但是像黑石斑鱼这样，主要生活在极地地区的鱼类，并没有这种适应能力。尽管它们体内也拥有鲽鱼这种应变机制，但它们以前从未被逼到需要调动体内这一机制的地步。"如果现在它们被迫陷入了这一境地，那么它们将消耗大量的能量来调动身体的潜在机能，这样会导致这种鱼过早达到身体的极限而死亡。"[①] 这是否就意味着，大量黑石斑鱼会从极地海域迁徙离去？

让我们将目光再次跟随芝加哥大学的蒂姆·伍德和凯茜·费斯特——这对专家夫妇的摩托艇，来到位于华盛顿州西海岸的贝壳岛，继续了解他们的工作。凯茜从覆盖整片沙滩的贝壳中抓起几个，告诉我们这些都是贻贝的贝壳。她曾经把几个贝壳拿到实验室研究，并根据它们的长度进行切割。通过这些切口，能明显看到其中的钙质层——这是这些贻贝通过多年的努力生长而成的。正如人们所料，这些切口显示出贻贝的钙质层正在不断变薄。这也就是说，年复一年，这些贻贝可以堆积形成的钙质越来越少。[②] 如果海洋酸化程度进一步

① 克里斯蒂娜·贝尔：《追踪海洋酸化之旅》，第186页。

② http://www.opb.org/television/programs/ofg/segment/ocean-acidification/。

加重，凯茜·费斯特预计，贻贝及太平洋牡蛎生长形成的钙质外壳，可能将比之前薄10%~15%。[①] 凯茜·费斯特指出，海洋酸化不仅会损害贻贝的钙质外壳，而且由于贻贝是用足丝固着在海底礁石上生活的，酸化的海水还会削弱其足丝的强度等性能，它们会变得越来越虚弱。尤其是贻贝大多栖息生长在海洋潮间带地区，需要经历每日的涨潮与退潮。虽然在那里，它们能够更好地躲避潜在捕食者的吞食，但是只有当贻贝能够牢牢固着在海底岩石表面，不会轻易被海浪冲走时，它们才能在那里生存下来。

为了能够在湍急的水流中稳稳地坚守不动，贻贝自身可以分泌出坚固且柔韧的足丝，将自己牢牢附着在岩石表面。"贻贝的生存，就是完全靠这些牢固的足丝连接维持的。"华盛顿大学的艾米丽·卡林顿如此说道。可是，最近一段时间以来，这些所谓的足丝却开始出现溶解的现象。艾米丽·卡林顿说："即使不考虑海洋酸化对贻贝钙化外壳的影响大小，仅凭其会抑制贻贝足丝分泌，使其强度降低这一点，就会使贻贝在未来的生存举步维艰。"[②]

华盛顿大学的研究还表明，那些生活在pH值低于7.6的酸化海水中的贻贝们分泌出来的足丝，明显比那些生活在正常海域中的同类们要更细一些（变细了25%左右）。如果再加上海水变暖，足丝甚至会更早地失去其地面附着力。人们在大西洋东北部的北海地区观察发现，当海水温度达到18摄氏度时，就足以剥夺足丝的附着力。这一点，对于生活在北海的贻贝养殖者来说，已经不是什么新鲜事了。事实上，他们那里目前的贻贝出产量已经降低了20%之多，就是因为在

---

① 德国联邦政府全球环境变化学术咨询理事会:《变化中的世界: 人类的遗产——海洋》，2013年总评估鉴定书，第190页。

② 《海洋酸化使贻贝躯壳渐冷，走向死亡》，scinexx.de（主要报道科学研究新闻的德国在线杂志——译者注），2013年5月7日，http://www.scinexx.de/wissen-aktuell-16072-2013-05-07.html。

贻贝发育生长期间，足丝丧失了附着力。

如果海洋酸化进一步加剧，海底又会是怎样一副图景呢？如果你生活在意大利伊斯基亚岛附近，只要带上潜水镜潜入海底，你就可以亲身体验一下未来酸化的海洋世界。正是在那里，紧挨海岸边，酸化的二氧化碳持续从海底大量向上翻涌——这是那不勒斯湾那里的火山口将二氧化碳释放到水中的结果。那里的火山口不断喷出二氧化碳气体，使周围海水的 pH 值降到了 7.4，在这样的海洋环境中，只有极少数的物种可以存活。在这种酸化了的沿岸海域，石珊瑚已经完全消失了，大量的海胆和海蜗牛及钙化红藻的品种都在不断减少。如果说在这样的气候环境变化中，海洋中还有赢家存在，那一定非海草草甸莫属了。[①] 当然，除了这种植物之外，海洋专家佐伊·道布尔迪观察发现，还有其他动物，比如章鱼、乌贼和墨鱼等，也可以在这种新的海洋环境中获得更好的生长条件。究其原因，主要在于这些物种体内拥有着其他海洋生物所不具备的独特能力。它们生长速度很快，而寿命较短，因此对于变化的环境有着极强的适应能力。多年来，渔民们发现，这种动物的数量确实在不断增多。事实上，这种头足类动物，也不是环境变化的唯一获利者。

布鲁斯·斯蒂尔一直以捕捞海洋中的其他生物为生。他开着船，在加利福尼亚海岸圣芭芭拉附近海域来回航行，主要捕捞沿海水域中的海胆，并将其卖给一些日本餐厅。当他听说海洋酸化时，就想办法与加州大学圣芭芭拉分校的一位海洋学家——爱丽丝·霍夫曼取得了联系，并告诉了这位专家一些他观察到的奇怪现象。最初，他在海岸捕捞到的海胆数量急剧下降，但他觉得这是正常的且合乎逻辑的，毕竟海洋出现了酸化现象。然而，现在海胆的数量再次增加，甚至比之前

① 《变化中的世界：人类的遗产——海洋》，第 42 页，出处见 190 页。

更多，这又代表了什么呢？难道海胆已经适应了这种酸化的海水吗？这是否意味着，海胆在酸化的海洋中已经出现了一次成功进化？

爱丽丝·霍夫曼和另一位进化生物学家摩根·凯利合作，他们研究发现，在圣芭芭拉附近海域的海胆出现的这种适应性与进化无关，而是物种迁徙和繁殖的结果。根源主要在于一种雄海胆伴随着洋流，从早已酸化了的北部海域来到这里。这种雄海胆早已适应了这种酸化环境，体质也变得较强。因此，当它们与本地海胆进行交配繁殖之后，就赋予了后代更多本地海胆所不曾拥有的优势。[①] 如果海胆的这种遗传性可以成功，为什么其他物种不可以呢？爱丽丝·霍夫曼说，现在人们还无法回答这个问题，因为所有的进程还远未结束，只有在 40~50 年之后，海洋气候环境变化的真正规模与程度才会清晰可见。现在，至于谁能够更好地应对未来的环境状况，一切都无法确定。对于这位生物学家来说，达尔文关于适者生存的生物进化论，在这样过于酸化的海洋中也是一样适用的。

海洋中的进化论，也将在地球上一些富有国家的菜单变化中有所体现。在未来，贻贝和牡蛎，可能只能作为名贵的珍稀美食供极少数人食用。虽然世界上靠投喂饵料的水产养殖产量增长迅速，并且成功养殖了虾、鲑鱼和鳟鱼等大量水产品，但是由于通过喂食鱼粉养殖贻贝等水产，所消耗的饵料是养殖食用鱼的数倍，所以这种贝类产量的降低，是无法通过水产养殖完全弥补的。

面对海洋中的气候变化，一定会有无法适应的牺牲者，它们往往生活在南部海域的珊瑚礁地区。在世界上大约有 5 亿人靠珊瑚礁而生，这些人分布在至少 15 个国家之中，主要靠捕捉栖息在沿海地区的珊

① 克雷格·韦尔奇：《为了窥探动物的自然本性是如何适应或不适应海洋酸化的，科学家们将目光转向扎人的“海中刺猬”》，《西雅图时报》，2013 年 11 月 2 日。

瑚礁内的各种海洋生物养家糊口。[1] 主要研究太平洋岛屿的鱼类专家约翰·贝尔清楚地知道，“那里生活的人们，体内所需的大约 80%~90% 的蛋白质，都是靠吃鱼摄取的”。众所周知，礁石主要是由钙质组成的，对于它们来说，真正的危险在于，随着海水 pH 值的降低，这些钙化的礁石会渐渐溶解。德国联邦政府全球环境变化学术咨询理事会在 2013 年强调：“在当前这种二氧化碳不受限制大量排放的情况下，几乎所有的珊瑚礁所在地，不论是冷水珊瑚还是暖水珊瑚，到 21 世纪中叶，都将不再适合珊瑚生长。”[2] 就像印度尼西亚的上千座岛屿一样。

露加岛就是这样的一座小岛。它位于班达海，是塔迪的家乡。塔迪是露加岛的一位渔民，主要以从海岸珊瑚礁中捕捉到的海产品为生。当我们遇到他时，他赤着上身，坐在自己小屋的竹板地上，随意地说着他平时出海的日子。那天，他成功地捕到了章鱼。他所有的装备就是一根矛和一根大鱼叉，他不需要任何氧气面罩，就可以潜到海下捕捞。他出海捕鱼，除了满足全家饮食所需之外，还需要多捕到市场上换一些蔬菜和油。而他所捕所换的一切，也只能刚刚保证家庭的温饱而已。

塔迪的家就建在海中，仅靠几根支柱杆支撑，高出海面 2 米左右。事实上，他所在的整个村庄都位于海中，在这里生活着大约 1600 位村民，他们没有自己的土地，也没有干净的自来水可用。塔迪自豪地告诉客人们：“靠着我的矛，我总能捕到自己想要的猎物，小鱼小虾们，从来都不是我的目标。”现在，他的儿子洛达也已经成长为一位优秀的捕鱼高手了，跟所有村民一样，他也会在珊瑚礁中捕捞。正

---

① 克雷格·韦尔奇，《海洋生物受海洋酸化和海洋变暖的影响日益严重：从一个偏僻的印尼村庄，看数百万以海产品为生的渔民们面临的威胁》，《西雅图时报》，2013 年 12 月 21 日。

② 《变化中的世界：人类的遗产——海洋》，第 190 页。

说着，洛达便举着他的大鱼叉出现了，上面正叉着一条色彩斑斓的珊瑚鱼——石鲈鱼。塔迪说，对于明天，村子里的人们从来不会考虑过多，他们信仰海神，相信他会一直眷顾这座村庄。塔迪想象不到，未来海洋可能会发生改变。他的民族，他们自称为萨马（Sama）或巴瑶（Bajou），以前都是生活在船上，在海面漂流的。直到20世纪50年代左右，他们迫于政府的压力才在这里定居。自那以后，这片珊瑚礁就是他们的食物基地。

然而现在，这里也已经不再是曾经的那片珊瑚礁了。海洋变暖，已经使某些事情开始脱轨，出现了专家们提到的珊瑚白化现象。由于共生的珊瑚虫们死亡，珊瑚们失去了自己曾经的明亮色彩——气候变化最初的征兆。预计到21世纪中叶，世界范围内90%的珊瑚礁地区都将出现珊瑚白化现象，这让海洋专家们十分忧虑。

新几内亚的专家们也发布报告称，在漂白化了的珊瑚林中，已经有一半的小鱼、螃蟹、虾、海肠失去了踪迹。“人们可以将珊瑚林想象成一座城市，当房屋消失不见的时候，居民肯定也会离开这里。”来自圣地亚哥斯克里普斯海洋研究所的研究人员安德里亚斯·安德森这样解释道。巴瑶族人不相信人类可以改变海洋。塔迪坚信，他能成功捕到猎物，靠的是海神的恩赐。可是，如果有一天，他再也无法在珊瑚礁中为全家找到足够的食物，又该怎么办呢？也许，他们可以把他们的房子折叠起来，在另外一个岛屿的沙滩上重建自己的村庄。也许，他们也可以建一家水产养殖场，以养鱼为生。可惜，这两条路对于他们来说，都不太可能实现。那么，他们只剩下唯一一条路可走，那就是继续向海洋深处前行，并祈祷海神能够对他们永远仁慈。

2013年，德国联邦政府全球环境变化学术咨询理事会在其分析海洋形势的评估鉴定书中警告道，如果再不加以干涉，继续像以前一样放任人类活动，那么整个世界都会受到威胁。“如果海洋继续这样不受控制地酸化下去，那么海洋数千年来形成的化学环境都将会发生改变，大量的海洋生物以及海洋生态系统都将受到严重损害。”[①] 所幸自 2013 年来，我们已经更好地了解到了这一形势，未来“也许”可以避免这种灾难结局的出现。

① 《变化中的世界：人类的遗产——海洋》，第 190 页。

二

展望未来：不仅仅是杏仁的未来

二

“请您不要拍到我，我的眼睛还完全是肿着的。”卡洛琳·霍兰德说道。这是2016年11月9日，美国总统大选结束之后的第二天，在美国西海岸的俄勒冈州一片愁云惨淡，由于那里的大部分民众支持民主党和希拉里·克林顿，这样的选举结果让很多人难以接受，所以这一天，大部分人在出门的时候，双眼都是哭肿着的。但是，卡洛琳为我们展示的“鲑鱼街孵化园”（The Redd on Salmon Street）项目[①]，仿佛又重新唤起了人们的希望。这个项目，不仅在农民和消费者之间再次建立起了一座可以直接进行交流沟通的桥梁，而且通过这种可持续的农业发展，生产优质的健康食品也将变得更加有利可图。在面对气候变化时，世界各地内的农场主和农民们，都尝试了大量的高新技术和可持续的生产方法，但是为了确保未来全球的粮食安全，我们还必须改

① Redd来源于一个英文单词，意思是河床产卵区，鲑鱼们通常会将卵产在这里。项目建筑区位于俄勒冈州波特兰市鲑鱼街（Salmon Street），因此，Redd这个名字隐含着新事物孵化场的含义。

变饮食体系。

卡洛琳·霍兰德，在一家公益组织——生态信托基金会（Ecotrust）工作。该基金会支持创办了网上平台“食品枢纽”（food hub），以及开展了鲑鱼街孵化园项目。最初，一份研究报告分析了俄勒冈州食品产业链的相关基础建设。结果发现，虽然在那里有着多种多样的中小型生物有机的以及传统的农场，但是在交通运输，即在加工厂、餐厅及最终消费者之间的供货渠道，以及交通、仓库等基础设施建设方面还存在明显的不足，这大大阻碍了俄勒冈州整个地区食品供应体系的发展。而鲑鱼街孵化园项目，正是为了填补这个缺口而存在的。这个项目包含两片工业园区，2016 年初，其中的一个正式启动。而另外一个园区曾经是铸造厂，当时正在修缮。从 2017 年起，这个面积为 7500 平方米的园区也开始为大量的用户服务。

目前在这个孵化园，有一个大型冷藏及冷冻库、多个厨房、仓库及办公区，甚至还有一个自行车车间。这个自行车车间，主要是为自行车供货公司 B-Line 服务的，可以说是整个食品枢纽的重要轮毂部分。不论是当时的 8 辆，还是现在的 14 辆速递自行车，它们都承载了为所有波特兰市市内顾客送货的重要任务。每一辆电动自行车都挂有一个较大的车斗，可以装载大约 400 千克的货物。

B-Line 公司的第一单委托，来自于一家有机蔬菜合作社，当时，这家小型供货公司主要负责将蔬菜从合作社送往餐厅和商店。自从公司搬进孵化园后，带来了一系列良性的协同效应。其中一家每天熬制新鲜汤品的小公司，就把曾经需要亲自为一些办公室客户送外卖的业务，转交给了 B-Line 公司。此外，以前只有那些外观完美的有机作物，有机蔬菜合作社才能将其货物出售给波特兰市的顾客，但是现在，他们也可以将仓库中存放的次品卖给一些主要做汤品的厨师团队，因为这些厨师并不在意土豆是不是太大、番茄是不是太小、胡萝卜是不是太弯等问题。相反，这些公司的厨师会非常开心，因为他们可以直接在厨房门口收到新鲜的、物美价廉的有机商品。并且，由于这些做汤品的公司一天当中只有一段时间是需要使用厨房的，因此，在剩余的时间段，这些厨房还可以供孵化园内的其他商户使用。这一点，十分利于很多小型初创公司的发展，因为家庭式的厨房对于他们的工作来说过于狭小，而公司本身的销售量又不足以支撑其新建一间专业性强的专有厨房。而且，这些小公司的其他工作人员，比如一些负责产品包装和设计问题的专业人员，还可以按小时地使用孵化园内的办公室，以便在现场为顾客服务。

不仅有机蔬菜、谷物和面粉可以直接运送，自从有了冷藏和冷冻设备，肉制品、奶制品及鸡蛋也可以随时供应。供货品种的增多，也为孵化园区的食品生产商开辟了新的发展机会。B-Line 公司团队不仅为餐厅供应原材料，为办公室职员送现烹调好的饭菜，还会在返程途中，从超市和商店中回收即将过期的商品，并由一些慈善机构在孵化园的厨房中进行加工处理。

2017 年，在孵化园的第二块园区内，有一家餐厅开门营业了。这家餐厅专门为一些小型农场提供交易的市场，如果愿意的话，农场主们可以在这里直接出售自己的商品，而且园区内还配备了会议室。在农业经济中，存在一个魔咒，即所谓的“市场准入”，卡洛琳·霍兰德说：“我们想要将小型农场与更多的大宗买家连接在一起，因为不是每个农场都能将他的产品卖给像全食超市这样的高端超市的。我们希望这些小型农场可以给医院、监狱及学校等类似的大型公共机构供应新鲜农产品。在改革我们的饮食体系时，这些公共机构就仿佛一个个沉睡的巨人，拥有着巨大的潜在能量。”即使在公司食堂，也应该提供既健康又美味的食物，卡洛琳说：“我们希望，我们的服务可以在特殊的层面上，为社会上最弱势的群体提供尽可能多的帮助。”

鲑鱼街孵化园项目为我们描绘了一幅宏伟的发展蓝图。生态信托基金会的人们希望，未来在其他城市，也能够有类似的项目出现，并且可以一点一点地形成并完善相关的农业及食品基础设施建设。让全世界的农场主，让那些从事粮食生产的底层农民们，真正当家做主，而不是由着个别农业化学公司或者跨国生产商支配整个农业市场。只有当农民们成功找到前进的道路，能够应对气候变化带来的各种不可预测因素时，我们才能在未来，重新用各色菜肴摆满我们的餐桌。作为食物的消费者，我们人类是从农场到餐桌的整个饮食系统中至关重要的一环。我们的整个饮食系统，不仅仅包含着农业生产方式，还包括农产品的运输、存储、冷藏、加工、包装、销售及市场等环节，涵盖了我们生活的方方面面，大到农业政策及立法、科学研究及技术，小到我们的家庭厨房、冰箱，最后抵达整个系统的终点——我们的餐桌之上。气候变化，就像是这个系统的“王牌”，会给整个体系带来无法估量的颠覆性影响。但是，从积极的一面来看，正是由于我们是这个饮食系统中的一部分，我们才能有所选择，尽力发挥自己的主观能动性。正如美国农场主、作家和环保践行者温德尔·拜瑞所说：“吃，就是一次农业活动。”[1]

我们应该如何做？

改善土壤质量

我们的土壤质量，不仅决定了土壤肥力，还与粮食产量密切相关。优质的土壤可以吸收并保存更多的水分，是洪涝和干旱灾害的克星。因此，不仅仅耕地及牧场的土壤质量至关重要，森林、花园、家庭门前小花园、屋顶花园、公园等等，每一块种植植物的土地都应重

---

① 温德尔·拜瑞：《吃的乐趣》，https://www.ecoliteracy.org/article/wendell-berry-pleasures-eating。

视土壤质量。虽然，世界上不存在什么万能的灵丹妙药，但是，为了未来我们仍有东西可吃，每一位农场主、园艺师以及所有与土地打交道的人们，都应该不计得失，一点一滴地改良自己的土壤，使大地重新恢复生机，使土壤中重现大量蠕虫活动，并使其拥有数万亿的土壤微生物及生长发达的菌根结构，那么，当我们面对气候变化时，便拥有了最重要且独一无二的武器。

让可持续发展农业有利可图

可持续发展农业的方法，特别是施用生物有机肥料的农业耕作方式，是最适宜土壤良性发展的，能够有效减轻或者平衡气候变化带来的负面影响，确保我们未来的粮食安全。当农场的农产品经过生物有机认证后，农场主们还可以获得一定的额外收入，这对于他们的生活来说，极其重要。

我们的每一次采购，都决定了可持续农业的发展是否值得。如果我们每一次都问问自己，这些蔬菜、水果、鸡蛋、牛奶和肉制品，到底是在何地以何种方式生产出来的，并且最终选择那些符合时令的、以可持续种植方式出产的农产品，那么，农场主们一定会扩大这种产品的种植规模。农业经济的发展，跟任何一种经济部门一样，都是供需、成本及收益之间相互作用的结果。我们决定吃什么样的东西，也就决定了生产方式。

此外，家畜饲养也属于现行的可持续农业发展体系中重要的一环。在抵御气候变化的种种最佳举措中，牧场也是我们所知的必不可少的部分。牧场可以吸收大量的二氧化碳，改善土壤质量，饲养大量家畜（占全部或者只是整个农场的一部分）。这些家畜吃的是草，产的却是供我们人类食用的东西。只有当饲养家畜有利可图，即农场主们可以售卖肉制品或者奶制品赚钱时，他们才会花费一定的人力、物力发展牧场。而鉴于种植杏仁树耗水量过大，与牛奶相比，杏仁露就显得十分不环保了。

不论发展可持续农业是否有利可图，这都不仅仅是个别农场主的环保理念与信念转换的问题，还与国家的立法与政策息息相关。工业化的农业发展模式，虽然能将利润最大化，但是却是以牺牲自然环境为代价的，并将一切危害转嫁到每一位居民身上。各国政府及其农业部长，都会或多或少地鼓励单一农业种植、集约化饲养及杀虫剂和除草剂的使用，这种方式有一定的经济吸引力。德国下萨克森州主管食品、农业及消费者权益保护的部长克里斯蒂安·迈耶（绿党[①]）表示，即使是在一个以其农业生产企业而闻名的联邦州内，改革也是可行的——通过强制执行更加重要的环境义务，实施更加优化的监管及坚定不移地支持有机农业和可持续发展政策。

大力支持科学研究

如果想要在未来依然可以有地可种、有粮可收，农民们就必须做好万全的准备，以应对气候的不断变化。而科学研究工作，可以为农民们提供一系列有效的工具与方法，并不断进行补充、完善和扩展。

良种繁育

从苹果到西葫芦，所有的水果和蔬菜都只能在有限的范围内，经受住其最佳生长条件发生的一点点变化。但是，气候变化往往会引发很大的，甚至是极端的天气变化及气温波动，比如，在作物生长的关键时期，天气要么过于潮湿，要么过于干旱，要么过于炎热，要么过

① 德国绿党又称为联盟 90/ 绿党（Bündnis 90/Die Grünen，通称德国绿党），是德国的一个中间偏左政党，该党是一个倾向环保与和平主义的团体，是从环保运动中产生的。这是当今世界上成立最早，同时也是最为成功的绿党政治组织。——译者注

于寒冷……如果我们想要在未来仍有东西可吃，那么，我们就必须进一步培育现有的作物种子，使其能够经受得住不断变化的气候环境。农民们必须有所取舍，是选择那些杂交品种（它们虽然能够带来高产，但是必须每年购买新的杂交种子），还是选择那些可自留种的作物品种（它们可以自己生长繁殖，并且能够很好地适应其生长地特殊的环境条件）。新种子的研发培育是需要长时间的积累的，也许要等到 10 年或者 15 年之后，一种新的作物品种才能真正地稳定成熟。此外，物种保护法和专利登记，也使育种的研究工作变得格外复杂。①

转基因技术，并不能从根本上解决种子的问题。即使是最先进的 CRISPR② 也不能简单地使西红柿变得更加耐旱或者使生菜更加耐高温。每一种作物体内的水平衡和热平衡系统是极其复杂的，是大量不同的基因组特性之间相互作用的结果。

家畜饲养

动物们也必须能够经受住气候变化的考验，比如要忍受更热的夏季及更冷的冬季。通常情况下，黑安格斯牛可以提供优质的牛肉，但是在炎热的夏季，由于皮毛颜色较深，跟其他品种的牛相比，它们要难熬得多。未来，重要的不仅仅是牛肉的品质及其产奶量，家畜们还要有更加强壮的体质，以更好地经受得住气候条件的变化。

---

① 德国宾根海姆种子机构和瑞士萨蒂瓦组织，就是两家主要专注于可自留种作物的保存及良种培育研究的组织。

② 基因编辑技术，是指能够让人类对目标基因进行“编辑”，实现对特定 DNA 片段的敲除、加入等的技术。其中，CRISPR（Clustered Regularly Interspaced Short Palindromic Repeats）是原核生物基因组内的一段重复序列。这种突破性的技术，通过一种名叫 Cas9 的蛋白酶发现、切除并取代 DNA 的特定部分，被认为能够在活细胞中最有效、最便捷地“编辑”任何基因。其影响极其深远，从改变老鼠皮毛的颜色到设计不传播疟疾的蚊子和抗虫害作物，再到修正镰状细胞性贫血等各类遗传疾病等等。该技术具有非常精准、廉价、易于使用，并且非常强大的特点。——译者注

授粉昆虫及益虫

“世界上 75% 的粮食作物，在其生长发育过程中，在一定程度上都离不开昆虫授粉。”联合国粮食及农业组织在 2016 年如此强调[①]，并且参考两年的研究结果，“目前，那些对于我们粮食产出必不可少的授粉昆虫，其生存境况正面临着极大的威胁。”授粉昆虫，不仅对于很多作物来说，是生长结果过程中不可或缺的一环，而且如果授粉昆虫的数量足够多，它们还能根据作物品种的不同，成倍地提高作物的产量。但是现在，大量的农业化学产品，成为这些授粉昆虫的一大生存威胁，而另一个威胁则来自于食物的短缺。由于气候变化，作物的开花期与相应授粉昆虫的活跃期，越来越经常地出现不匹配的情况。比如，当野蜂或者蜜蜂历经寒冬，终于开始出巢活动时，果树却还都没有开花，导致它们找不到花蜜果腹。一次过于温暖的冬季、一次迟来的霜冻或者是连绵阴雨的春天等，所有的这些都会打破昆虫与花朵之间的平衡。随着全球气候变化，我们必须考虑到，也许作物和益虫之间那种历经数百万年风雨的分工合作，会越来越频繁地出现各种错乱。因此，为蜜蜂等授粉昆虫提供尽可能充足的食物，是一项十分重要的举措，哪怕只是在阳台上养一盆花，您也可以有意识地选择那些蜜蜂喜欢的植物来养[②]，尤为重要的是，多种一些可以在深秋或者初春开花的植物。从开满鲜花的田野边，到种满花草的道路交通安全岛——每一朵花，都有意义。

此外，与任何一种化学有毒药剂相比，益虫常常可以更快且更好地对付那些害虫。另外，还有用于不同的益虫和授粉昆虫等的巢箱，这些巢箱就像一栋有着大大小小房间的公寓楼，可以同时保证各种各

---

① http://www.fao.org/news/story/en/item/384726/icode/。

② 您可以在如下网址中找到蜜蜂喜欢的植物种类，http://www.bluehende-landschaft.de/nbl/nbl.handlungsempfehlungen/index.html。

样昆虫的栖息。

农场作为露天实验室

农场主们是最早感受到气候变化后果的一群人，他们目睹了自家农场种植的作物或饲养的家畜是如何被种种变化所影响的。他们中的很多人，不仅收集了大量的气候数据，而且还在不断寻找和试验新方法，希望能够找到一条最好的道路，以应对气候变化。同时，各个大学的科学家们也在不断开发新理论、新模型和新技术，但是他们只能在实验室或者相对较小的试验场地进行相关的测试。因此，在大学和感兴趣的农场主们之间开展紧密合作，对于双方来说，都是互利共赢的。一方面，农场主们可以获得帮助，以解决自己农场出现的具体问题；另一方面，科学家们则可以收集真实环境条件下的各项数据，而研究的结果，不仅适用于其科研论文等的发表，也可以为其他农场主提供具体的支持。

开发利用科学技术和手机软件

目前从某些角度看，很多农场主们都重拾了早已众所周知的耕作技术——三年轮耕法，这种耕作方法，早在中世纪时就已经广泛运用，而现在农场主们又重新发掘出这种多年轮作方法的优点。[1] 即使工业化农业及农药化学公司们一再宣称，这样完全是在倒退回中世纪的生活，但是事实上，可持续农业发展和有机农业绝不是一种退步。如今，人们已经从科学上解释了这种耕作技术可以如此成功的原因，并且，高新科技还可以帮助这种耕作方法进一步完善，使其得到更具针对性的应用。越来越灵敏的传感器，被安装在土壤中、树木上，夹在绵羊

---

① 比如，油菜地中常见的害虫，通过轮作的方式，相比喷洒新烟碱（一种神经活性杀虫剂——译者注），能够得到更加长久且更有效的控制，而且，如果没有年复一年地在同一块土地上种植相同的作物，喷洒农药就显得更加多余。

耳朵里及挤奶场边，可以收集到越来越多的数据。通过计算机监管程序，实现了对问题的早发现早处置，及时选取最有效的解决方法。此外，天气预测的数据也越来越精确。而且，通过手机软件或者无人机，即使是农场、果园或牲畜圈中任何一个偏僻角落里发生的事情，也能一览无余。另外，越来越便捷的交流沟通技术，还使农场主之间的联系越来越紧密，比如，从发出害虫爆发预警到组织饲料支援——支援那些由于洪涝灾害不得不疏散牲畜的农场主等，通过发达的社会网，至少在物流供应方面没有任何问题。

通过网络平台，农产品的销售和市场化也有了越来越多的新机遇，比如，一些小型农场也有了进入市场竞争的机会。此外，带有全球定位系统（GPS）的拖拉机和联合收割机的投入使用、无人机的数据测量、可随时灌满偏远地带牲畜饮水槽的太阳能发电的抽水泵——这一切都表明，高新技术在农业中的应用越来越多。而且，伴随着这种发展，也产生了更加积极的附加效应，即在农业生产及农村乡镇中，创造了大量多种多样、专业性强且水平要求高的新的工作机会。

如果您既不想搬去农村生活，也不愿成为一名农场主的话，您又可以为农业做些什么呢?

正如温德尔·拜瑞所说："吃，就是一次农业活动。"您吃的食物和您选择购买的这些食品是在何地以何种方式生产出来的，就可以决定农业发展的方向——到底是继续走更加集约化饲养及农业工业化的老路，还是转变农业发展方式，抵御气候变化的影响，以确保未来我们的餐桌上依然可以摆满美味佳肴。未来的选择，就掌握在您的手中。

致　谢

在这里，我要特别感谢艾奥瓦州和加利福尼亚州的各位农场主，他们在百忙之中抽出时间跟我交流，带我参观他们的农场，分享他们的想法，并表达了他们对于气候变化及美国农业普遍发展方式的忧虑。凭借着智慧、创造力、勇气和艰辛的劳作，他们战胜了一个又一个挑战。如果未来我们的餐桌上还有食物可吃，一定要首先感谢这些坚持不懈努力着的农场主。

此外，我还要感谢印度的农民们，他们一直保留着传统的农耕方式，传统与现代技术和科学知识的结合，为我们的未来发展指引了方向。1994 年，当我第一次来到印度时，我遇到了桑杰·班萨尔。如果没有他对于气候变化后果的远见卓识，没有他对于生物有机农业发展的真知灼见，没有他的热情款待，本书中就不会有专门介绍印度的那一章节了。

最后，我要谢谢尼娜·克劳泽、彼得·莫登及我的丈夫马丁·昆茨，他陪伴着我，穿越了艾奥瓦州、加利福尼亚州和俄勒冈州之间长达几乎 5000 公里的路途，并沿途拍摄了数千张照片，其中一部分照片可以在网站 www.dtv.de/verbranntemandeln 上看到。他耐心的支持、坚定的信任及批判性的思考，也是写就这本书时不可少的一部分。

玛丽安娜·兰策特尔

致　谢

首先，我要特别感谢记者萨宾娜·雅各布斯，感谢其为我们的巴西及南美调研之旅做出的充分准备及彼此之间的完美合作。此外，她针对非洲及南欧章节所做的关键性编撰工作，对于更好地理解当地现实情况及全球关联性，也做出了很大的贡献。

此外，汉堡及巴西的汉斯·诺依曼基金会，也为我们在南美的工作大开方便之门。在这里，我要对拉夫拉斯诺依曼基金会的技术主管——马克斯·奥乔亚，以及该基金会咨询团队中的一员——纳旦·莫拉·卡尔瓦洛，致以诚挚的感谢。他们两人非常有责任心，一路耐心地陪同着我们，帮助我们了解了那里身处气候变化重压之下的小农们的命运。

感谢卡罗琳娜·洛佩斯，她凭借着优秀的组织能力，为我们的调研之旅合理安排了充实的日程，让我们收获了大量知识与体验，满载而归。

最后，我要感谢世界粮食研究所——柏林世界粮食研究协会，正是他们的倡议，决定了写作本书的出发点。这本书，不仅可以让我们认识到气候变化带来的威胁，也让我们看到了自己所拥有的机会与挑战，前提是我们愿意从根本生态上改变农业及粮食体系。

威尔弗里德·博默特

图书在版编目（CIP）数据

地球不在乎 /（德）威尔弗里德·博默特，（德）玛丽安娜·兰策特尔著；暴颖捷译. -- 杭州 ：浙江大学出版社，2021.9

ISBN 978-7-308-21556-5

Ⅰ. ①地… Ⅱ. ①威… ②玛… ③暴… Ⅲ. ①气候变化—气候影响—自然界 Ⅳ. ①P467

中国版本图书馆CIP数据核字(2021)第135914号

地球不在乎

[德]威尔弗里德·博默特 玛丽安娜·兰策特尔 著 暴颖捷 译

策划编辑 张 婷
责任编辑 杨 茜
责任校对 陈 欣
封面设计 VIOLET
出版发行 浙江大学出版社
（杭州市天目山路148号 邮政编码 310007）
（网址：http://www.zjupress.com）
排 版 杭州林智广告有限公司
印 刷 杭州钱江彩色印务有限公司
开 本 880mm×1230mm 1/32
印 张 9
字 数 225千
版 印 次 2021年9月第1版 2021年9月第1次印刷
书 号 ISBN 978-7-308-21556-5
定 价 52.00元

浙江大学出版社市场运营中心联系方式：0571-88925591；http://zjdxcbs.tmall.com